软件职业技术学院"十二五"规划教材
——网络技术专业核心教材

网络安全技术项目引导教程

主 编 鲁 立

副主编 任 琦 张松慧

主 审 王路群

中国水利水电出版社
www.waterpub.com.cn

内 容 提 要

本书围绕网络安全应用技术，由浅入深、循序渐进地介绍了计算机网络安全方面的知识，同时注重对学生的实际应用技能和动手能力的培养。全书内容涵盖网络基础知识、计算机病毒、加密与数字签名技术、操作系统漏洞、防火墙技术、端口扫描技术、入侵检测以及无线局域网安全。本书内容丰富翔实，通俗易懂，以实例为中心并结合大量的经验技巧。

本书既可作为网络安全管理员指导用书，也可作为各大高职高专院校计算机以及相关专业的教材。

本书所配电子教案可以从中国水利水电出版社网站和万水书苑上下载，网址为：http://www.waterpub.com.cn/softdown/和 http://www.wsbookshow.com。

图书在版编目（CIP）数据

网络安全技术项目引导教程 / 鲁立主编. -- 北京：中国水利水电出版社，2012.6（2016.1重印）
软件职业技术学院"十二五"规划教材. 网络技术专业核心教材
ISBN 978-7-5084-9832-4

Ⅰ. ①网… Ⅱ. ①鲁… Ⅲ. ①计算机网络－安全技术－高等职业教育－教材 Ⅳ. ①TP393.08

中国版本图书馆CIP数据核字(2012)第117249号

策划编辑：杨庆川　　责任编辑：陈洁　　加工编辑：韩莹琳　　封面设计：李佳

书　　名	软件职业技术学院"十二五"规划教材——网络技术专业核心教材 网络安全技术项目引导教程
作　　者	主　编　鲁　立 副主编　任　琦　张松慧 主　审　王路群
出版发行	中国水利水电出版社 （北京市海淀区玉渊潭南路1号D座　100038） 网址：www.waterpub.com.cn E-mail：mchannel@263.net（万水） 　　　　sales@waterpub.com.cn 电话：（010）68367658（发行部）、82562819（万水）
经　　售	北京科水图书销售中心（零售） 电话：（010）88383994、63202643、68545874 全国各地新华书店和相关出版物销售网点
排　　版	北京万水电子信息有限公司
印　　刷	北京泽宇印刷有限公司
规　　格	184mm×260mm　16开本　16.25印张　414千字
版　　次	2012年6月第1版　2016年1月第2次印刷
印　　数	3001—5000册
定　　价	29.80元

凡购买我社图书，如有缺页、倒页、脱页的，本社发行部负责调换

版权所有·侵权必究

前　　言

计算机网络技术的迅猛发展以及网络系统应用的日益普及，给人们的生产方式、生活方式和思维方式带来极大的变化。但是，计算机网络系统是一个开放的系统，具有众多的不安全因素，如何保证网络中计算机和信息的安全是一个重要且复杂的问题。目前研究网络安全已经不仅仅只是为了信息和数据安全，它已经涉及国家发展的各个领域。

培养既掌握计算机网络的理论基础知识，又掌握计算机网络实际应用技能的人才，是网络教学工作者的责任。特别是对于大专院校计算机类专业的学生，更需要一本既具有一定的理论知识水平，又具有较强实际应用技术的教材。

本书以培养网络安全实用型人才为指导思想，在介绍具有一定深度的网络安全理论知识的基础上，重点介绍网络安全应用技术，注重对学生的实际应用技能和动手能力的培养。

本书共分为9个项目，主要内容包括：

项目1：计算机网络安全的基础知识、网络安全威胁的特点、网络安全防护与安全策略的基础知识。

项目2：计算机网络协议的基础知识、网络协议对于网络安全体系结构、网络常用命令和协议分析工具（Sniffer）的使用方法。

项目3：计算机病毒的特性、计算机病毒的分类及传播途径、计算机病毒的检测和防御方法等基本操作技能。

项目4：加密算法的工作原理、数字签名技术的工作原理、公钥基础架构（PKI）、CA、数字证书的工作原理和相关概念、PGP工具软件的应用、SSL安全传输及安全Web站点的应用配置。

项目5：防火墙的功能、防火墙的实现技术、防火墙的工作模式和防火墙的实施方式。

项目6：Windows Server 2003操作系统的网络安全构成、账户策略、访问控制配置和安全模板的应用。

项目7：端口的概念、各种端口扫描技术的工作原理、常见端口扫描工具的应用方法、防范端口扫描技术的应用。

项目8：入侵检测系统模型和工作过程、入侵检测系统分类和工作原理、基于主机的入侵检测系统和基于网络的入侵检测系统部署。

项目9：无线局域网的构成、无线局域网络的标准和无线网络安全的实现方式。

本书由鲁立任主编，任琦、张松慧任副主编，参加编写的还有武汉软件工程职业学院徐凤梅、刘颂、李安邦、严学军、何水艳、梁晓娅、杨威、王燕波以及武汉市中等职业艺术学校刘桢和武汉重工铸锻有限责任公司鲁芳。王路群教授担任主审。并在编写过程中给予了指导和帮助。

由于计算机网络安全技术发展迅速，加之编者水平有限，书中不足之处在所难免，恳请广大读者提出宝贵意见。

编　者
2012年3月

目 录

前言

项目1 网络安全分析 ·········· 1
第一部分 项目学习引导 ·········· 1
1.1 网络安全的概念 ·········· 1
1.1.1 网络安全的定义 ·········· 1
1.1.2 网络安全的特性 ·········· 2
1.2 网络安全的威胁分析 ·········· 3
1.2.1 网络安全威胁的分类 ·········· 3
1.2.2 计算机病毒的威胁 ·········· 3
1.2.3 木马程序的威胁 ·········· 4
1.2.4 网络监听 ·········· 4
1.2.5 黑客攻击 ·········· 4
1.2.6 恶意程序攻击 ·········· 5
1.3 网络安全威胁的产生 ·········· 5
1.3.1 系统及程序漏洞 ·········· 5
1.3.2 网络安全硬件设备的问题 ·········· 8
1.3.3 安全防护知识的缺失 ·········· 9
1.4 网络安全策略 ·········· 9
1.4.1 网络安全策略原则 ·········· 9
1.4.2 几种网络安全策略介绍 ·········· 10
第二部分 知识拓展 ·········· 11
1.5 计算机网络安全的现状与发展 ·········· 11
1.5.1 计算机网络安全的现状 ·········· 11
1.5.2 计算机网络安全的发展方向 ·········· 12

项目2 网络安全常用命令及协议分析工具Sniffer的应用 ·········· 14
第一部分 项目学习引导 ·········· 14
2.1 网络安全协议 ·········· 14
2.1.1 网络协议 ·········· 14
2.1.2 协议簇及行业标准 ·········· 15
2.1.3 协议的交互 ·········· 15
2.1.4 技术无关协议 ·········· 16
2.2 OSI参考模型的安全体系 ·········· 16
2.2.1 计算机网络体系结构 ·········· 16
2.2.2 OSI参考模型简介 ·········· 16
2.2.3 ISO/OSI安全体系 ·········· 18
2.3 TCP/IP参考模型的安全体系 ·········· 21
2.3.1 TCP/IP参考模型 ·········· 21
2.3.2 TCP/IP参考模型的安全体系 ·········· 22
2.4 常用网络协议和服务 ·········· 24
2.4.1 常用网络协议 ·········· 24
2.4.2 常用网络服务 ·········· 27
2.5 Windows常用的网络命令 ·········· 28
2.5.1 ping命令 ·········· 28
2.5.2 at命令 ·········· 30
2.5.3 netstat命令 ·········· 31
2.5.4 tracert命令 ·········· 32
2.5.5 net命令 ·········· 32
2.5.6 ftp命令 ·········· 35
2.5.7 nbtstat命令 ·········· 36
2.5.8 telnet命令 ·········· 36
2.6 协议分析工具——Sniffer的应用 ·········· 37
2.6.1 Sniffer的启动和设置 ·········· 37
2.6.2 解码分析 ·········· 40
第二部分 典型项目实训任务 ·········· 42
2.7 典型任务 ·········· 42
2.7.1 典型任务一 常用网络命令实训 ·········· 42
2.7.2 典型任务二 Sniffer软件的使用 ·········· 42

项目3 病毒与木马的防护 ·········· 44
第一部分 项目学习引导 ·········· 44
3.1 计算机病毒基础知识 ·········· 44
3.1.1 计算机病毒的概念 ·········· 45
3.1.2 计算机病毒的发展史 ·········· 45
3.1.3 计算机病毒的特点 ·········· 46
3.2 计算机病毒的种类与传播方式 ·········· 47
3.2.1 常见计算机病毒 ·········· 47
3.2.2 计算机病毒的种类 ·········· 47

3.2.3 计算机病毒的传播方式 49
3.3 计算机病毒的防治方法 49
    3.3.1 普通计算机病毒的防治方法 50
    3.3.2 U盘病毒的防治方法 55
    3.3.3 ARP病毒的防治方法 57
    3.3.4 蠕虫病毒的防治方法 60
3.4 木马的基础知识 65
    3.4.1 木马的概念 65
    3.4.2 木马的类型和功能 65
    3.4.3 木马的工作原理 66
3.5 木马的防治方法 67
    3.5.1 被植入木马的计算机的表现 67
    3.5.2 木马查杀软件的使用 67
    3.5.3 手动检测和清除木马的常规方法 70
第二部分 典型项目实训任务 71
3.6 典型任务 71
    3.6.1 典型任务一 冰河木马的清除 71
    3.6.2 典型任务二 "广外男生"木马的清除 73
    3.6.3 典型任务三 "灰鸽子"木马的清除 74

项目4 数据加密与数字签名技术的应用 76
第一部分 项目学习引导 76
4.1 数据加密技术 76
    4.1.1 数据加密技术的基础知识 76
    4.1.2 数据加密的各种形式 77
4.2 加密技术的算法 80
    4.2.1 古典加密算法 80
    4.2.2 现代加密算法 82
4.3 数字签名技术 84
    4.3.1 数字签名技术的基础知识 84
    4.3.2 数字签名技术的原理 85
    4.3.3 数字签名技术的算法 86
4.4 公钥基础架构（PKI） 86
    4.4.1 PKI的基础知识 87
    4.4.2 PKI的工作原理 87
    4.4.3 证书颁发机构（CA） 87
    4.4.4 数字证书 88
第二部分 典型项目实训任务 89

4.5 典型任务 89
    4.5.1 典型任务一 PGP软件的使用方法 89
    4.5.2 典型任务二 EFS的使用方法 98
    4.5.3 典型任务三 SSL安全传输的使用方法 104

项目5 防火墙技术的应用 116
第一部分 项目学习引导 116
5.1 防火墙概述 116
    5.1.1 防火墙的基本准则 117
    5.1.2 防火墙的主要功能特性 117
    5.1.3 防火墙的局限性 117
5.2 防火墙的实现技术 118
    5.2.1 数据包过滤 118
    5.2.2 应用层代理 118
    5.2.3 状态检测技术 119
5.3 防火墙的体系结构 119
    5.3.1 双宿/多宿主机模式 120
    5.3.2 屏蔽主机模式 120
    5.3.3 屏蔽子网模式 121
5.4 防火墙的工作模式 121
5.5 防火墙的实施方式 123
    5.5.1 基于单个主机的防火墙 123
    5.5.2 基于网络主机的防火墙 123
    5.5.3 硬件防火墙 124
5.6 瑞星个人防火墙的应用 124
    5.6.1 界面与功能布局 124
    5.6.2 常用功能 125
    5.6.3 网络监控 128
    5.6.4 访问控制 132
    5.6.5 高级设置 135
5.7 ISA Server 2004配置 136
    5.7.1 ISA Server 2004概述 136
    5.7.2 ISA Server 2004的安装 136
    5.7.3 ISA Server 2004防火墙策略 140
    5.7.4 发布内部网络中的服务器 145
    5.7.5 ISA Server 2004的系统和网络监控及报告 150
5.8 iptables防火墙 154
    5.8.1 iptables中的规则表 154

5.8.2	iptables 命令简介	154
5.8.3	Linux 防火墙配置	156
5.9	PIX 防火墙配置	158
5.9.1	PIX 的基本配置命令	160
5.9.2	PIX 防火墙配置实例	163

第二部分　典型项目实训任务　164

5.10　典型任务　ISA Server 2004 的使用　164

项目 6　Windows Server 2003 的网络安全　169

第一部分　项目学习引导　169

6.1　Windows Server 2003 的安全特性　169
- 6.1.1　用户身份验证　169
- 6.1.2　基于对象的访问控制　170

6.2　Windows Server 2003 系统安全的常规配置　170
- 6.2.1　安装过程注意事项　170
- 6.2.2　设置和管理账户　170
- 6.2.3　设置目录和文件权限　171
- 6.2.4　管理网络服务的安全　171
- 6.2.5　关闭闲置端口　172
- 6.2.6　配置本地安全策略　173
- 6.2.7　配置审核策略　177
- 6.2.8　保护 Windows 日志文件　178

6.3　Windows Server 2003 访问控制技术　179
- 6.3.1　访问控制技术概述　179
- 6.3.2　配置 Windows Server 2003 访问控制　179

6.4　Windows Server 2003 账户策略　185
- 6.4.1　配置账户策略　185
- 6.4.2　配置 Kerberos 策略　187

6.5　Windows Server 2003 安全模板　188
- 6.5.1　安全模板概述　188
- 6.5.2　启用安全模板　189

第二部分　典型项目实训任务　191

6.6　典型任务　191
- 6.6.1　典型任务一　文件及文件夹访问控制　191
- 6.6.2　典型任务二　安全模板的使用　192
- 6.6.3　典型任务三　配置复杂的口令和其他安全设置　194

项目 7　端口扫描技术　195

第一部分　项目学习引导　195

7.1　端口概述　195
- 7.1.1　TCP/IP 的工作原理　195
- 7.1.2　端口概述　197
- 7.1.3　端口分类　197

7.2　端口扫描技术　198
- 7.2.1　端口扫描概述　198
- 7.2.2　常见的端口扫描技术　199

7.3　扫描工具及应用　200
- 7.3.1　扫描工具概述　200
- 7.3.2　SuperScan 扫描工具及应用　200

7.4　防御恶意端口扫描　202
- 7.4.1　查看端口状态　203
- 7.4.2　关闭闲置和危险端口　205
- 7.4.3　隐藏操作系统类型　207

第二部分　典型项目实训任务　209

7.5　典型任务　209
- 7.5.1　典型任务一　端口屏蔽　209
- 7.5.2　典型任务二　NMAP 的使用　214

项目 8　入侵检测系统　217

第一部分　项目学习引导　217

8.1　入侵检测概述　217
- 8.1.1　入侵检测与入侵检测系统　217
- 8.1.2　入侵检测系统模型　218
- 8.1.3　入侵检测的工作过程　218

8.2　入侵检测系统的分类　219
- 8.2.1　基于检测对象划分　219
- 8.2.2　基于检测技术划分　219
- 8.2.3　基于工作方式划分　220

8.3　入侵检测系统的部署方案　220
- 8.3.1　基于主机的入侵检测系统部署　221
- 8.3.2　基于网络的入侵检测系统部署　221
- 8.3.3　常见入侵检测工具及应用　222

8.4　入侵防护系统　227
- 8.4.1　入侵防护系统的定义　227
- 8.4.2　入侵防护系统的工作原理　227
- 8.4.3　入侵防护系统的特性　228
- 8.4.4　入侵防护系统的典型应用　229

第二部分　典型项目实训任务 ……………… 230
8.5　典型任务 ……………………………… 230
8.5.1　典型任务一　Snort 的安装 ……… 230
8.5.2　典型任务二　Snort 规则的配置 …… 234
项目 9　无线局域网安全 …………………… 236
第一部分　项目学习引导 ………………… 236
9.1　无线局域网 …………………………… 236
9.1.1　无线局域网常见术语 ……………… 237
9.1.2　无线局域网的相关组件 …………… 237
9.1.3　无线局域网的访问模式 …………… 238
9.1.4　无线局域网的覆盖区域 …………… 239
9.2　无线局域网的标准 …………………… 240
9.2.1　IEEE 802.11a …………………… 240

9.2.2　IEEE 802.11b …………………… 240
9.2.3　IEEE 802.11g …………………… 241
9.2.4　IEEE 802.11n …………………… 241
9.3　无线局域网安全解决方案 …………… 242
9.3.1　无线局域网访问原理 ……………… 243
9.3.2　无线局域网的认证 ………………… 243
9.3.3　无线局域网的加密 ………………… 245
9.3.4　无线局域网的入侵检测系统 ……… 247
第二部分　典型项目实训任务 ……………… 247
9.4　典型任务　启用无线安全 …………… 247
参考文献 ……………………………………… 250

项目 1 网络安全分析

学习要点

- 了解计算机网络安全的概念。
- 了解计算机网络安全威胁。
- 掌握计算机网络安全策略。
- 掌握网络安全防护的主要措施。

学习情境

目前网络的应用越来越普及，围绕网络安全方面的问题也越来越多。由于网络资源的开放性和计算机网络技术及计算机软硬件的不完善，计算机受到的攻击也越来越多。很多不法分子或者黑客利用网络进行不法操作和破坏，使得人们对网络正常的使用受到巨大的影响。对网络安全性能的改善和增强是相当有必要的，这需要人们去完善网络系统的各个环节，如完善网络设备功能和网络管理软件性能、提高网络性能的监控和管理能力等。

第一部分 项目学习引导

1.1 网络安全的概念

1.1.1 网络安全的定义

广义的网络安全是指网络系统的硬件、软件及系统中数据受到保护，不因无意或故意威胁而遭到破坏、更改、泄露，保证网络系统连续、可靠、正常地运行。

国际标准化组织（ISO）对计算机网络安全的定义是：为数据处理系统建立和采用的技术和管理的安全保护，保护计算机硬件、软件和数据不因偶然和恶意的原因遭到破坏、更改和泄露。

从不同角度和应用解释网络安全可以得到不同的结果。

1. 从不同角度解释网络安全

（1）用户。

对用户而言，网络安全主要指网络系统可靠的运行，网络中存储和传输的信息的完整、可用和保密。

（2）网络管理者。

对网络管理者而言，网络安全主要指网络资源的安全、访问控制的措施，以及有无"黑客"和病毒攻击。

（3）安全保密部门。

对安全保密部门而言，网络安全主要指防范有害信息出现，防范敏感信息的泄露。

（4）社会教育。

对社会教育而言，网络安全主要指控制有害信息的传播。

2. 从不同应用解释网络安全

（1）运行系统安全。

对运行系统安全而言，网络安全主要指保证信息处理和传输系统的安全，即保证网络系统环境、系统硬件的可靠运行，以及维护系统软件及数据库安全提出的系统结构的安全设计。

（2）系统信息安全。

对系统信息安全而言，网络安全主要指保证在信息处理和传输系统中存储和传输的信息安全（即保证网络数据的完整性、可用性和机密性），如信息不被非法访问、散布、窃取、篡改、删除、识别和使用等。

1.1.2 网络安全的特性

在美国国家信息基础设施的文献中，提出了网络安全的5个特性：可用性、机密性、完整性、可靠性和不可抵赖性。这5个特性适用于国家信息设施的各个领域。

（1）可用性。

得到授权的用户在需要时可访问数据，也就是说，攻击者不能占用资源而妨碍授权用户正常使用资源。授权的用户随时可以访问到需要使用的信息，这里的主要目的是确保硬件可以使用，信息能够被访问。黑客攻击可以导致系统资源被耗尽，这就是对可用性做的攻击。对用户而言，网络是支持工作的载体，网络资源和网络服务发生中断，可能带来巨大的经济和社会影响，因此网络安全体系必须保证网络资源和服务的连续、正常地运行，要防止破坏网络的可用性。

（2）机密性。

确保信息不泄露给非授权用户、实体或进程；用于保障网络机密性的技术主要是密码技术；在网络的不同层次上有不同的机制来保障机密性。通过授权可以控制用户是否可以访问以及访问的程度。

（3）完整性。

完整性是指信息在处理过程中不受到破坏、不会被修改。只有得到允许的用户才能修改数据，并可以判断数据是否被修改。即信息在存储或传输过程中保持不被修改、不被破坏和不丢失的特性。

（4）可靠性。

可靠性是指系统在规定的条件下和规定的时间内，完成规定功能的概率。可靠性是网络安全最基本的要求之一。

（5）不可抵赖性。

不可抵赖性（不可否认性）是指通信的双方在通信过程中，对于自己所发送或接收的消息不可抵赖；对出现的网络安全问题提供调查的依据和方法。

1.2 网络安全的威胁分析

1.2.1 网络安全威胁的分类

网络安全威胁是指对网络设备的正常使用、网络中数据的完整性，以及网络正常通信等工作造成的威胁。这些威胁总体来说分为两大类：一类是主动攻击，如网络监听、黑客攻击，这些威胁是攻击者人为进行的；另一类就是被动攻击，如计算机病毒、木马、恶意软件等，这些威胁是用户通过某种途径感染的。

主动攻击和被动攻击有以下 4 种具体类型。

1. 窃听

窃听是指攻击者通过非法手段对系统活动进行监视，并从中窃取有关安全方面的关键信息和服务，属于被动威胁，如图 1-1 所示。

2. 中断

中断是指攻击者使网络系统的资源受损或不可用，从而使网络系统的通信服务不能进行，属于主动威胁，如图 1-2 所示。

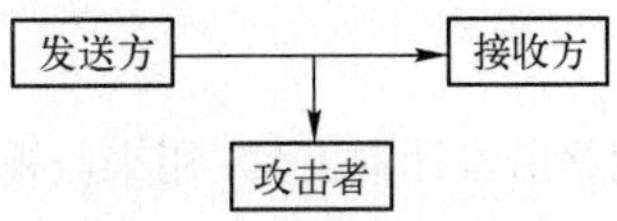

图 1-1 窃听攻击方法

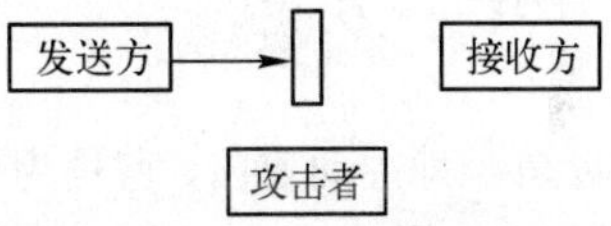

图 1-2 中断攻击方法

3. 篡改

篡改是指攻击者未经授权对网络中的数据进行修改，从而使合法用户得到虚假的信息或错误的服务等，属于主动威胁，如图 1-3 所示。

4. 伪造

伪造是指攻击者未经许可而在网络中制造假的数据资源或网络服务，从而欺骗接收者，属于主动威胁，如图 1-4 所示。

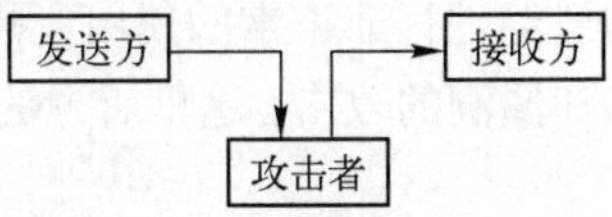

图 1-3 篡改攻击方法

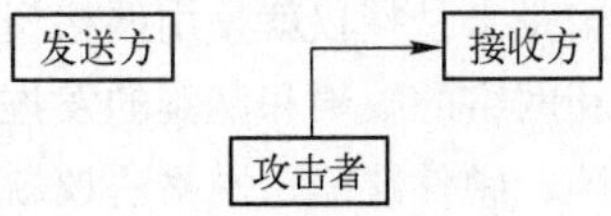

图 1-4 伪造攻击方法

1.2.2 计算机病毒的威胁

计算机病毒是一段可执行的程序代码。它附在各种文件中，随着文件从一个用户复制给其他用户。目前来看，病毒传播的主要途径有：一是利用 U 盘和光盘传播；二是通过软件传播；三是通过网络，如电子邮件传播；四是靠计算机硬件等途径传播。而通过网络传播的病毒，无论是传播速度、破坏性,还是范围,都是其他传播方式所不能比拟的。

对于计算机病毒来说,防护可能永远只能是被动的。从1986年出现第一个计算机病毒开始,计算机病毒经历了3个发展阶段:第一阶段为基于操作系统的传统病毒,主要有CIH病毒;第二阶段为基于网络的病毒,如冲击波、震荡波等;第三阶段,即目前面临的不再是简单病毒,而是包含病毒、木马、黑客攻击等多种攻击方法的网络威胁。计算机病毒的种类在不断变化中,产生了许多攻击方法多样、破坏力不断增强的病毒变种。

1.2.3 木马程序的威胁

木马程序其实是一种远程控制程序,也称间谍程序或后门程序。木马程序一般是人为编程,它提供了合法用户不希望得到的功能,这些功能常常是有害的;它把有害的功能隐藏在公开的功能中,以达到掩盖真实目的的企图。

木马程序一般通过UDP协议建立与远程计算机的网络通信,使其可以通过网络控制本地计算机,在未经允许的情况下潜入用户的计算机,为下一步攻击创造条件。

需要说明的是,不是所有远程控制程序都是木马程序,如常用的 pcAnywhere、RemotelyAnyWhere 等都是正常用途的远程控制程序。

1.2.4 网络监听

网络监听是一种主动攻击,它是为了网络管理员管理网络所设计的工具,用来监视网络状态和数据传输,但是由于它具有截获网络数据的功能,常常被黑客利用从网络通信中获取所需的用户信息,从而分析用户的日常网络活动和习惯。

在网络中,当信息进行传播的时候,可以利用网络监听工具,将网络接口设置在监听模式,便可将网络中正在传播的信息截获或者捕获到,从而进行攻击。在网络中,监听一般是在网关、路由器、防火墙一类的设备上,通常由网络管理员来操作。

1.2.5 黑客攻击

黑客攻击是未经授权就使用网络资源,且对网络设备和资源进行非正常的使用。黑客攻击是对计算机系统和网络的缺陷和漏洞的发掘,以及针对这些缺陷和漏洞的攻击。这里所说的缺陷主要包括:软件缺陷、硬件缺陷、网络协议缺陷、管理缺陷等。

黑客攻击的主要目的如下:

(1)控制目标主机,执行某些进程。危害主要表现在占用处理器大量时间,严重影响主机安全。

(2)获取网络中重要数据和文件,达到暴露数据信息的目的。

(3)获取超级用户权限。在网络中掌握了一台主机的超级用户权限,可以说掌握了整个网络,可以进行一些不被许可的操作。

(4)对系统进行非法访问,可以随意修改、删除系统文件。

(5)拒绝服务,使网络中服务无法正常进行。

黑客攻击中常使用的攻击方法包括:IP地址欺骗、发送邮件攻击、网络文件系统攻击、网络信息服务攻击、扫描器攻击、密码破解、嗅探攻击、病毒攻击和破坏性攻击等。

1.2.6 恶意程序攻击

恶意程序也称为恶意软件或流氓软件，是指带有攻击意图的一段程序，它是对破坏或影响系统运行的软件的统称。恶意程序介于病毒软件和正规软件之间，同时具备正常功能（下载、媒体播放等）和恶意行为（弹广告）。恶意软件主要包括：浏览器劫持、行为记录软件、自动拨号软件、网络钓鱼、垃圾邮件等。

1.3 网络安全威胁的产生

网络安全威胁若不及时得到有效遏制，产生的负面影响将会越来越大；为了最大限度地防范网络安全威胁，首先需要对网络安全威胁产生的根源进行分析。

1.3.1 系统及程序漏洞

系统及程序漏洞是指应用软件或操作系统软件在编写时产生的逻辑错误，这个缺陷或错误可以被不法用户或者黑客利用。目前系统漏洞被发现的速度加快，攻击的时间也相应变短。

对于这类漏洞和缺陷，人们能做的就是选择更安全的操作系统和软件，及时更新操作系统或应用程序发布的补丁。

现在微软公司针对 Windows 操作系统已有了自动更新功能，人们只需开启自动更新功能，在保证连接互联网的情况下，Windows 操作系统会自动检测到最新的安装补丁。

其具体操作如下：

（1）在"控制面板"中双击"自动更新"功能选项（如图 1-5 所示）。

（2）打开"自动更新"对话框，如图 1-6 所示，选择"自动"单选按钮，然后选择设置自动更新的频率最后单击"确定"按钮。

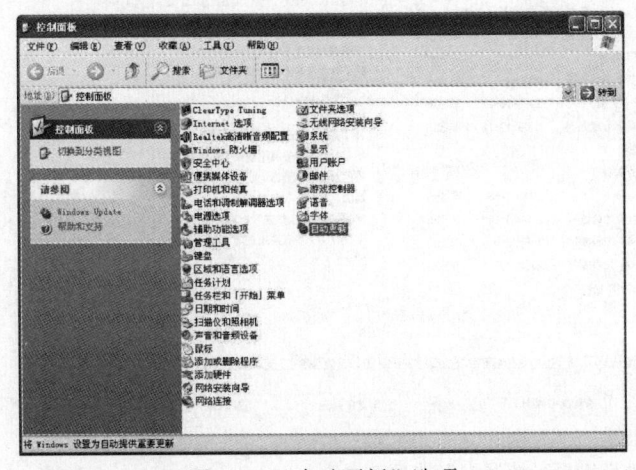

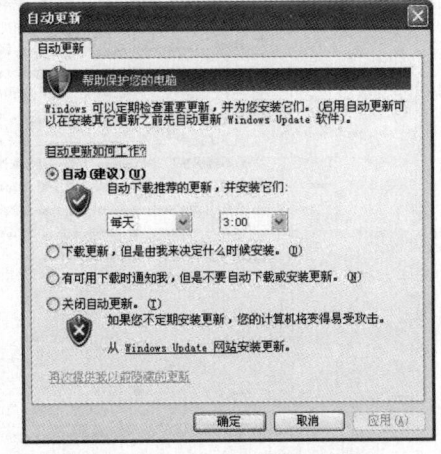

图 1-5　"自动更新"选项　　　　　　　　图 1-6　"自动更新"对话框

下面介绍几种常用的漏洞扫描工具。

1. 360 安全卫士

现在有一些安全工具可以帮助分析、扫描系统中存在的各种系统漏洞方面的安全隐患，360 安全卫士就是其中之一，如图 1-7 所示。它不仅可以自动搜索存在的系统漏洞，还可以自动搜索系统存在的其他漏洞，如注册表配置等。

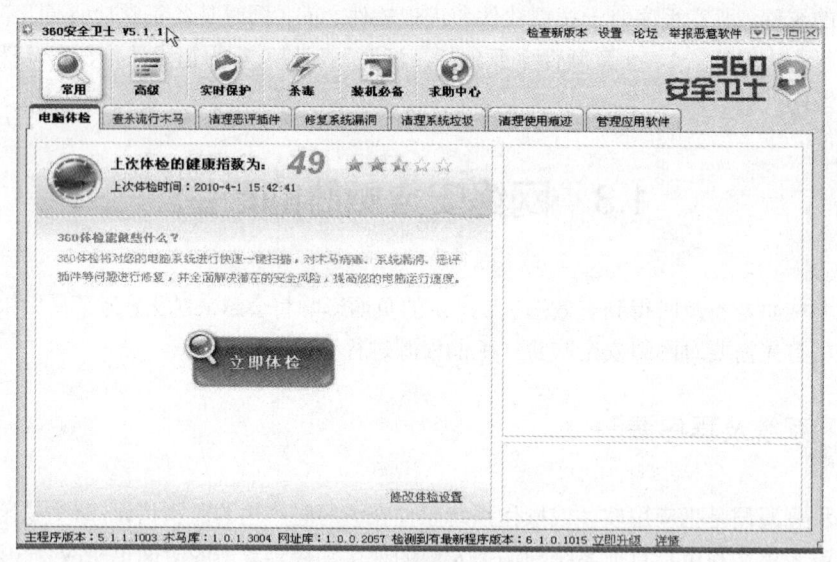

图 1-7　360 安全卫士界面

使用 360 安全卫士进行漏洞扫描的方法如下：

在 360 安全卫士的主界面中，选择"修复系统漏洞"选项卡，如图 1-8 所示，选择要修复的系统漏洞，单击"修复选中漏洞"按钮，就可以完成漏洞补丁的安装。

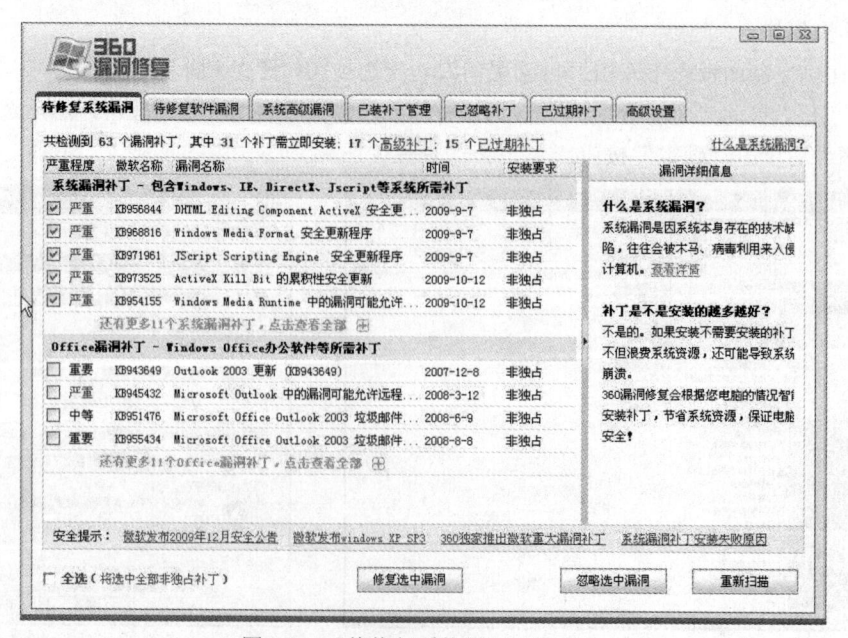

图 1-8　"待修复系统漏洞"选项卡

2. 瑞星漏洞扫描工具

瑞星漏洞扫描工具的使用方法如下：

（1）运行瑞星杀毒软件，界面如图 1-9 所示。

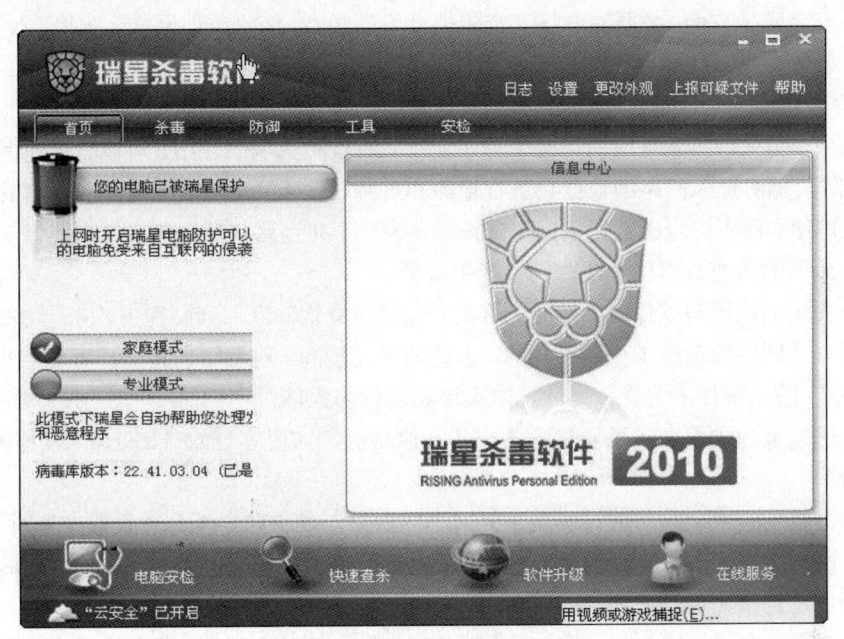

图 1-9　瑞星杀毒软件运行界面

（2）选择"安检"选项卡中的"扫描系统漏洞并升级补丁"选项，打开瑞星卡卡上网安全助手，单击"漏洞扫描与修复"按钮（如图 1-10 所示），在打开的"系统漏洞"选项卡中选择要修复的漏洞，单击"修复所选项"按钮即可。

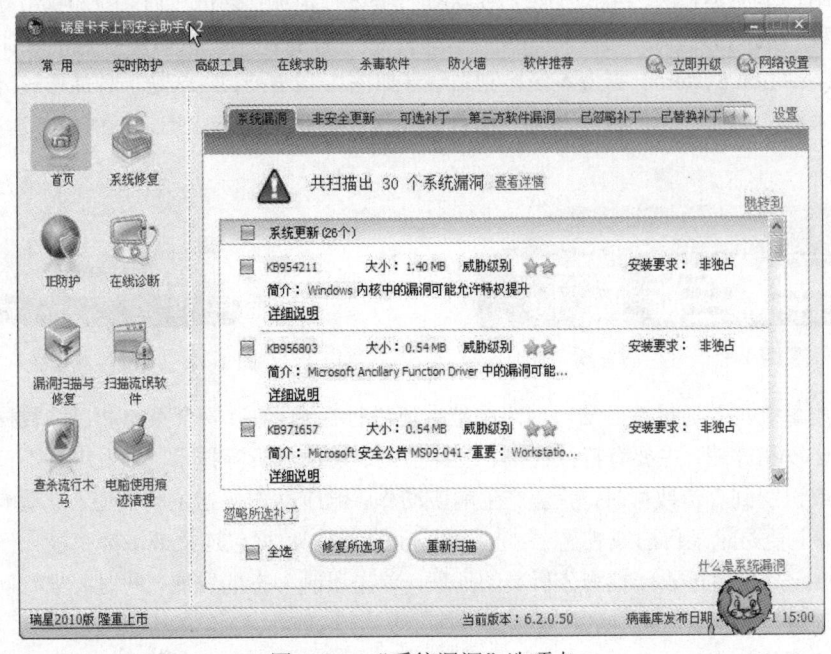

图 1-10　"系统漏洞"选项卡

1.3.2 网络安全硬件设备的问题

在网络安全防护方面，必要的网络安全防护设施是必不可少的，如硬件防火墙、入侵检测系统、网络隔离设备等，仅仅依靠防火墙加杀毒软件的方法远不能满足当前网络安全防护的需要。

1. 硬件防火墙

在网络中，防火墙技术的应用已经十分广泛了。通过防火墙的使用，可以有效地保护网络通信安全。通过防火墙对进入网络的数据包进行检测和过滤，只有符合防火墙规则和策略的数据包才会被允许进入网络，而不符合的数据包则不允许进入网络，并且这些数据包会被系统记录在日志文件中，一旦有大量的这类数据包出现，则会产生报警。

硬件防火墙的原理与软件防火墙是一样的，一般是将软件嵌入到硬件中，由于硬件一般是专门为了完成某一个网络安全的工作而设计的，因此效率比较高，对网络的传输速度影响也比较小，如图 1-11 所示。防火墙技术本身分为软件防火墙和硬件防火墙，它们的区别在于：软件防火墙一般只有包过滤的功能；硬件防火墙还包含了一些其他功能，如内容过滤（CF）、入侵检测（IDS）以及 VPN 等。

硬件防火墙实现安全防护的过程是防外网不防内网。硬件防火墙一般设置在外网与内网之间，主要负责外网与内网之间数据通信的包过滤检测，但是硬件防火墙只针对内、外网的通信按照防火墙中设置的包过滤规则进行过滤，而对内网之间的通信则不做任何过滤的检测。

目前，人们大多选择硬件防火墙，而不选择软件防火墙，主要是从性能方面考虑。硬件防火墙的处理能力较强大，可以较好地处理规则较多且复杂的过滤。现在生产硬件防火墙的厂商主要有 Cisco、3Com、华为等。

2. 入侵检测系统

入侵检测技术能弥补防火墙的不足，可以对网络进行检测，提供对内、外部攻击和误操作的实时检测及采取相应防御措施，这是网络安全技术中的一种新技术。根据这种技术设计开发的 IDS（Intrusion Detection System）称为入侵检测系统（如图 1-12 所示），这是一种能通过分析系统安全的相关数据来检测入侵行为的软件与硬件组合的系统，被认为是防火墙之后的第二道安全闸门。

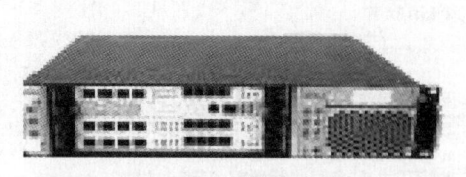

图 1-11 硬件防火墙

图 1-12 入侵检测系统（IDS）

入侵检测系统主要通过探测器对网络中数据流进行探测，通过安全策略和已知数据库对探测到的数据进行比较和评估，主要有特征检测、统计检测、协议分析等技术，当发现有不符合策略和规则的数据流或识别到攻击数据时，就会产生响应动作。响应动作包括主动响应、被动响应及人工响应。被动响应主要是记录日志或者显示；主动响应可以断开数据包连接或者隔离被入侵的计算机和子网；人工响应是指通过入侵检测分析员的处理，首先遏制事态的发展，同时要根除问题及恢复系统，并对教训进行总结。

入侵检测系统位于防火墙之后，对网络活动进行实时检测。在许多情况下，由于可以记录和禁止网络活动，所以入侵检测系统是防火墙的延续，可以和防火墙及路由器配合工作。例如，入侵检测系统可以重新配置来禁止从防火墙外部进入内网的大量恶意数据。

一个完善的入侵检测系统应该具备以下的功能：
- 实时监测、分析用户和系统的行为活动。
- 审计系统的配置弱点，评估关键系统资源和重要数据的完整性。
- 检测识别已知攻击，自动发送警报和采取相应防御措施。
- 审计和跟踪管理操作系统，统计并分析异常行为活动，记录事件日志。

3. 网络隔离设备

网络隔离技术的实质上就是一种将内外网络从物理上断开，但是保留逻辑连接的技术。物理上断开是指任何时候内外网络都不存在物理连通，逻辑连接是指内外网络可以进行适度的数据通信。网络隔离是保证网络物理安全的有效方法，它弥补了原有安全技术的不足，突出了自己的优势。它可以将两个或两个以上可路由的网络（如 TCP/IP）通过不可路由的协议（如 IPX/SPX、NetBEUI 等）进行数据交换而达到隔离的目的。

1.3.3　安全防护知识的缺失

对于网络安全而言，意识淡薄和管理不力是非常重要的影响因素。有些网络管理员缺乏安全意识和系统的网络安全防护知识，可能只停留在个人 PC 的安全防护意识上。

网络安全威胁还可能因为网络管理员对网络管理不善造成，即网络管理员缺乏整体的安全方案和安全管理机制。以下是几种常见的因管理不善而引起的安全威胁隐患：

（1）媒体使用控制问题。
（2）用户账户管理不善。
（3）用户权限不合理。
（4）网站访问控制不善。
（5）软件下载、安装控制不善。
（6）机房安全管理不善。

1.4　网络安全策略

网络安全策略是指在特定的网络环境中，为提供一定级别的安全防护所必须遵守的规则，这个规则实际是安全策略模型，它包括 3 个重要的组成部分：法律、技术和管理。

1.4.1　网络安全策略原则

网络安全策略必须针对网络的实际情况（如信息价值、攻击的危害程度、可使用的资金等因素），综合考虑成本和效率的平衡而设计。网络安全策略的设计过程应符合以下原则：

1. 木桶原则

木桶原则是指对网络环境进行均衡、全面的保护。攻击者往往攻击网络系统中最薄弱的地方，因此，网络安全策略的设计要求充分、全面、完整地考虑整个网络系统的安全漏洞和安全威胁，做出较为平衡、周密的应对机制，提高整个网络系统的安全性能。

2. 整体性原则

这一原则要求在网络安全策略设计时考虑各种安全措施的整体一致性。网络安全策略的设计必须考虑网络环境中的各种因素（各类用户以及各种设备、软件、数据等）的具体情况，有针对性地采取相应的策略。

3. 均衡原则

对于任何网络，安全都是相对的，安全策略的制定都要符合实际的根本需求和用户的需求评价。安全体系设计并非越多越全就越好，安全策略的设计要平衡和协调用户需求、网络系统的规模和范围、系统的性质和信息的重要程度以及风险与成本的关系，做到安全性与可用性相适应。

4. 一致性原则

在网络工作的整个周期中，网络体系的设计应与网络安全的需求相一致，在网络系统建设的各个环节都应该制定相对应的安全策略。这样才能确保各个分系统的一致性，使整个系统安全地互联互通、信息共享。

5. 技术与管理相结合原则

安全体系是一个复杂的系统工程，涉及人、技术、操作等要素，单靠技术或单靠管理都不可能实现。因此，必须将各种安全技术与运行管理机制、人员安全意识与技术培训、安全规章制度与机制的建设相结合来考虑。

6. 统筹规划，分步实施原则

由于政策规定、实际需求的变化，以及环境、条件、时间的变化，再加上攻击手段的增加，安全防护不可能一步到位，但可在一个比较全面的安全规划下，根据网络的实际需要，先建立基本的安全体系，保证基本的、必需的安全性。今后随着网络规模的扩大及应用的增加，以及网络应用和复杂程度的变化，网络脆弱性也会不断增加，可以根据当时的安全需求调整或增强安全防护力度，保证整个网络最根本的安全需求。

7. 等级性原则

等级性原则是指安全层次和安全级别。网络安全策略设计时应该针对不同级别的安全对象（信息保密分级、权限分级、安全程度分级、系统结构分级），应用对应的安全机制，以满足网络中不同层次安全的需求。

8. 动态性原则

由于网络用户不断增加、网络规模不断扩大、网络技术不断发展以及安全隐患不断发现，网络安全策略需要根据变化不断调整安全措施，持续不断地修改和升级，提高安全系统的可用性。

9. 易操作性原则

安全策略的设计必须具有可操作性，对于实施难度过高和过于复杂的策略来说，它们本身就使得安全性变差，也使得网络管理员不容易操作和管理。

1.4.2 几种网络安全策略介绍

网络安全策略是指在安全法律、法规、政策的支持与指导下，在某个安全区域内，由区域内的权威机构采用合适的安全管理方法和安全技术建立的相关规则。

1. 物理安全策略

主要是指计算机硬件系统和网络硬件系统的安全，特别要注意中心机房硬件系统的安全，主要涉及机房环境、供电安全的保障（如 UPS 的性能）、防雷安全等。物理安全策略的目的是保护网络环境中计算机系统、网络服务器、网络设备等硬件实体和网络通信线路免受自然灾害和人为破坏；确保计算机系统有一个良好的电磁辐射的工作环境；建立完备的安全管理制度，防止非法进入、偷窃和破坏活动在网络系统环境中发生。

2. 访问控制策略

访问控制是网络安全防范和保护的主要策略，它的主要任务是阻止非法用户进入网络，保证网络的可用性。同时，该策略可以实现对用户权限的控制，结合审计机制实现网络资源和数据的安全可靠；但访问控制策略必须和其他各种安全策略相互配合才能真正起到保护作用。

访问控制在文件访问和网络访问中使用很多，访问控制通常需要定义访问的主体和客体。主体通常是访问者，可以是计算机也可以是某个应用进程或者程序，客体通常指的是网络资源。访问控制主要有强制访问控制和自主访问控制两种。

3. 信息加密策略

加密策略是信息安全的核心技术，也是对付网络中各种安全威胁的有力武器，通过适当的加密技术和管理机制可以保证网络通信安全，可以确保信息不暴露给未授权的实体和进程。它可以将一个通俗易懂的明文变换成一个晦涩难懂的密文，实现对网络数据的加密。信息加密过程是由加密算法来具体实施的，它以很小的代价提供很大的安全保护。加密算法分为对称密码算法和非对称密码算法。

4. 网络安全管理策略

在网络安全中，除了加强网络上的安全服务功能和安全保密措施外，还需要加强网络的安全管理，制定有关规章制度和应急措施。

网络的安全管理策略包括：确定网络系统的安全等级；制定安全管理等级和安全管理范围；制定严格的网络操作使用规程；制定机房出入管理制度；制定完备的网络系统维护制度和应急措施等。

第二部分　知识拓展

1.5　计算机网络安全的现状与发展

1.5.1　计算机网络安全的现状

随着网络技术的发展和进步，网络服务在社会的各领域应用日益广泛。网络的不安全因素不论在数量、手段，还是危害程度以及规模上，都达到了不得不让人关注的地步。网络安全成为信息时代人类共同面临的挑战。

目前，计算机网络安全面临的突出问题有以下 3 个方面。

1. 网络中计算机系统受病毒感染的数量和造成的破坏情况严重

据国家计算机病毒应急处理中心 2009 年发布的《中国计算机病毒疫情调查技术分析报告》显示：2008 年 5 月至 2009 年 8 月以来，我国又连续出现"木马下载器"变种、"犇牛"、"猫癣"等病毒和木马，它们都具有木马下载器以及对抗杀毒软件的功能，可以通过ARP攻击、可移动磁盘、网页挂马、感染EXE文件等方式进行传播。病毒制造、传播者在巨大利益的驱使下，利用病毒木马技术进行网络盗窃、诈骗活动，通过网络贩卖病毒、木马，教授病毒编制技术和网络攻击技术等形式的网络犯罪活动明显增多，严重威胁我国互联网的应用和发展，制约我国各种新兴互联网业务的健康发展。

2. 黑客活动频繁

由于网络系统自身的特点，极易受到攻击；而且目前黑客技术也在不断发展，黑客对网络的攻击方式层出不穷：1999年，"黑客"网站就已经有3万多个，攻击方式达到800种，2008年攻击方式即达到2000余种，攻击方式的增加意味着对网络威胁的增大。

3. 安全意识淡薄

网络服务应用范围的不断扩大，使人们对网络依赖的程度增大，对网络的破坏造成的损失和混乱会比以往任何时候都大；但人们对网络安全知识的了解却知之甚少或心存侥幸，对网络信息不安全的事实认识不足。

根据计算机安全评价标准为计算机安全定义了7个安全级别，从最高的A级到最低的D级。详细的等级描述见表1-1。

表1-1 计算机安全评价等级

类别	安全级别	名称	主要特征及适用范围
A	A1	可验证的安全设计	形式化的最高描述、验证和隐秘通道分析，非形式化的代码一致证明。绝密级
B	B3	安全域机制	存取监督、安全内核、高抗渗透，系统崩溃也不会泄密。绝密、机密级
B	B2	结构化安全保护	隐秘通道约束，面向安全体系结构，遵循最小授权原则，实行强制访问控制保护
B	B1	标号安全保护	除了C2级的安全需求外，增加安全策略、数据标号、托管访问控制
C	C2	访问控制保护	存取控制以用户为单位，广泛的审计、跟踪，主要用于金融
C	C1	选择的安全保护	有选择的存取控制，用户与数据分离、数据保护以用户组为单位
D	D	最小保护	保护措施少，没有安全功能

1.5.2 计算机网络安全的发展方向

随着互联网技术的迅速发展和进步，信息化和网络化已经成为社会发展的重要特征。信息与网络涉及国家发展的诸多领域，在计算机网络中存储、传输和处理的信息可能包含各种机密和重要的信息。因此计算机网络系统的安全可能已经关系到国家安全、社会稳定、经济发展、民族文化的继承和发扬等重大问题。

下面是21世纪计算机网络安全的几个大致发展方向。

1. 网络内容规范化

由于互联网没有国家界限，网络的使用者是"人"，人们在网络上的行为有时没有有效的限制，因此对网络内容的管理和控制是网络安全的重要要求。安全的网络环境可以降低安全风险、提高工作效率以及节约网络资源。网络内容规范化是建立在网络安全设备上的，针对应用和内容上的安全策略，再通过防火墙等设备的使用，可以达到比较好的安全效果。

2. 网络系统管理和安全管理方面

随着网络规模的增长，人们经常使用网络管理工具来管理网络，而有些网络管理工具可能有黑客性质的功能，缺乏最根本的安全性，整个网络系统极有可能受到网络黑客攻击和破坏。

另一方面，很多用户使用的是非正版操作系统，就算是使用的正版系统，但是没有安装最新的操作系统补丁，这样就使黑客或者病毒程序有了攻击的机会。而且由于用户对防火墙的使用不当也会使受攻击的可能性增大，这些攻击有很多不仅仅只破坏一台计算机，有时也会对网络上其他的计算机造成影响，甚至有可能会对整个网络造成严重的影响。

3. 金融系统的安全

由于金融系统的网络服务需求越来越多，而金融系统的网络服务平台多应用一些开放式的技术，并且金融系统在货币形式上变得电子化，这使得在使用方便的同时也更容易被盗窃和修改。随着许多重要的财经信息涌上网络系统，来自于内部的对于系统安全性的威胁也许会变得越来越大。

4. 计算机网络安全的法律、法规建设

随着互联网技术不断进步和全球信息化的发展，计算机网络信息安全可能已经成为网络信息化建设过程中必须解决的重大问题。目前，有些网站出于经济利益的目的让许多虚假的内容充斥网络，网络诈骗、病毒攻击和黑客行为时有发生，其主要原因之一就是各国的计算机网络信息系统安全立法都不健全。

5. 计算机网络软件系统的安全

虚拟网络系统将与安全性相融合，并很有希望与网络管理系统结合起来。计算机系统软件和硬件将协同工作以便将带有不同类型的目的和特性与网络彼此隔离，由此产生的隔离体仍将被称做"计算机网络防火墙"。

6. 密码技术

在计算机网络安全中，密码技术是信息安全体系建设的核心技术之一，是信息保护和网络信任的基础。使用密码技术不仅可以保证信息的机密性，而且可以保证信息的完整性和确认性，避免信息被非法篡改、伪造或假冒。密码技术主要通过算法将明文处理成为别人无法识别的内容。

练 习

1. 计算机网络安全的定义是什么？
2. 常见的网络安全攻击方式有哪些？
3. 常见的网络安全的威胁有哪些？
4. 网络安全的构建原则是什么？
5. 网络安全的应用方向是什么？

项目 2 网络安全常用命令及协议分析工具 Sniffer 的应用

学习要点

- 了解计算机网络协议的基础知识。
- 了解 OSI 模型及安全体系结构。
- 了解 TCP/IP 模型及安全体系结构。
- 掌握常用的网络协议和常用命令。
- 掌握协议分析工具 Sniffer 的使用方法。

学习情境

某公司拥有数百台计算机组成的企业网,并且公司网络接入了互联网。某日发现公司网络流量增大,有些计算机之间无法通信,公司需要你对公司网络的状态进行分析并排除故障。你作为网络管理人员可以使用网络常用命令和 Sniffer 分析工具对网络故障诊断、协议分析、应用性能分析和网络安全保障等方面进行评估和分析。

第一部分　项目学习引导

2.1　网络安全协议

2.1.1　网络协议

无论是面对面还是通过网络进行的所有通信都要遵守预先确定的规则,即协议。这些协议由会话的特性决定。在日常的个人通信中,通过一种介质(如电话线)通信时采用的规则不一定与使用另一种介质(如邮寄信件)时的协议相同。

规范世界上现存的所有通信方法需要很多种不同的规则或协议。

网络中不同主机之间的成功通信需要在许多不同协议之间进行交互。执行某种通信功能所需的一组内在相关协议称为协议簇。这些协议通过加载到各台主机和网络设备中的软件和硬件执行。

网络协议簇说明了以下过程:

(1)消息的格式或结构。

(2)网络设备共享通往其他网络的通道信息的方法。

（3）设备之间传送错误消息和系统消息的方式与时间。

（4）数据传输会话的建立和终止。

协议簇中单独的协议可能是特定厂商的私有协议。这里所说的私有指的是由一家公司或厂商控制协议的定义及其运作方式。经过拥有者许可，其他组织也可使用某些私有协议。其他私有协议则只能在私有厂商制造的设备上执行。

2.1.2 协议簇及行业标准

组成协议簇的许多协议通常都要参考其他广泛采用的协议或行业标准。标准是指已经受到网络行业认可并经过电气电子工程师协会（IEEE）或 Internet 工程任务组（IETF）之类标准化组织批准的流程或协议。

在协议的开发和实现过程中使用标准可以确保来自不同制造商的产品协同工作，从而获得有效的通信。如果某家制造商没有严格遵守协议，其设备或软件可能就无法与其他制造商生产的产品成功通信。

例如，在数据通信中，如果会话的一端使用控制单向通信的协议，而另一端却采取描述双向通信的协议，那么几乎可以肯定它们之间将无法交换信息。

2.1.3 协议的交互

Web 服务器和 Web 浏览器之间的交互是协议簇在网络通信中的典型应用示例。这种交互在二者之间的信息交换过程中使用了多种协议和标准。各种不同协议共同确保双方都能接收和理解交换的报文。这些协议包括：

1. 应用程序协议

超文本传输协议（HTTP）是一种公共协议，控制 Web 服务器和 Web 客户端进行交互的方式。HTTP 定义了客户端和服务器之间交换的请求和响应的内容与格式。客户端软件和 Web 服务器软件都将 HTTP 作为应用程序的一部分来实现。HTTP 依靠其他协议来控制客户端和服务器之间传输报文的方式。

2. 传输协议

传输控制协议（TCP）是用于管理 Web 服务器与 Web 客户端之间单个会话的传输协议。TCP 将 HTTP 报文划分为要发送到目的客户端的较小片段，称为数据段。它还负责控制服务器和客户端之间交换的报文的大小和传输速率。

3. 网间协议

最常用的网间协议是 Internet 协议（IP）。IP 负责从 TCP 获取格式化数据段，将其封装成数据包、分配相应的地址并选择通往目的主机的最佳路径。

4. 网络访问协议

网络访问协议描述数据链路管理和介质上数据的物理传输两项主要功能。数据链路管理协议接收来自 IP 的数据包并将其封装为适合通过介质传输的格式。物理介质的标准和协议规定了通过介质发送信号的方式以及接收方客户端解释信号的方式。网卡上的收发器负责实施介质所使用的标准。

2.1.4 技术无关协议

网络协议描述的是网络通信期间实现的功能。在面对面交谈的示例中，通信的一项协议可能会规定，为了发出交谈结束的信号，发言者必须保持沉默两秒钟。但是，这项协议并没有规定发言者在这两秒钟内应该如何保持沉默。

协议通常都不会说明如何实现特定的功能。通过仅仅说明特定通信规则所需要的功能是什么，而并不规定这些规则应该如何实现，特定协议的实现就可以与技术无关。

以 Web 服务器为例，HTTP 并没有指定创建浏览器使用什么编程语言、提供网页应该使用什么 Web 服务器软件、软件运行在什么操作系统之上或者显示该浏览器需要满足什么硬件要求。而且，尽管 HTTP 说明了发生错误时服务器应该如何操作，但却并未规定服务器应该如何检测错误。

这就意味着，无论 Web 服务器是哪种类型，使用的是哪种形式的操作系统，计算机和其他设备（如移动电话或 PDA）都可以从 Internet 上的任何位置访问存储于服务器中的网页。

2.2 OSI 参考模型的安全体系

2.2.1 计算机网络体系结构

要形象地显示各种协议之间的交互，通常会使用分层模型。分层模型形象地说明了各层内协议的工作方式及其与上下层之间的交互。每一层实现相对独立的功能，每一层向上一层提供服务，同时接受下一层的服务。每一层不必知道下一层是如何实现的，只要知道下层通过层间的接口提供的服务是什么，以及本层向上层提供什么样的服务，就能独立地设计，这就是常说的网络层次结构。如图 2-1 所示，系统经过分层后，每一层次的功能相对简单且易于实现和维护。此外，某一层需要做改动或被替代时，只要不改变它和上、下层的接口服务关系，则其他层次不会受其影响，因此具有很大的灵活性。使用分层结构，既提供了描述网络功能和能力的通用语言，也有利于同时使用不同厂商的产品，促进竞争。

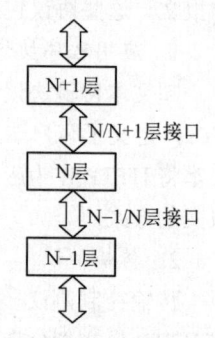

图 2-1 网络的层次结构

参考模型为各类网络协议和服务之间保持一致性提供了通用的参考。参考模型的目的并不是作为一种实现规范，也不是为了提供充分的详细信息来精确定义网络体系结构的服务。学习参考模型的主要用途是帮助读者更清晰地理解网络的功能和过程。

2.2.2 OSI 参考模型简介

开放系统互连参考模型（Open System Interconnection Reference Model，OSI-RM）最初由国际标准化组织（ISO）设计，旨在提供一套开放式系统协议的构建框架。早期网络刚刚出现的时候，很多大型的公司都拥有了网络技术，公司内部计算机可以相互连接，可是却不能与其他公司的计算机连接。因为没有一个统一的规范，计算机之间相互传输的信息对方不能理解，所以不能互连。而"开放"这个词表示能使任何两个遵守参考模型和有关标准的系统进行互连。

在 OSI 参考模型中，采用了三级抽象，包括体系结构、服务定义和协议规范。OSI 参考模型的体系结构定义了一个 7 层模型，用以进行进程间的通信，并作为一个框架来协调各层标准的制定。OSI 参考模型的服务定义描述了各层所提供的服务，以及层与层之间的抽象接口和用于交互的服务原语；OSI 参考模型各层的协议规范，定义了应当发送何种控制信息及用何种过程来解释该控制信息。

1. OSI 参考模型的层次结构

OSI 参考模型将整个通信网络划分为 7 层，OSI 参考模型如图 2-2 所示，主机 A 和主机 B 可以看成资源子网中的主机，可以参照这个 7 层模型理解整个通信过程。在 OSI 参考模型中，从下到上依次为物理层、数据链路层、网络层、传输层、会话层、表示层和应用层。从图 2-2 可以理解数据在网络中传输的详细过程，主机 A 和主机 B 涉及了整个 OSI 参考模型中的 7 层，即资源子网；但在连接部分，一般只需要最低的 3 层（路由）甚至两层（交换）的功能就可以了，即通信子网。OSI 参考模型 7 层的定义和功能如下：

（1）物理层（Physical Layer）：物理层是 OSI 参考模型的最底层，它定义了通信介质的机械特性、电气特性、功能特性和过程特性，是激活、维护和拆除网络设备之间的数据传输而使用的物理连接。

（2）数据链路层（Data Link Layer）：描述了设备之间通过公共介质交换数据帧的方法。数据链路层检测和校正物理层可能发生的错误。数据链路层将从其上层接收的数据包封装成特定格式的数据单元，这种数据单元称为"帧"，在帧中除了数据部分外还附加了一些控制信息，如帧类型、流量控制和差错控制信息等，可以实现数据流控制、差错控制及发送顺序控制等功能。

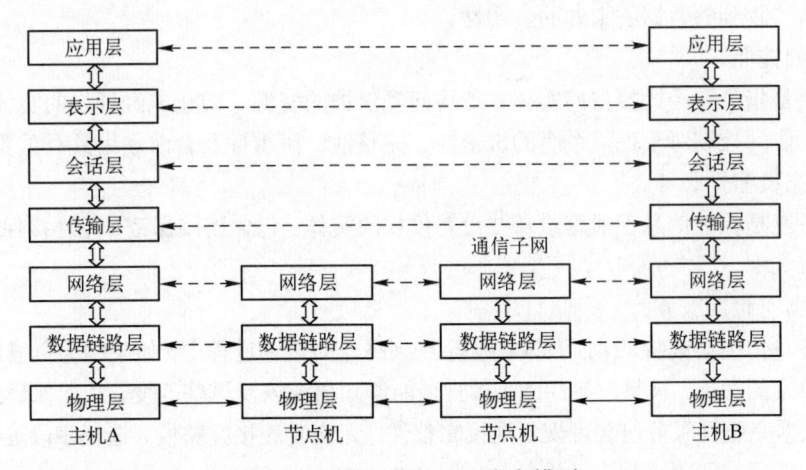

图 2-2 网络通信的 OSI 参考模型

（3）网络层（Network Layer）：网络层主要实现线路交换、路由选择和网络拥塞控制等功能，保证信息包在接收端以准确的顺序接收。

（4）传输层（Transport Layer）：传输层定义了数据分段、重组和传输服务。传输层提供了两端点之间可靠的、透明的数据传输，执行端到端的差错控制、流量控制及管理多路复用。

（5）会话层（Session Layer）：会话层为表示层提供组织对话和管理数据交换的服务。它建立、维护和同步通信设备之间的交互操作，保证每次会话都正常关闭。会话层建立和验证用户之间的连接，控制数据交换，决定以何种顺序将对话单元传送到传输层，决定传输过程中哪一点需要接收端的确认。

（6）表示层（Presentation Layer）：表示层对应用层服务之间传输的数据规定了通用的表示方式。不同的计算机系统中数据的表示不同，通过表示层的处理可以消除不同实体之间的差异。还可以代表应用进程协商数据表示，完成数据转换、格式化和文本压缩等功能。

（7）应用层（Application Layer）：应用层为不同用户提供实现使用网络服务连接的接口，它直接为网络用户或应用程序提供各种网络服务。应用层提供的网络服务包括文件服务、事物管理服务、网络管理服务、数据库服务等。

2.2.3　ISO/OSI 安全体系

ISO/OSI 安全体系包含 4 部分内容：安全服务、安全机制、安全管理和安全层次，其中安全机制是其核心内容之一。

1. 安全服务

ISO/OSI 安全服务是指计算机网络提供的安全防护措施。国际标准化组织（ISO）定义了以下几种基本的安全服务：认证服务、访问控制、数据机密性服务、数据完整性服务、抗否认服务。

（1）认证服务。

认证可分为对等实体认证和数据源发认证。对等实体认证是指参与通信连接或会话的一方向另一方提供身份证明，接收方通过一定的方式来鉴别实体所提供的身份证明的真实性。数据源发认证是指某个数据的发送者在发送数据时向接收方提交身份证明，这个身份证明同具体的某些数据关联，用于确认接收到的数据的来源的真实性。

（2）访问控制。

访问控制是指只有经过授权的实体才能访问受保护的资源，防止未经授权的实体查看、修改、销毁资源等。访问控制对于保障系统的机密性、完整性、可用性及合法使用具有重要作用。

（3）数据机密性服务。

这种服务就是保护信息不泄露给那些没有授权的实体。包含连接保密、无连接保密、选择字段保密、分组流保密。

（4）数据完整性服务。

这种服务对付主动威胁，保证数据在从起点到终点的传输过程中，如果因为机器故障或人为的原因而造成数据的丢失、被篡改等问题，接收端能够知道或恢复这些改变，从而保证接收到的数据的真实性。数据完整性服务包含可恢复连接完整性、无恢复连接完整性、选择字段连接完整性、无连接完整性、选择字段无连接完整性。

（5）抗否认服务。

"否认"是指参与通信的一方事后不承认曾发生过本次信息交换，常见于电子商务中。数字签名就是针对这种威胁的。

2. 安全机制

ISO 7408-2 中制定了支持安全服务的 8 种安全机制，分别如下：

（1）加密机制（Enciphermant Mechanisms）。

加密就是对数据进行密码变换以产生密文。利用加密机制可以提供数据的安全保密，也可以提供通信的保密。

（2）数字签名机制（Digital Signature Mechanisms）。

数字签名是对附加在数据单元上的一些数据，或是对数据单元所做的密码变换，这种变换可以使数据单元的接收者确认数据单元的来源和完整性，并使发送者能有效地保护数据，防止被人伪造。

（3）访问控制（Access Control Mechanisms）。

访问控制是依据实体所具有的权限，对实体提出的资源访问请求加以控制。访问控制机制依据该实体已鉴别的身份，或使用有关该实体的信息及该实体的权利进行。

（4）数据完整性（Data Intergrity Mechanisms）。

数据完整性机制保证接收者能够鉴别收到的消息是否为发送者发送的原始数据。

（5）鉴别交换机制（Authentication Mechanisms）。

这种机制可提供对等实体鉴别，在鉴别实体时得到否定的结果，就会导致连接被拒绝或终止，或在安全审计跟踪中增加一个记录，或向安全管理中心报警。

（6）通信流量填充机制（Traffic Padding Mechanisms）。

通信流量填充机制用来防止攻击者通过对通信双方的数据流量分析，根据流量的变化来推出一些有用的信息或线索。

（7）路由选择控制机制（Routing Control Mechanisms）。

路由选择控制机制是发送者对数据通过网络的路径加以控制，选择相对安全的网络节点，以提高信息的安全性。

（8）公证机制（Notarization Mechanisms）。

公证机制是指由通信各方都信任的第三方来确保数据的完整性，以及数据源、时间及目的地的正确性。

安全服务基本机制直接保护计算机网络安全，但真正实现这些机制必须有下面一些机制的配合，使安全服务满足用户需求。这些机制的实现与网络层次没有必然的联系，它们侧重于安全管理方面，主要包括：安全机制可信度评估、安全标识、安全审计、安全响应与恢复。安全服务与安全机制的关系见表 2-1。

表 2-1 安全机制与安全服务关系表（"√"代表该机制提供此安全服务）

安全服务＼安全机制	加密	数字签名	访问控制	数据完整性	鉴别交换	通信流量填充	路由选择控制	公证机制
对等协议实体鉴别	√	√			√			
数据源鉴别	√	√						
访问控制服务			√					
连接保密	√						√	
无连接保密	√						√	
选择字段保密	√							
分组流保密					√	√		
可恢复连接完整性	√			√				
无恢复连接完整性	√			√				

续表

安全服务 \ 安全机制	加密	数字签名	访问控制	数据完整性	鉴别交换	通信流量填充	路由选择控制	公证机制
选择字段连接完整性	√			√				
无连接完整性	√	√		√				
选择字段无连接完整性		√		√				
数字签名		√		√				

3. 安全管理

ISO/OSI 安全管理分为系统安全管理、安全服务管理和安全机制管理 3 个部分。

系统安全管理包括安全策略管理、事件处理管理、安全审计管理、安全恢复管理等。安全服务管理包括为服务决定与指派目标安全保护、指定与维护选择规则、为选择的安全服务而特定的安全机制、对那些需要事先取得管理同意的可用安全机制进行协商、通过适当的按机制管理功能调用特定的安全机制。安全机制管理包括密钥管理、加密管理、数字签名管理、访问控制管理、数据完整性管理、鉴别管理、通信业务填充管理、路由选择控制管理和公证管理等。

4. 安全层次

ISO/OSI 安全体系是通过在不同的网络层上分布不同的安全机制来实现的，这些安全机制是为了满足相应的安全服务所必须选择的，其在不同网络层上的分布见表 2-2。

表 2-2 安全服务与 OSI 层次关系表

安全服务 \ OSI 层次	1	2	3	4	5	6	7
对等协议实体鉴别			√	√			√
数据源鉴别			√	√			√
访问控制服务			√	√			√
连接保密	√	√	√	√		√	
无连接保密		√	√	√		√	
选择字段保密							√
分组流保密	√		√				√
可恢复连接完整性							
无恢复连接完整性			√	√		√	
选择字段连接完整性						√	
无连接完整性			√	√		√	
选择字段无连接完整性						√	
数字签名						√	

OSI 的安全体系主要是针对网络协议的有关部分，相对于保证网络安全来说，可能是不完整的。当前主要使用的网络系统是 Internet 或基于 TCP/IP 参考模型的 Intranet 等，因此，基于 TCP/IP 参考模型的网络安全显得更为重要。

2.3 TCP/IP 参考模型的安全体系

2.3.1 TCP/IP 参考模型

根据 OSI 参考模型可以说明构成 TCP/IP 协议簇的协议。TCP/IP 参考模型与 OSI 参考模型的对应关系如图 2-3 所示。在 OSI 参考模型中，TCP/IP 参考模型中的网络接入层和应用层被进一步划分，用于说明这些协议层需要实现的详细功能。

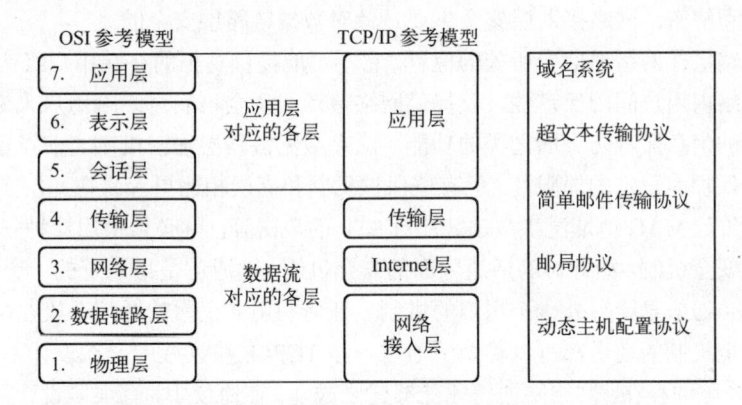

图 2-3 TCP/IP 参考模型与 OSI 参考模型的对应关系

TCP/IP 协议簇在网络接入层并没有指定通过物理介质传输时使用的协议，而只是描述了从 Internet 层到物理网络协议的传递。而 OSI 参考模型第 1 层和第 2 层则论述了接入介质所需的步骤以及通过网络发送数据的物理手段。

这两个网络模型之间主要的相似之处在于它们的第 3 层和第 4 层。OSI 参考模型第 3 层是网络层，几乎全部用于论述和记录发生在所有数据网络中的用于编址并在网际网络中路由消息的过程。Internet 协议（IP）是 TCP/IP 协议簇中包含第 3 层所述功能的协议。

OSI 参考模型的第 4 层是传输层，通常用于描述管理源主机和目的主机之间各个会话的一般服务或功能。这些功能包括确认、错误恢复和定序。传输控制协议（TCP）和用户数据报协议（UDP）这两个 TCP/IP 提供了这一层需要的功能。

TCP/IP 参考模型的应用层包括许多协议，为各种最终用户应用程序提供特定功能。OSI 参考模型第 5 层、第 6 层和第 7 层供应用程序软件开发人员和厂商参考，用于生产需要访问网络进行通信的产品。

TCP/IP 参考模型中各层功能如下：

（1）应用层：是用户访问网络的界面。包括一些向用户提供的常用应用程序，如电子邮件、Web 浏览器、文件传输、远程登录等，也包括用户在传输层之上建立的自己的应用程序。

（2）传输层：负责实现源主机和目的主机上的实体之间的通信。它提供了两种服务：一种是可靠的、面向连接的服务（TCP）；一种是无连接的数据报服务（UDP）。为了实现可靠传输，要在会话时建立连接，对数据包进行校验和收发确认，通信完成后再拆除连接。

（3）Internet 层：负责数据包的路由选择，保证数据包能顺利到达指定的目的地。一个报文的不同分组可能通过不同的路径到达目的地，因此要对报文分组加一个顺序标识符，以使目标主机接收到所有分组后，可以按序号将分组装配起来，恢复原报文。

（4）网络接入层：负责接收 IP 数据包并通过网络传输介质发送数据包。

2.3.2　TCP/IP 参考模型的安全体系

1. 网络接入层安全

对于 OSI 参考模型的物理层，可以在通信线路上采用某些防窃听技术使得搭线窃听变得不可能或者不容易被窃听者监测到；数据链路层上，点对点的链路可以采用硬件实现方案，使用通信加密设备进行加密和解密。网络接入层安全主要是针对数据链路层安全的。

基于数据链路层在网络通信中所处的位置，它不可能提供真正的终端用户级认证，也不能在合理成本下提供网络内用户间的保密性，仅提供网络接入层安全机制对终端用户来说还是不安全的。例如，限制设备的信息流等防火墙之类的功能，应在数据链路层加密机制之前设置。

数据链路层保护有一定的局限性，但有些保护机制和高层相比更容易在此层实现。第一种是通信安全机制，如防范 MAC 地址泛洪攻击、针对 STP 的攻击等，就必须采用这种安全机制；第二种是高层不拥有的安全机制，如针对隐通道方面的安全机制，隐通道是指系统的一个用户以违反系统安全策略的方式传送信息给另外一个用户的机制。任何利用非正常的通信手段在网络中传递信息，从而突破网络安全机制的通道都可以称做隐通道。在 TCP/IP 协议簇中，在设计上有些安全方面的缺陷，由于这些缺陷的存在，网络隐通道才能够建立成功。在协议中，有很多设计得不严密的地方，可以用来秘密地隐藏信息，这就给建立隐通道秘密传输信息提供了场所。隐通道的存在会对网络的安全构成威胁，数据包中任何字节的改变或传输参数的任何变化都是潜在的隐通道。数据链路层保护可以有效地取出诸如传输信息长度、时间以及地址的隐通道。

除此之外，数据链路层系统设计较为简单，与其他层相比更容易达到预期目标。

2. Internet 层安全

Internet 层安全主要是为了保证 IP 数据包能够正确地发往目的地，攻击者可能通过修改网络的操作以达到他们的攻击目的，数据包有可能被路由器发往错误的地方。

网络中的路由器对路由表的维护一般采用的是动态路由机制，它依赖路由器的两个最基本的功能：一是路由表的维护；另一个是路由器之间适时的路由信息交换。因此，路由表和路由信息的准确性和完整性对 IP 网络来说是相当关键的，路由表的完整正确与否直接关系到能否连接到目的设备并有效使用网络资源。

保证路由器间更新信息的完整性也很重要。路由器更新信息是由路由协议来实现的，常见的路由协议有 RIPv2、OSPF、EIGRP 等。无论采取何种协议，都要确保路由更新信息在网络上传送时不会被修改。同时，路由器的内部也需要完整性机制。路由器可以采用设置不同级别的访问并授予相应的权限等方式以防止非授权用户的非法修改，确保路由表信息的准确性。另外，还需要认证机制，以确保非授权的路由更新信息插入网络。

在新一代的互联网协议 IPv6 包头设计中，对原 IPv4 包头所做的一项重要改进就是将所有可选字段移出 IPv6 包头，置于扩展头中。由于除 Hop-by-Hop 选项扩展头外，其他扩展头不受中转路由器检查或处理，这样就能提高路由器处理包含选项的 IPv6 分组的性能。通常，一个典型的 IPv6 包没有扩展头。仅当需要路由器或目的节点做某些特殊处理时，才由发送方添加一个或多个扩展头。

目前，RFC2460 中定义了 6 个 IPv6 扩展头，其中认证包头提供数据源认证、数据完整性检查和反重播保护。ESP（Encapsulating Security Payload）协议包头提供加密服务。当认证和加密两者都需要时，可以将它们结合起来使用。

Internet 层安全性的主要特点是它的透明性，对同一目的地址的数据包，按照同样的加密密钥和访问控制策略来处理。也就是说，对属于不同进程的包不做区别。Internet 层非常适合提供基于主机的安全服务。

3. 传输层安全

传输层提供 TCP 和 UDP 两种服务，TCP 提供可靠的面向连接的服务，UDP 提供无连接的服务。传输层的安全主要针对端对端的数据传输。确保传输层安全的相应协议有 SSL、TLS、SOCKS、WTLS 等。

由于在 TCP/IP 中没有加密、安全认证等安全机制，所以 Netscape 研发了 SSL（Secure Socket Layer）协议，用以保障在 Internet 上数据传输的安全。SSL 协议位于 TCP 与应用层协议之间，为数据通信提供安全支持。SSL 协议可分为两层：SSL 记录协议（SSL Record Protocol），它建立在可靠的传输协议（如 TCP）之上，为高层协议提供数据封装、压缩、加密等基本功能的支持；SSL 握手协议（SSL Handshake Protocol），它建立在 SSL 记录协议之上，用于在实际的数据传输开始前，对通信双方进行身份认证、协商加密算法、交换加密密钥等。

TLS（Transport Layer Security）协议包括两个协议组——TLS 记录协议和 TLS 握手协议。TLS 记录协议是一种分层协议，每一层中的信息可能包含长度、描述和内容等字段。TLS 记录协议支持信息传输、将数据分段到可处理块、压缩数据、应用 MAC、加密以及传输结果等；对接收到的数据进行解密、校验、解压缩、重组等，然后将它们传送到高层客户机。TLS 握手协议由 3 个子协议组构成，允许对等双方在记录层的安全参数上达成一致、自我认证、协商安全参数、互相报告出错条件。

相对于网络层的安全机制，传输层安全机制是基于进程和进程之间的安全服务和加密传输信道，它不具备透明性。只要应用到传输层安全协议（如 SSL），就必定要对其他层次进行若干修改，以增加相应的功能，并使用稍微不同的进程间通信界面。它的实现涉及公钥体系，安全强度高，支持用户选择的加密算法。缺点是它所涉及的公钥和私钥用户很难记忆，需要通过其他方式加以保存。

4. 应用层安全

应用层是直接面向用户的，TCP/IP 的应用层协议很多，常见的运行在网络层的安全协议有 Telnet、FTP、SMTP 和 HTTP 等。正是这些应用层协议将 TCP/IP 的优势发挥出来，使 Internet 的内容丰富多彩。而网络接入层与网络层是无法对所传送的不同内容的安全要求予以区别对待的。如果确实想区分具体文件的不同安全性要求，就必须在应用层采用安全机制。例如，Internet 蠕虫和 Melissa 病毒利用了邮件服务器不检查传送邮件信息内容，若发送大量的请求容易导致正常请求不能响应的弱点。面对这些威胁，低层的协议安全功能一般达不到对安全的要求，只有应用层是唯一能够提供这种安全服务的层次，以下是有关应用层安全的相关实例：

（1）利用其他软件实现对已有应用层协议安全功能的扩展。

如 PEM（Privacy Enhanced Mail，增强保密的邮件），用户使用本地 PEM 软件以及 PSE 环境信息生成 PEM 邮件，然后通过基于 SMTP 的报文传递代理（MTA）发给对方。接收方在自身的 PSE 中将报文解密，并通过目录检索其证件，查阅证件注销表以核实证件的有效性。

（2）提供文件级别的安全机制。

S-HTTP（Secure Hypertext Transfer Protocol）是 Web 上使用的超文本传输协议（HTTP）的安全增强版本，它与 HTTP 相兼容，但是要实现 S-HTTP 的安全特性，必须是服务器与客户机同时使用 S-HTTP。S-HTTP 提供了完整且灵活的加密算法、模态及相关参数。使用 S-HTTP，敏感的数据信息不会以明文形式在网络上发送。

（3）提供多种安全服务的安全协议。

SET 协议（Secure Electronic Transaction），被称为安全电子交易协议，是由 Master Card 和 Visa 联合 Netscape、Microsoft 等公司，推出的一种新的电子支付模型。SET 协议是 B2C 上基于信用卡支付模式而设计的，它保证了开放网络上使用信用卡进行在线购物的安全。SET 协议主要是为了解决消费者、商家、银行之间通过信用卡的交易而设计的，由于 SET 协议提供了消费者、商家和银行之间的认证，确保了交易数据的安全性、完整可靠性和交易的不可否认性，特别是保证不将消费者银行卡号暴露给商家等优点，因此它成为了目前公认的信用卡/借记卡的网上交易的国际安全标准。

2.4 常用网络协议和服务

2.4.1 常用网络协议

1. IP

IP（Internet Protocol）是为计算机网络相互进行通信而设计的协议。在 Internet 中，它是能使连接到网上的所有计算机网络实现相互通信的一套规则，规定了计算机在 Internet 上进行通信时应当遵守的规则。IP 数据报的结构为：IP 头加数据，IP 头包括一个 20 字节的固定长度部分和一个可选的任意长度部分，其结构如图 2-4 所示（图中数字代表长度大小，单位为位），其中包含的各个字段含义如下：

- 版本：IP 的版本。通信双方使用的 IP 版本必须一致。目前广泛使用的 IP 版本号为 4（即 IPv4）。关于 IPv6，目前还处于草案阶段（4 位）。
- 报头长度：指定数据报报头的大小（4 位）。

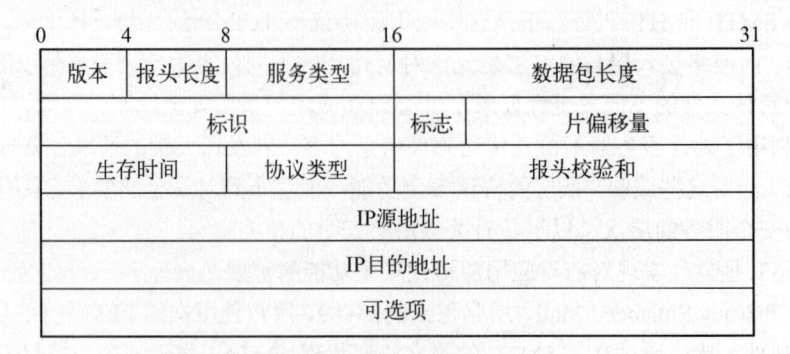

0	4	8	16	31
版本	报头长度	服务类型	数据包长度	
标识			标志	片偏移量
生存时间		协议类型	报头校验和	
IP源地址				
IP目的地址				
可选项				

图 2-4 IP 数据报头结构

- 服务类型：服务类型字段包含一个 8 位二进制值，用于确定每个数据包的优先级别（8位）。
- 数据包长度：此字段以字节为单位，提供了包括报头和数据在内的整个数据包的大小（16位）。
- 标识：此字段主要用于唯一标识原始 IP 数据包的数据片（16位）。
- 标志：占 3 位，第 1 个未用，第 2 个为 DF，第 3 个为 MF（3位）。

不分片（DF）标志：不分片（DF）标志是标志字段中的一个位，表示不允许对数据包分片。如果设置了不分片标志位，则表示不允许对此数据包分片。如果路由器必须对数据包分片后才能将其向下传送到数据链路层，但此时 DF 位却设置为 1，则该路由器将丢弃此数据包。

更多片（MF）标志：更多片（MF）标志是标志字段中的一个位，与片偏移量共同用于数据包的分片和重建。如果设置了更多片标志位，则表示这并非数据包的最后一个数据片。当接收方主机收到 MF＝1 的数据包时，会检查片偏移量以便了解此数据片在重建的数据包中应放置的位置。当接收方主机收到 MF＝0 且片偏移量中的值非零的帧时，会将该数据片作为重建的数据包的最后一部分放置。未分片数据包的分片信息全部为零（MF＝0，片偏移量＝0）。

- 片偏移量：片偏移量字段用于标识数据包的数据片在重建时的放置顺序。当路由器从一种介质向具有较小 MTU 的另一种介质转发数据包时必须将数据包分片。如果出现分片的情况，IPv4 数据包会在到达目的主机时使用 IP 报头中的片偏移量字段和 MF 标志来重建数据包（13位）。
- 生存时间：生存时间（TTL）是一个 8 位二进制值，表示数据报的剩余"寿命"。数据报每经过一个路由器（即每一跳）处理，TTL 值便至少减 1。当该值变为零时，路由器会丢弃数据报并从网络数据流量中将其删除。此机制可以防止无法到达其目的地的数据在路由环路中的路由器之间无限期转发。如果允许路由环路继续，网络将会因永远也无法到达目的地的数据报而出现堵塞。在每一跳处减少 TTL 值可以确保该值最终变为 0 并且丢弃 TTL 字段过期的数据报（8位）。
- 协议类型：表示数据报传送的数据负载类型。网络层参照协议字段将数据传送到相应的上层协议（8位）。

典型的值如下：

01：ICMP   06：TCP   17：UDP

- 报头校验和：报头校验和字段用于对数据包报头执行差错校验（16位）。
- IP 源地址：IP 源地址字段包含一个 32 位二进制值，代表数据包源主机的网络层地址（32位）。
- IP 目的地址：IP 目的地址字段包含一个 32 位二进制值，代表数据包目的主机的网络层地址（32位）。
- 可选项：IPv4 报头中为提供其他服务另行准备了一些字段，但这些字段极少使用（可变长度）。

2. TCP

TCP（Transmission Control Protocol）是一种面向连接的、可靠的、基于字节流的传输层（Transport Layer）通信协议。

发送和接收方 TCP 实体以数据段（Segment）的形式交换数据。一个数据段包含一个固定的

20 字节的头和任意长度的可选部分。TCP 的头的结构如图 2-5 所示，各个字段的含义如下：
- 源端口：长度为 16 位的源端口字段的值为初始化通信的端口号。
- 目的端口：长度为 16 位的目的端口字段的值为传输的端口号。
- 顺序号：发送方向接收方发送的封包的顺序号，长度为 32 位。TCP 连接上的每个字节均有它自己的 32 位的顺序号，顺序号经过一段时间（如一个小时或更长）后会出现重复。
- 确认号：发送方希望接收的下一个封包的顺序号，长度为 32 位。

源端口	目的端口
顺序号	
确认号	
TCP 头长 / URG / ACK / PSH / RST / SYN / FIN	窗口大小
校验和	紧急指针
可选项（0或更多的32位字）	

图 2-5　TCP 头结构图

- TCP 头长：表明 TCP 头包含多少个 32 位字，长度为 4 位。

接下来的 6 位未用，再接下来的 6 个标识位长度各为 1 位。
- URG：是否使用紧急指针。

1：使用；

0：不使用。
- ACK：是请求状态还是应答状态。

1：应答，则确认号有效；

0：请求，则确认号被忽略。
- PSH：PSH=1，表示接收方请求的数据收到后立刻送往应用程序而不必等到缓冲区满。
- RST：用于复位由于主机崩溃或其他原因而出现的错误连接。常用于拒绝非法的数据或非法的连接请求。
- SYN：用于建立连接。在连接请求中，SYN=1，ACK=0，表示连接请求；SYN=1，ACK=1，表示连接被接受。
- FIN：用于释放连接。它表明发送方已没有数据发送了。
- 窗口大小：实现流量控制的字段，表示接收方想收到的每个 TCP 数据段的大小。若该字段值为 0 则表示希望发送方暂停发送数据。长度为 16 位。
- 校验和：对整个数据包的校验和。长度为 16 位。
- 紧急指针：当 URG 为 1 时才有效，是发送紧急数据的一种方式。长度为 16 位。
- 可选项：用于提供一种增加额外设置的方法，这种设置在常规的 TCP 包中是不包括的。

3．UDP

UDP 向应用程序提供了一种无连接的服务，通常用于每次传输量较小或有实时需要的程序，在这种情况下，使用 UDP 开销较小，避免频繁建立和释放连接的麻烦。

一个 UDP 数据段包括一个 8 字节的头和数据部分，如图 2-6 所示。

UDP 头只包括 4 个字段，每个字段的长度为 16 位。
- 源端口、目的端口的作用与 TCP 中的相同。
- 封包长度：UDP 头和数据的总长度。
- 校验和：与 TCP 头中的校验和一样，不仅对头数据进行检验，还对包的内容进行校验。

0	16	31
源端口		目的端口
封包长度		校验和

图 2-6 UDP 头结构

2.4.2 常用网络服务

1. 活动目录

活动目录（Active Directory，AD）是面向 Windows Standard Server、Windows Enterprise Server 以及 Windows Datacenter Server 的目录服务。活动目录不能运行在 Windows Web Server 上，但是可以通过它对运行 Windows Web Server 的计算机进行管理。活动目录存储了有关网络对象的信息，并且让管理员和用户能够轻松地查找和使用这些信息。活动目录使用了一种结构化的数据存储方式，并以此作为基础对目录信息进行合乎逻辑的分层组织。

活动目录服务是 Windows 平台的核心组件，它为用户管理网络环境各个组成要素的标识和关系提供了一种有力的手段。

2. WWW 服务

WWW 服务是目前最常用的服务，使用 HTTP，默认端口为 80。使用 Apache 可以在 Linux/UNIX/Windows 2003 上架设 Web 服务器，在 Windows 下，一般使用 IIS 作为 Web 服务器。

用户通过浏览器可以方便地访问处于世界上任何地方的 Web 服务器上的网页，网页包含了文本、图片、语音、动画等各种文件。

3. 电子邮件

电子邮件（E-mail）是目前较流行和最基本的网络服务之一。

电子邮件地址的格式由 3 部分组成。第 1 部分"用户名"代表用户信箱的账号，对于同一个邮件接收服务器来说，这个账号必须是唯一的；第 2 部分"@"是分隔符；第 3 部分是用户信箱的邮件接收服务器域名，用以标识其所在的位置。

电子邮件系统由客户端软件和邮件服务端软件组成。电子邮件系统的工作方式遵循客户机/服务器（C/S）模式。使用电子邮件服务的每个用户必须在一个邮件服务器上申请一个电子邮箱。邮件服务器管理着众多的客户电子邮箱。

目前，电子邮件服务使用的两个最主要的协议是简单邮件传输协议（SMTP）和邮局协议（POP3）。SMTP 默认使用 25 号端口，用于发送邮件；POP3 使用 110 号端口，用来接收邮件。

SMTP 是一组用于由源地址到目的地址传送邮件的规则，由它来控制信件的中转方式。它是以明文方式进行传输的，存在着较大的安全隐患。

POP3 允许用户从服务器上把邮件存储到本地主机（即用户自己的计算机）上，同时根据客户端的操作，删除或保存邮件服务器上的邮件。

4. Telnet

Telnet 是一种 Internet 远程终端访问服务，使用 23 号端口。它能够以字符方式模仿远程终端登录远程服务器，访问服务器上的资源。Telnet 是以明文方式发送信息的，也存在较大的安全隐患。

要建立一个到远程主机的对话，只需在命令提示符下输入命令：Telnet 远程主机 IP 地址（远程主机名）。用户也可以用具有图形界面的 Telnet 客户端程序与远程主机建立 Telnet 连接。

5. FTP

FTP（File Transfer Protocol，文件传输协议）的主要作用是让用户连接到一个远程计算机（运行着 FTP 服务器程序），查看远程计算机上文件，把文件从远程计算机上下载到本地计算机或把本地计算机文件上传到远程计算机中。FTP 服务的端口为 21（20）。

与大多数 Internet 服务一样，FTP 的工作方式也遵循 C/S 模式。FTP 从远程计算机复制文件时实际上启动了两个程序：一个是本地计算机上的 FTP 客户程序，它向 FTP 服务器提出复制文件的请求；另一个是启动在远程计算机上的 FTP 服务器程序，它响应复制请求并把指定的文件传送到本地计算机中。FTP 客户程序有字符界面和图形界面两种。字符界面的 FTP 的命令复杂、繁多。图形界面的 FTP 客户程序，操作简洁方便。

使用 FTP 时必须先登录，在远程计算机上获得相应的权限以后，方可上传或下载文件。也就是说，要想向哪一台计算机传送文件，就必须具有哪一台计算机的适当授权。换言之，除非拥有用户 ID 和密码，否则便无法传送文件。Internet 上的 FTP 主机有很多，不可能要求每个用户在每一台主机上都拥有账号，匿名 FTP 就是为了解决这个问题而产生的。用户可以使用 anonymous 作为用户 ID，E-mail 地址作为密码连接到提供了匿名 FTP 服务的远程主机上，并下载文件，而无须成为其注册用户。

为了安全起见，不要往匿名 FTP 服务器上存放机密文件。

6. DNS

DNS 是域名系统（Domain Name System）的缩写，它是由解析器和域名服务器组成的。域名服务器是指保存有该网络中所有主机的域名和对应 IP 地址，并具有将域名转换为 IP 地址功能的服务器。其中域名必须对应一个 IP 地址，而 IP 地址不一定有域名。域名系统采用类似目录树的等级结构。域名服务器为客户机/服务器模式中的服务器方，它主要有两种形式：主服务器和转发服务器。将域名映射为 IP 地址的过程就称为"域名解析"。在 Internet 上，域名与 IP 地址之间是一对一（或者多对一）的，域名虽然便于人们记忆，但机器之间只是互相认识 IP 地址，它们之间的转换工作称为域名解析，域名解析需要由专门的域名解析服务器来完成，DNS 就是进行域名解析的服务器。

2.5 Windows 常用的网络命令

Windows 操作系统自带有许多网络命令，它们虽然简单，但是却可以实现强大的功能。下面介绍一些常用的网络命令。

2.5.1 ping 命令

这个命令用来检测当前主机与目的主机之间的连通情况，它是 ICMP 使用的一个实例。使用 ping 进行测试，如果 ping 运行正确，大体上就可以排除网络访问层、网卡的输入输出线路、电缆和路由器等存在的故障，从而减小了问题的范围。但由于可以自定义所发数据报的大小及无休止的高速发送，ping 也被某些别有用心的人作为 DDoS（分布式拒绝服务攻击）的工具。

ping 命令的格式如图 2-7 所示（在命令行状态下输入 ping 即可显示其格式及参数的说明）。其中的常用参数说明如下：

-t：使当前主机不断地向目的主机发送数据，直到使用 Ctrl+C 组合键中断。

-n：执行特定次数的 ping 命令，其中 count 为正整数值。

-l size：指定发送的数据包的大小，而不是默认的 32 字节。

ping 命令格式为：ping 主机名-t。如图 2-8 所示，如果 ping 某一网站，如 www.yahoo.com，出现"Reply from 72.30.2.43:bytes=32 time=182ms TTL=53"则表示本地主机与该网站的 IP 级连接是畅通的。其中"72.30.2.43"是对方的 IP 地址，"bytes=32"表示数据包大小为 32 个字节，"time=182ms"表示完成命令所花时间为 182ms。"TTL=53"表示生存时间。

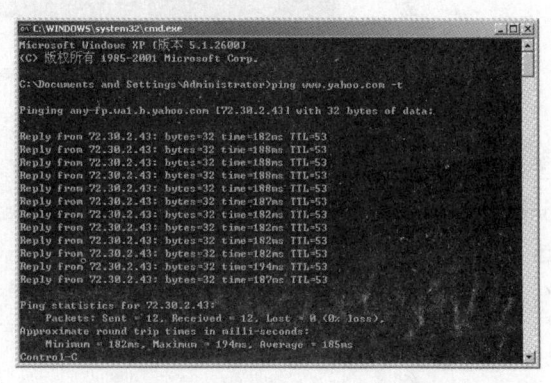

图 2-7　ping 命令参数　　　　　图 2-8　带参数-t 的 ping 命令

TTL 是 IP 包中的一个值，它告诉网络中的设备包在网络中的时间是否太长而应被丢弃。有很多原因使包在一定时间内不能被传递到目的地。例如，不正确的路由表可能导致包的无限循环。一个解决方法就是在一段时间后丢弃这个包，然后给发送者一个报文，由发送者决定是否重发。TTL 的初值通常是系统默认值，是包头中的 8 位的域。TTL 的最初设想是确定一个时间范围，超过此时间就把包丢弃。由于每个路由器都至少要把 TTL 域减 1，TTL 通常表示包在被丢弃前最多能经过的路由器个数。当计数到 0 时，路由器决定丢弃该包，并发送一个 ICMP 报文给最初的发送者。

如果出现如图 2-9 所示的提示，则说明本地 DNS 配置有问题或 DNS 服务器无此域名信息。

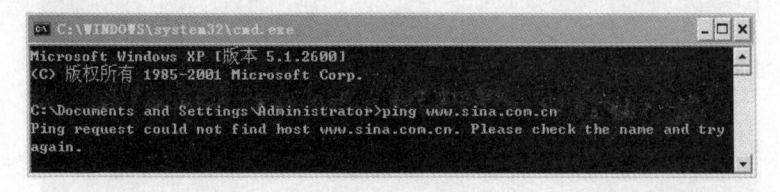

图 2-9　DNS 查找不到目标

如果出现"Request timed out"，如图 2-10 所示，则表示此时发送的数据包不能到达目的地，可能有以下两种情况：一种是网络不通；另一种是此时网络连通状况不佳。

默认情况下，在出现"Request timed out"之前，ping 会等待 1000ms（1s）的时间让每个响应返回。如果通过 ping 探测的目标系统经由时间延迟较长的链路，如卫星链路，则响应可能会花更长的时间才能返回。此时可以使用-w（等待）参数选项指定更长时间的超时。

如果执行 ping 命令不成功，则可以预测故障出现在以下几个方面：网线是否连通、网络适配器是否安装正确、IP 地址是否可用等；如果执行 ping 命令成功而网络仍无法使用，那么问题很可能出在网络系统的软件配置方面，执行 ping 命令成功只能保证当前主机与目的主机间存在一条连通的物理路径。

图 2-10 ping 不通目标

另外，由于 ping 命令可以被攻击者用来收集主机信息和作为攻击的手段，因此，出于安全的考虑，许多主机的防火墙配置了"拒绝外部的 ICMP 信息包"这样的规则，这样的主机也是无法 ping 到的。例如，使用"ping www.sohu.com"，返回信息可能为"Request timed out"，看起来好像该主机不可达，而实际上可以通过浏览器访问该网站。

2.5.2 at 命令

这个命令的作用是安排在特定的日期或时间执行某个特定的命令或程序。当知道要运行命令主机的当前时间，就可以使用此命令让其在以后的某个时间去执行某个程序或命令。具体用法和参数，如图 2-11 所示。

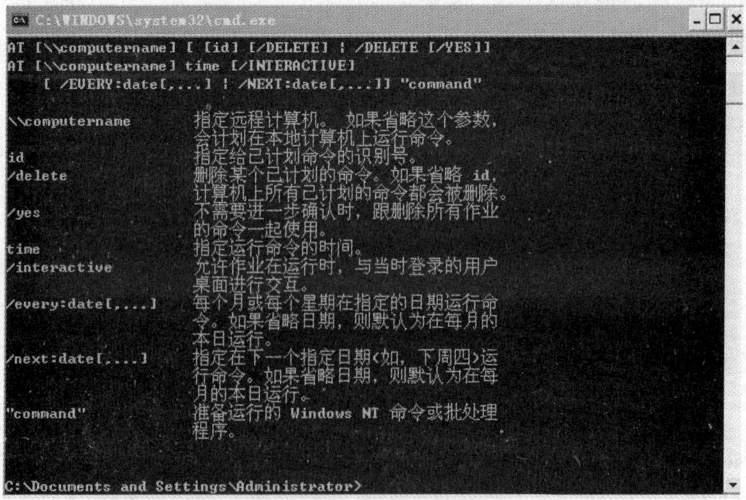

图 2-11 at 命令参数

图 2-12 就是利用 at 命令实现计算机定时关机，如设定关机时间为 17:00。at 命令的执行与用户权限以及相关的服务有关。如果在执行过程中提示"服务尚未启动"，则需开启服务中的"Task Scheduler"选项。

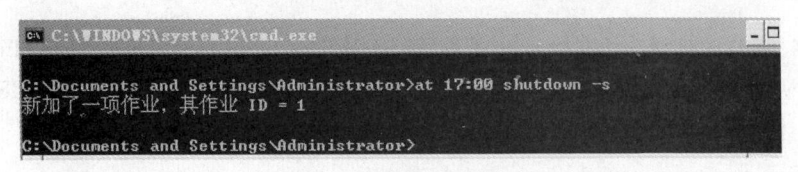

图 2-12 at 命令使用示例

2.5.3 netstat 命令

netstat 命令可以用来显示当前的 TCP/IP 连接、Ethernet 统计信息、路由表等。netstat 命令的格式如下：

netstat[-a][-e][-n][-o][-s][-p proto][-r][interval]

-s：按照各个协议分别显示其统计数据。如果用户的应用程序（如 Web 浏览器）运行速度比较慢，或者不能显示 Web 页之类的数据，那么就可以用本选项来查看一下所显示的信息。

需要仔细查看统计数据的各行，找到出错的关键字，进而确定问题所在。图 2-13 显示了当前计算机协议的统计信息（图中统计信息未显示完）。

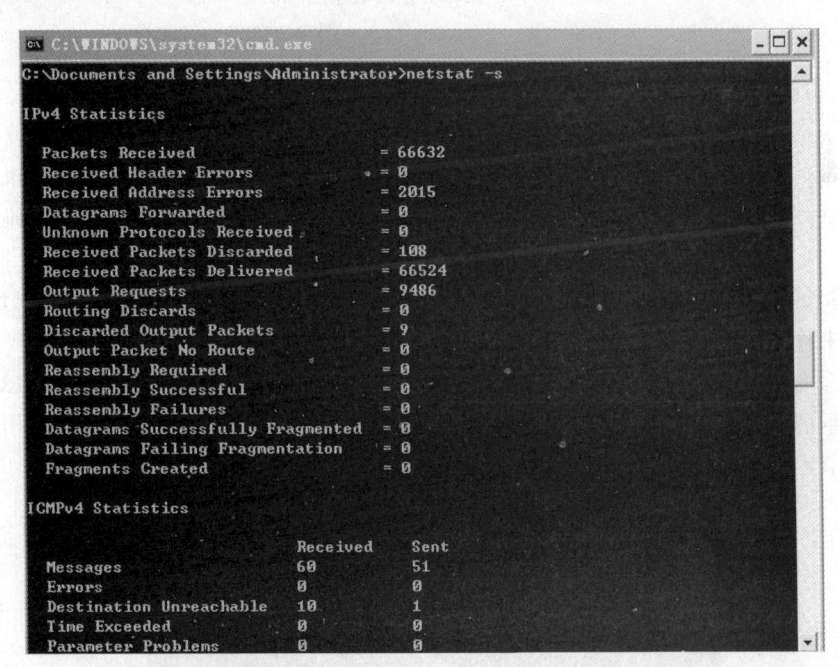

图 2-13 netstat 命令查看协议统计信息

-e：显示关于以太网的统计数据。它列出的项目包括传送的数据报的总字节数、错误数、删除数，以及数据报的数量和广播的数量。

-r：显示关于路由表的信息，类似于使用 route print 命令时显示的信息。除了显示有效路由外，还显示当前有效的连接。

-a：显示一个所有的有效连接信息列表，包括已建立的连接（ESTABLISHED），也包括监听连接请求（LISTENING）的那些连接。

-n：显示所有已建立的有效连接。

从图 2-14 中可以看到，计算机打开许多端口，其中有些端口的状态为"LISTENING"，表示该端口处于监听状态，没有和其他计算机建立连接；而有的端口状态为"ESTABLISHED"，表明该端口正与某计算机进行通信。

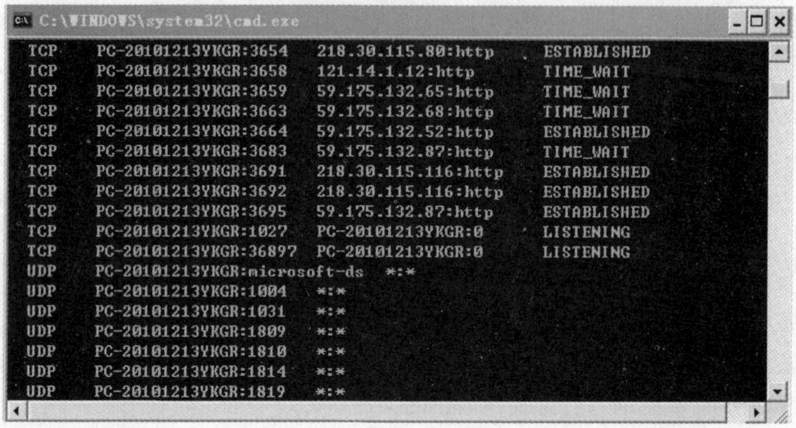

图 2-14 netstat-a 命令输出示例

2.5.4 tracert 命令

当数据报从本地经过多个网关传送到目的地时，tracert 命令可以用来跟踪数据报使用的路由（路径）。该程序跟踪的路径是源计算机到目的地的一条路径，tracert 命令诊断程序确定到目标所采取的路由。

tracert 命令的使用是在后面加上一个 IP 地址或 url，tracert 命令会进行相应的域名解析。tracert 命令一般用来检测故障的位置，可以用 tracert 命令测试在哪个环节上出了问题。

tracert 命令的用法示例如图 2-15 所示。从图 2-15 中可以看出，经过了 59.172.218.219 这个网络节点后显示请求超时，而这个时候本机又是能够访问该网站的，说明 tracert 命令相关的协议服务被该网络节点拒绝了。

图 2-15 tracert 命令示例

2.5.5 net 命令

net 命令中有很多函数用于配置部分本地操作系统的常用选项和核查计算机之间的 NetBIOS 连接，输入 net /?，然后按 Enter 键，显示该命令的用法：

net[accounts | computer | config | continue | file | group | help | helpmsg | localgroup | name | pause | print | send | session | share | start | statistics | stop | time | use | user | view]

1. net start <service name>

启动本地主机或远程主机上的服务。输入"net start telnet",就可以启动本机上的 telnet 服务,如图 2-16 所示。

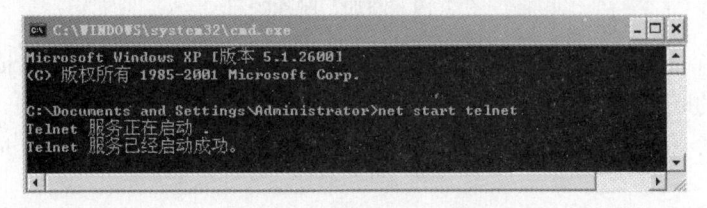

图 2-16 启动 telnet 服务

2. net stop <service name>

停止本地或远程主机上已开启的服务。输入"net stop server",就可以停止 server 及与之关联的服务,如图 2-17 所示。

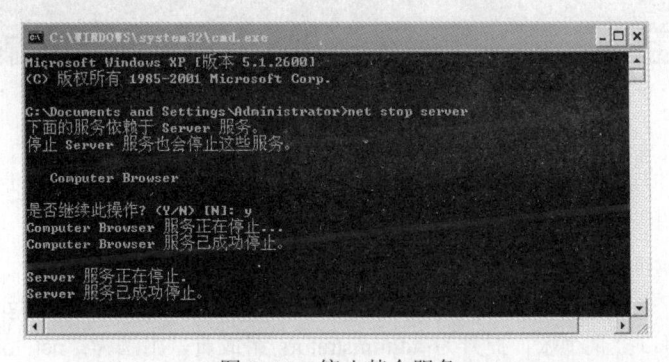

图 2-17 停止某个服务

3. net user

执行和账户相关的一些操作,包括新建账户、删除账户、查看特定账户、激活账户、禁用账户等。输入不带参数的"net user"命令,可以查看所有账户,如图 2-18 所示。

图 2-18 显示所有账户

(1)创建新账户。"net user peter 123456 /add"命令:表示新建一个账户名为 peter,密码为 123456,默认为 user 组成员,如图 2-19 所示。

(2)删除账户。"net user peter /del"命令:表示将账户名为 peter 的账户删除,如图 2-19 所示。

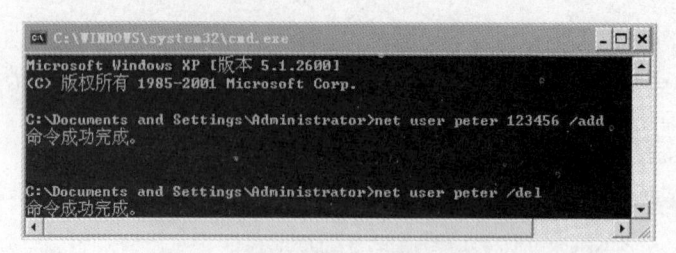

图 2-19　添加、删除账户

（3）禁用某个账户。假设 john 为一个已存在的账户，使用命令：net user john /active:no，可将账户名为 john 的账户禁用，如图 2-20 所示。

（4）激活某个账户。"net user john /active:yes"命令：表示激活账户名为 john 的账户，如图 2-20 所示。

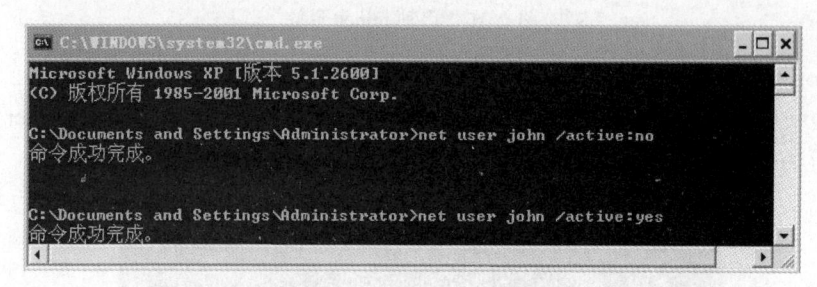

图 2-20　禁用、激活账户

（5）查看账户信息。"net user john"命令，表示查看账户名为 john 的用户的情况，包括账户的状态、密码有效期、所属组和上次登录时间等。

4. net localgroup

查看所有和用户组有关的信息以及进行的相关操作。不带参数的"net localgroup"命令可列出当前所有的用户组。可以把某个账户提升为 administrators 组成员，用法为：net localgroup groupname username/add。例如，把账户 john 添加到管理员组中去，可使用命令：net loaclgroup administrators john /add，john 就成为管理员组的成员，获得了管理员的权限。使用命令：net localgroup administrators john /del，就可以把 john 这个账户从管理员组中删除。使用"net localgroup groupname"命令，本例中的 groupname 为 administrators，可查看组信息，以及该组包含的成员。以上命令如图 2-21 所示。

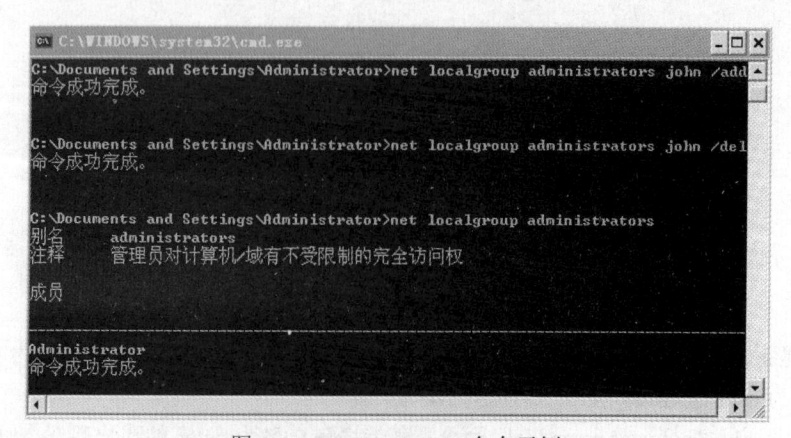

图 2-21　net localgroup 命令示例

2.5.6 ftp 命令

基本的 ftp 命令使用方法为：首先在命令行中输入 ftp，然后按 Enter 键（也可直接添加对方 IP 地址或完全域名登录），也可以输入"help"来查看帮助（任何 DOS 命令都可以用此方法查看命令帮助）。

接下来是登录过程，直接在 ftp 的提示符下输入"open 主机 IP 地址 ftp 端口"命令格式，然后按 Enter 键即可，默认端口都是 21，可以不写。提示输入合法的用户名和密码进行登录，若以匿名 ftp 登录，可在 User 提示符后面输入 anonymous，并在 password 提示符后面输入一个邮件地址为密码。ftp 命令示例如图 2-22 所示。

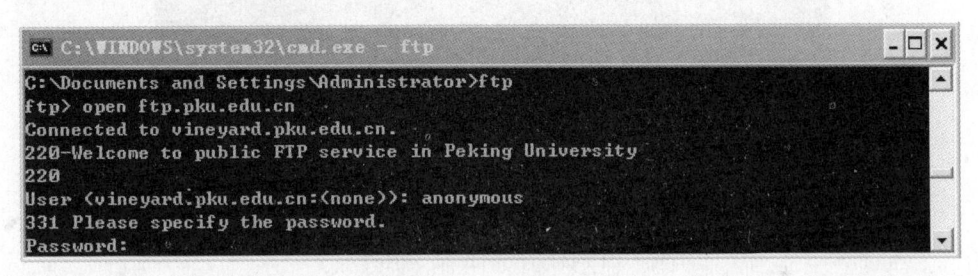

图 2-22 使用 ftp 命令

使用 ftp 命令登录后，可使用如下命令进行操作：

dir：和 DOS 命令一样，用于查看服务器的文件，直接输入 dir，然后按 Enter 键，就可以看到此 ftp 服务器上的文件，如图 2-23 所示。

cd：进入某个文件夹。

get：下载文件到本地计算机。

put：上传文件到文件服务器（需要远程服务器配置相应权限）。

delete：删除远程 ftp 服务器上的文件（需要远程服务器配置相应权限）。

disconnect：断开当前连接。

bye：退出 ftp 服务。

quit：退出 ftp 服务。

图 2-23 ftp 服务器上的文件列表

2.5.7　nbtstat 命令

nbtstat 命令用于提供关于 NetBIOS 的统计数据。使用 nbtstat 命令，可以查看本地计算机或远程计算机上的 NetBIOS 名字列表。图 2-24 就是 nbtstat 命令查看远程计算机 NetBIOS 的示例。

图 2-24　nbtstat 命令示例

nbtstat 常用参数选项如下：

-n：显示寄存在本地的名字和服务程序。

-r：清除 NetBIOS 中的高速缓存。

-a IP 地址：通过 IP 地址显示另一台计算机的物理地址和名字列表，所显示的内容就像另一台计算机自己运行 nbtstat -n 命令一样。

-s IP 地址：显示使用其 IP 地址的另一台计算机的 NetBIOS 连接表。

-c：显示 NetBIOS 名字高速缓存的内容。NetBIOS 名字高速缓存用于存放与本计算机最近进行通信的其他计算机的 NetBIOS 名字和 IP 地址对。

2.5.8　telnet 命令

telnet 命令为远程登录命令。使用时，先输入 telnet，然后按 Enter 键，在提示符下输入"open 主机名（IP 地址）"命令格式，示例如图 2-25 所示，这时就出现了登录窗口，用户可输入合法的用户名和密码，这里输入的密码都是不显示的。

当输入的用户名和密码都正确后，就成功建立了 telnet 连接，这时用户就在远程主机上具有了相应的权限。

当然，以上命令能成功运行需要 telnet 的目标设备支持并开启了 telnet 访问。

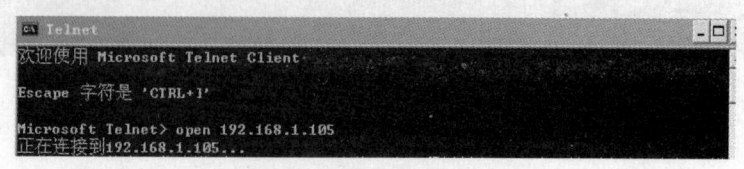

图 2-25　建立 telnet 连接

2.6 协议分析工具——Sniffer 的应用

Sniffer 软件是 NAI 公司推出的功能强大的协议分析软件。Sniffer 技术被广泛地应用于网络故障诊断、协议分析、应用性能分析和网络安全保障等各个方面。

Sniffer 软件是一种利用以太网的特性把网络适配卡（NIC，一般为以太网卡）置为杂乱模式状态的工具，一旦网卡设置为这种模式，它就能接收在网络上传输的每一个信息包。在某些操作系统中，由于普通用户缺少相应的权限，所以必须以管理员身份进行安装，如 Linux 下就必须以 root 身份进行安装。

2.6.1 Sniffer 的启动和设置

1. 启动 Sniffer

Sniffer 安装好后，启动 Sniffer 执行程序。进入 Sniffer 主界面后，要对 Sniffer 启动的网络适配器进行选择，选择后就可以在该网络适配器上捕捉流量。单击"File"菜单下的"Select Settings"，弹出"Settings"对话框，如图 2-26 所示，选择想要进行流量捕捉的适配器，选中"Log On"复选框，单击"确定"按钮，Sniffer 变成"Log On"状态，如图 2-27 所示，此时 Sniffer 在选定的网络适配器下就处于工作状态了。

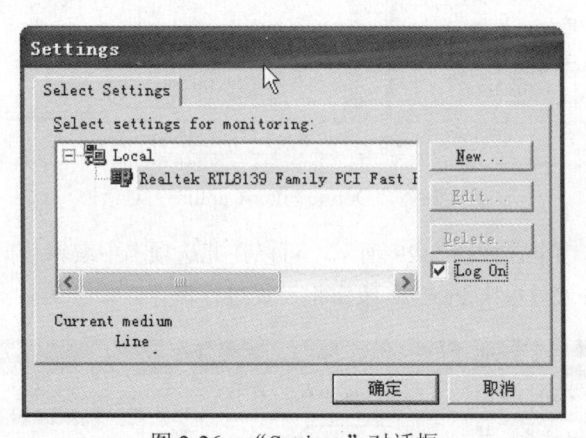

图 2-26 "Settings"对话框

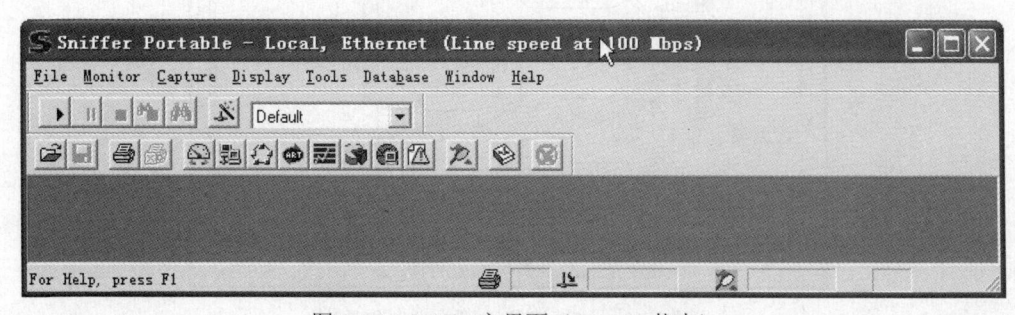

图 2-27 Sniffer 主界面（Log On 状态）

2. 设置

设置过滤器：从 Capture 菜单启动 Define filter，弹出如图 2-28 所示的 Define Filter-Capture 对话框，其中包括 Summary、Address、Data Pattern、Advanced、Buffer 五个选项卡，即摘要、地址、数据模式、高级、缓冲五个选项卡。

（1）Summary 选项卡。显示摘要信息，显示过滤器的一些信息，如地址、选定的协议类型、缓冲器信息等。

（2）Address 选项卡。可以选择地址类型并按相应的类型添加地址。若在"Address"下拉列表框中选择"Hardware"，即在下面的"Station 1"和"Station 2"设备中填写 MAC 地址；若选择"IP"，即填写 IP 地址。如图 2-28 所示，"Station1"处的源 MAC 地址为 0019213d7d44，"Station2"不填写，默认为任意 MAC 地址。也可以选择 IP 层捕获，即按源 IP 和目的 IP 进行捕获。还可以对"Include"、"Exclude"进行设定，即捕获是否包含选择条件的流量。

（3）Data Pattern 选项卡。自定义要过滤的数据模式。

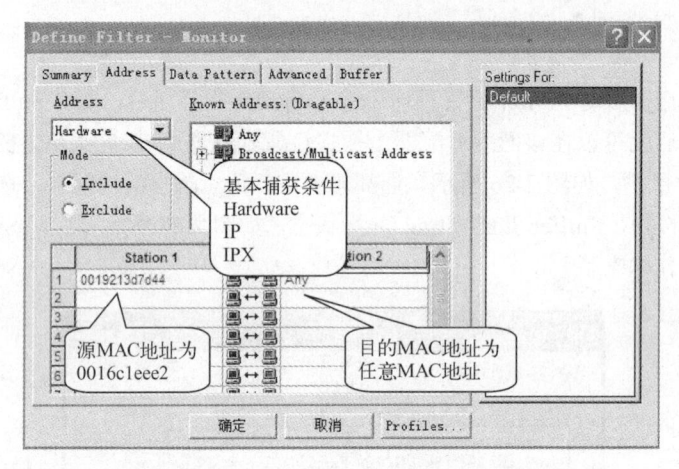

图 2-28 "Define Filter-Capture"对话框

（4）Advanced 选项卡。如图 2-29 所示，可以在此选项卡中编辑数据包的大小、协议类型、数据包的类型，并可以通过单击 Profiles 按钮将设置进行保存。

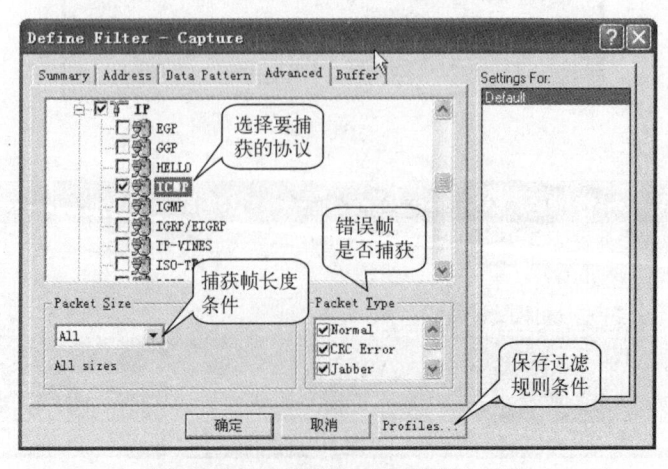

图 2-29 选择捕获协议、类型和长度

（5）Buffer 选项卡。对 Sniffer 的缓冲进行设置，即可以对缓冲大小、缓冲满后的处理方式、数据包大小、保存文件位置等进行设置，如图 2-30 所示。

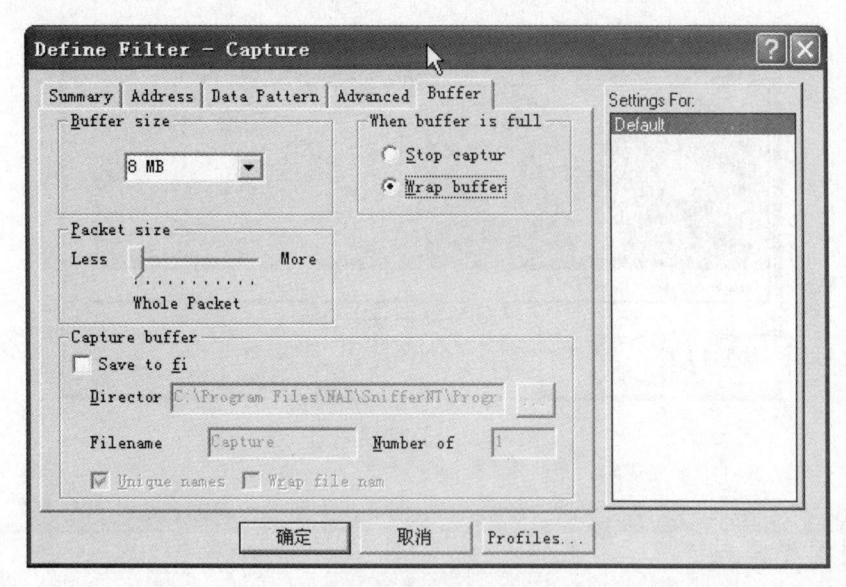

图 2-30　缓冲设置

过滤器编辑好后保存，以后可以随时通过在 Capture 菜单栏中选择过滤器来调用该设置从而启用 Sniffer。

还可以设置触发器来设置捕获，选择 Capture 中的触发设置命令来进行触发器设置。可以定义触发器的时间、警报类型来启用触发，也可以按捕获量或自定义条件定义停止触发器的条件。

3．报文捕获解析

（1）捕获面板。可以按已定义的捕获条件单击"开始捕获"图标按钮进行捕获；也可以在开始捕获前重新定义捕获条件，进行捕获操作；在"选择捕获条件"下拉菜单中可以选择已保存的过滤器设置对捕获条件进行编辑，如图 2-31 所示是处于开始状态的捕获面板。

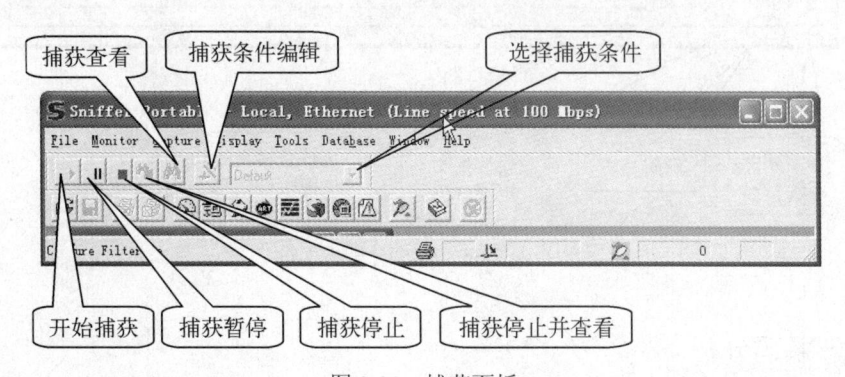

图 2-31　捕获面板

（2）捕获过程报文统计。如图 2-32 所示的面板可以查看捕获报文数和捕获报文的数据缓冲大小。

（3）捕获报文查看。提供专家分析系统、解码分析、矩阵分析和其他统计信息，如图2-33所示。

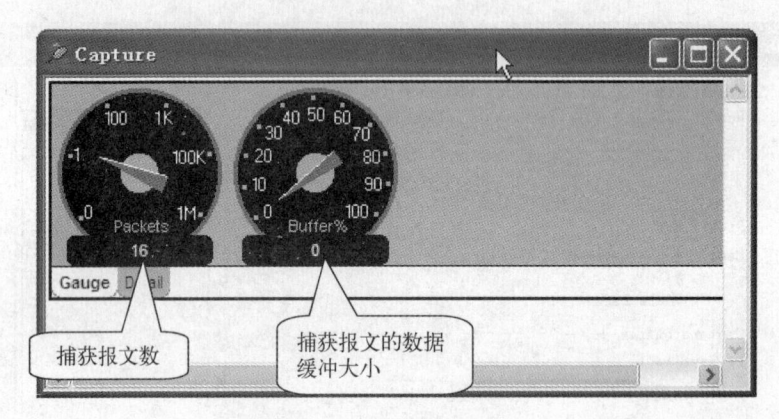

图2-32　捕获报文统计

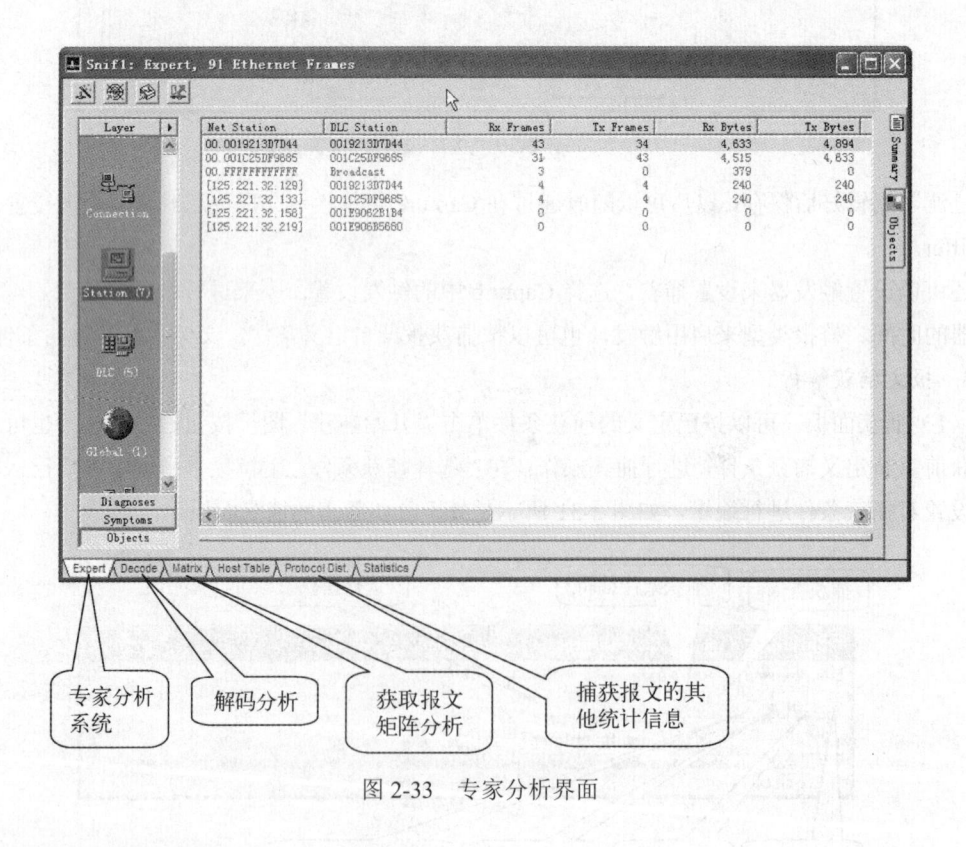

图2-33　专家分析界面

2.6.2 解码分析

如图2-34所示是对捕获的报文进行解码分析的显示，此工具的使用要求对协议比较熟悉。如图2-35和图2-36所示分别为Sniffer对ARP报文和IP协议首部的解码分析结构。

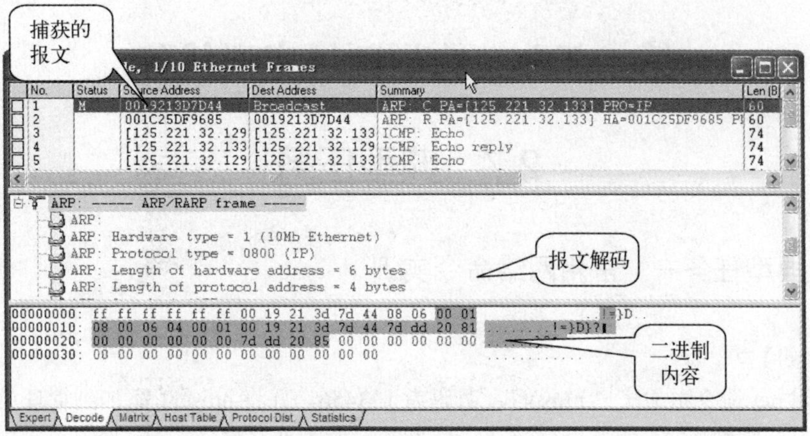

图 2-34 解码分析界面

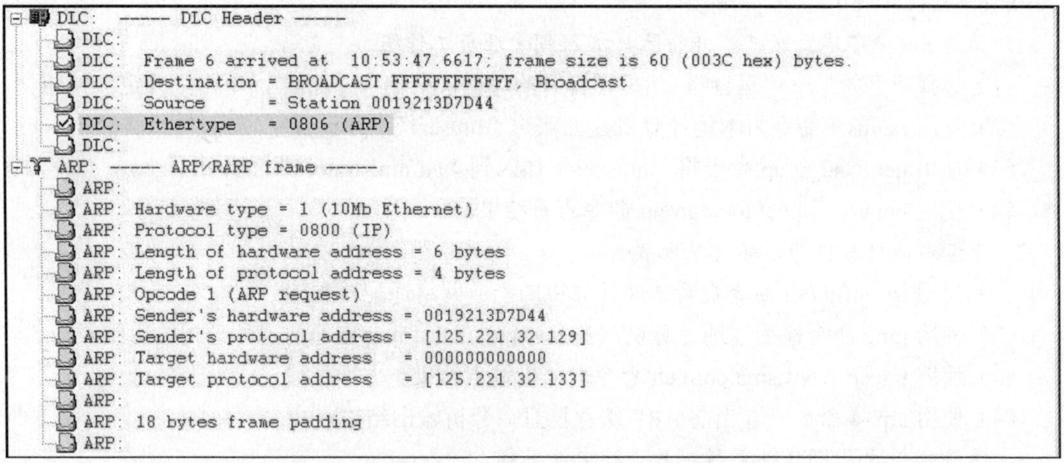

图 2-35 通过 Sniffer 解码的 ARP 报文结构

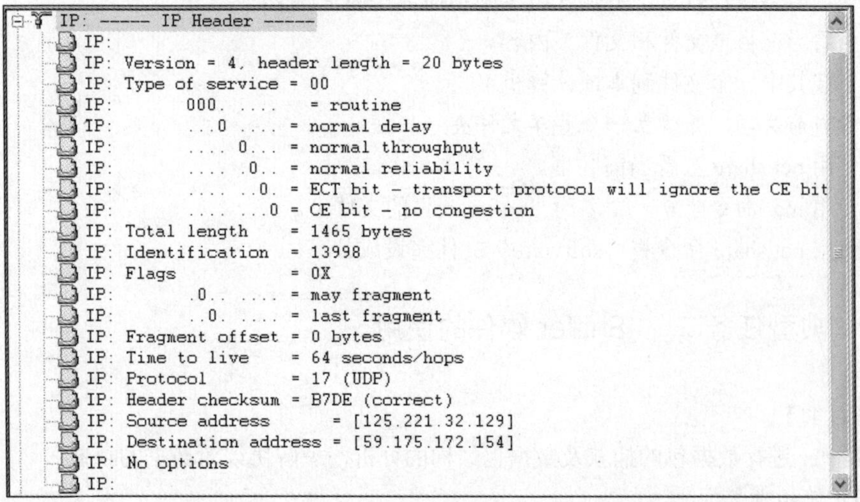

图 2-36 Sniffer 对 IP 协议首部的解码分析结构

第二部分 典型项目实训任务

2.7 典型任务

2.7.1 典型任务一 常用网络命令实训

【任务目的】
（1）使用 net 命令添加账户 ntuser1，密码为 123456，并将 ntuser1 添加到管理员组。
（2）显示计算机当前共享，关闭其中一个共享，并重新开启。
（3）使用命令以匿名账户登录一台 ftp 服务器，并下载文件到本地计算机。

【任务实施步骤】
1. 使用 net 命令建立账户，并将账户加入到管理员工作组
（1）选择"开始"→"运行"，然后在打开的对话框中输入"cmd"，单击"确定"按钮。
（2）使用 net user 命令为本地计算机建立账户"ntuser1"，并设置密码为"123456"。
（3）使用 net localgroup 命令将"ntuser1"加入到"administrators"工作组。
（4）使用 net user 和 net localgroup 命令查看结果。
2. 查看本地计算机网络环境及配置
（1）使用 ipconfig /all 命令查看本地计算机的当前网络适配器配置。
（2）使用 ping 命令检测本地计算机网关和www.sina.com.cn连通情况，分析输出结果。
（3）使用 tracert www.sina.com.cn 命令，分析输出结果。
（4）使用 arp -a 命令查看当前 ARP 缓存信息，分析输出结果。
3. 使用命令访问 FTP 服务器，并进行文件下载
（1）使用 ftp 命令访问 ftp.pku.edu.cn。
（2）使用匿名账户登录，并输入电子邮箱地址作为密码。
（3）查看当前目录文件和文件夹内容。
（4）下载其中一个文件到本地计算机。
4. 查看当前共享，并建立一个共享文件夹
（1）使用 net share 查看当前共享。
（2）使用 md 命令建立一个名为"software"的文件夹。
（3）使用 net share 命令将"software"文件夹设成共享。

2.7.2 典型任务二 Sniffer 软件的使用

【任务目的】
使用 Sniffer 进行数据包的捕获及数据包结构的分析，理解协议对数据的封装。
【任务实施步骤】
（1）打开 Sniffer 软件，选取实验用的本地网络适配器。

（2）选择"捕获"→"过滤器设置"。
（3）对"地址"进行设置，设置条件为：所有和本地网络适配器通信的数据包。
（4）选择"IP"菜单，选取"ICMP"选项作为要捕获的协议。
（5）单击"捕获开始"按钮，选中"解码"标签。
（6）对捕获报文进行分析。

练 习

1. 简述 OSI 参考模型的安全体系结构中定义了哪些安全服务和安全机制。
2. 简述 TCP/IP 参考模型中的 Internet 层安全和应用层安全是如何实现的。

项目 3 病毒与木马的防护

学习要点

- 了解计算机病毒的发展史。
- 了解计算机病毒的特点。
- 掌握计算机病毒的种类及传播方式。
- 掌握计算机病毒的防治方法。
- 了解木马的类型和功能。
- 掌握木马的工作原理。
- 掌握木马的防治方法。

学习情境

某公司的企业网拥有数百台计算机,该网络提供连入 Internet 的服务。某日公司部分员工发现他们的计算机连入 Internet 的速度非常慢,有的甚至无法正常访问 Internet 的网站,员工尝试重启计算机之后成功连入 Internet,但不久便断线且无法再连入 Internet。另外,有部分员工反映他们 U 盘中的文件无法正确地读取,并且出现了一些陌生的文件格式。还有一部分员工发现自己在公司登入某些网站的个人账户信息被人恶意篡改,怀疑自己的账号和密码被人盗取。公司现在需要作为网络管理人员的你针对公司目前网络出现的问题采取有效的解决方案。你该如何应对呢?学习完本项目后,你会找到答案。

第一部分 项目学习引导

3.1 计算机病毒基础知识

计算机病毒(Computer Virus)的名字源自医学术语——"生物病毒"(泛指那些寄生于人体,对人体有害的生命体)。在计算机科学中,计算机病毒类似于生物病毒,它能通过某些手段或途径潜伏在计算机存储介质中,被激活后侵入一些毫无防备的计算机系统和网络,破坏计算机的正常运行。计算机病毒是一段程序或指令集合,能自我复制,一般情况下它会附着在各种类型的计算机文件中,一边破坏文件本身,一边将受害文件作为病毒传播载体大肆传播病毒,同时它能通过侵占 CPU、内存空间和硬盘空间来降低计算机的运行性能。

3.1.1 计算机病毒的概念

在《中华人民共和国计算机信息系统安全保护条例》中，计算机病毒被定义为"编制或者在计算机程序中插入的破坏计算机功能或者破坏数据，影响计算机使用并且能够自我复制的一组计算机指令或者程序代码"。

3.1.2 计算机病毒的发展史

20世纪60年代初，美国贝尔实验室的3个年轻的程序员编写了一个名为"磁芯大战"的电子游戏，由玩家双方各自编写一套程序，通过程序复制自身来摆脱对方的控制，这是计算机病毒最初的雏形。

1982年，里奇·斯克伦塔编写了elk cloner病毒，感染苹果电脑，该病毒发作时仅会在计算机的屏幕上显示一首诗，并不具有太大危害性，这是世界上最早的计算机病毒。

1983年，美国计算机安全专家费雷德·科恩研制出一种能够自我复制的计算机程序，该程序在VAX/11机上的实验中成功地实施了破坏，这被认为是世界上第一例具备破坏性的计算机病毒。

1986年出现的Brain病毒，目的是为追踪软件非法盗版者，结果在同年10月该病毒出现在美国，并开始大面积扩散感染，大量MS-DOS用户电脑被感染，这是世界上第一个通过自我隐藏来逃避侦测的病毒。

1988年，美国康奈尔大学研究生罗伯特·莫里斯编写了一个计算机蠕虫病毒，当该病毒进入互联网后，自身疯狂复制并扩散到所有联网计算机中，使得美国成千上万台的计算机一夜之间陷入瘫痪，造成了巨额经济损失，这是世界上第一个在网络上传播的计算机病毒。

1989年，"星期天"等可执行文件型病毒大量出现，这类病毒利用DOS系统加载执行文件的机制来运行，此类病毒随后发展成为复合型病毒，可感染COM和EXE类型的文件。

1992年，出现了"金蝉"等伴随型病毒，这类病毒利用DOS加载文件的优先顺序来运行，感染EXE或者COM类型的文件时会生成一个同名但扩展名为COM或者EXE的伴随体文件，在DOS加载该文件时，这类病毒会取得控制权，优先执行自己的代码。

1995~1996年，在Windows 95操作系统出现时，第一种运行于MS Office环境的宏病毒（Macro Virus）侵袭MS Word和Excel。专门针对Linux的病毒Staog也在此期间出现，使得Linux操作系统也未能幸免。

1998年，CIH病毒成为世界上首例破坏硬件的病毒，它发作时不仅破坏硬盘的引导区和分区表，而且破坏计算机系统FLASHBIOS芯片中的系统程序，导致主板损坏。1999年4月，CIH病毒的爆发造成全球超过6000万台计算机被破坏。

1999年，出现了一种混合型的巨集病毒梅莉莎（Melissa），它感染MS Office，并将病毒通过电子邮件广泛传播。

2000年，含有Visual Basic脚本病毒"I Love You"附件的电子邮件被广泛传播，令不少计算机用户的机器受到感染。

2002年，出现了混合式病毒Klez和FunLove，该病毒不仅会感染计算机文件，同时也有蠕虫和木马程序的特征，能利用微软邮件系统安全漏洞占用大量的系统资源，也能通过网络扩散传播。

2003 年，冲击波 Blaster 病毒开始爆发，随后出现震荡波病毒，它们都是利用了微软操作系统的安全漏洞，获取计算机最高权限，致使计算机连续重启，并通过网络攻击其他有此漏洞的计算机。该类病毒迅速蔓延至全球，造成大量计算机系统瘫痪。

2004 年，出现了 MyDoom 和 NetSky 电子邮件病毒，前者利用电子邮件传播，诱使用户中毒并自动转发含有病毒的电子邮件，还在计算机中留下可供黑客攻击的后门。后者会控制中毒计算机自动扫描计算机中的电子邮件地址，并通过自身的邮件发送引擎，转发含有病毒的电子邮件，它是史上变种速度最快的病毒。

病毒的发展是从良性开始的，从最初的好奇心和恶作剧到有目的性的破坏窃取数据、造成网络瘫痪等严重后果，在短短 30 年的时间里，计算机病毒伴随着网络的普及而迅速蔓延，每年因计算机病毒造成的经济损失可达到数千亿美元。

3.1.3　计算机病毒的特点

计算机病毒具有以下一些特点。

1. 破坏性

任何类型的病毒侵入计算机系统，都会对计算机系统产生影响。

2. 隐蔽性

病毒通常是简短的程序，附在正常的程序或磁盘较隐秘的地方，会在不被察觉的情况下传播到其他计算机中去。

3. 潜伏性

某些病毒感染了计算机系统后不会立即发作，而是隐藏在系统中，等到特定的触发条件再激活，实施破坏活动。

4. 传染性

正常的计算机程序一般不会将自身的代码强行链接到其他程序之上，而病毒程序却会这样做，强行传染符合条件的正常程序。这是病毒一个基本特征，也是判断一个程序是否为计算机病毒的重要依据。

5. 依附性

计算机病毒就像是寄生虫，只有依附在系统内某个正常的可执行程序上，才可能被执行。

6. 针对性

病毒发挥作用需要一定的软、硬件环境，一种病毒并不能在所有的计算机系统上都起作用。

7. 未经授权而执行

病毒的执行是未知的、未经允许的，它们隐藏在正常程序中，当正常程序被调用时会窃取和掌控系统的控制权。

8. 不可预见性

计算机软件的种类和技术在不断更新，病毒的种类也不断增加，新型未知病毒前一刻刚出现，下一刻就可能危害到计算机。

3.2 计算机病毒的种类与传播方式

3.2.1 常见计算机病毒

计算机病毒的种类非常多，常见的计算机病毒有如下几种：

1. 蠕虫病毒

蠕虫病毒是自包含的程序，它能通过网络传播自身功能的副本到其他的计算机中。蠕虫病毒包含很多功能模块，一般它的传播过程为：蠕虫的扫描功能模块负责探测存在漏洞的主机，当程序向外发送的探测信息收到成功反馈后，就意味着得到一个可传播的主机对象；蠕虫的攻击模块按漏洞自动攻击找到该对象，获取该主机的管理员权限；复制模块利用管理员权限，将蠕虫病毒复制到该主机上，并启动蠕虫病毒，实施感染。蠕虫病毒具有破坏性、潜伏性、触发性和自我复制的能力。

2. 冲击波病毒

冲击波病毒是一种网络蠕虫，主要是利用 RPC 漏洞进行攻击，能够感染的计算机系统包括 Windows NT 4.0、Windows 2000、Windows XP 等，Windows 98 及 Me 的用户则不会受到该病毒的袭击。该病毒会自动下载并运行病毒文件 Msblast.exe，导致计算机死机，感染病毒的计算机会通过互联网自动扫描，探测其他可攻击的目标，这在一定程度上造成网络拥塞。

3. 震荡波病毒

震荡波病毒是利用 Windows 平台的 Lsass 漏洞进行传播的，中毒后计算机上的 TCP 5554 端口会被黑客用以 FTP 形式提供文件的传输，窃取用户的数据信息，病毒同时会开启 100 多个扫描线程去扫描网上的其他用户，试图寻找其他的感染对象，被感染的计算机有运行缓慢、系统重启、网速下降等现象。

4. 脚本病毒

脚本病毒的传播主要利用软件或操作系统的安全漏洞，执行嵌入在网页 HTML（超文本标记语言）内的 Java Applet 应用程序、JavaScript 脚本语言程序和 ActiveX 网络交互技术支持的可自动执行的代码程序，强行修改用户注册表和系统配置程序，控制系统资源，恶意删除数据，窃取机密信息。脚本病毒的感染速度很快，一旦浏览带病毒的网页，会立即感染上病毒。

5. ARP 病毒

ARP 病毒是一种对局域网用户的"ARP 欺骗"，ARP（地址解析协议）欺骗的原理是通过向局域网的目标计算机发送伪造的网关 IP 和 MAC 地址对照表，欺骗目标计算机更新本机的 ARP 缓存，当这些计算机向外发送报文时会发送到一个错误的 MAC 地址上。ARP 病毒会伪造整个局域网内的 IP 地址和 MAC 地址对照表发送广播，导致局域网所有计算机无法访问内网和外网，严重干扰网络的正常运行。

3.2.2 计算机病毒的种类

计算机病毒常见的分类方式有如下几种：

1. 按寄生方式分类

(1) 宏病毒。

宏病毒通常是寄生在 Microsoft Office 文档中的宏代码,它破坏文档的各种操作命令,如打开、关闭、存储、清除等,当这些操作被执行时,宏病毒就被激活,开始破坏文档。

(2) 系统引导病毒。

系统引导病毒也被称为引导区型病毒,这种病毒主要通过软盘在 DOS 操作系统里传播。引导区型病毒感染软盘中的引导区,然后传播到硬盘,并破坏硬盘中的主引导记录。一旦硬盘被病毒感染,其他所有插入计算机的软盘的引导区都会被病毒感染。

(3) 文件型病毒。

文件型病毒也被称为寄生病毒,它运行在计算机存储器中,感染 COM、OVL、EXE、DRV、BIN、SYS 等类型的文件,当启动带毒文件时,病毒传播自身副本到其他文件中,并保存在计算机存储器中直到病毒再次被激活。

(4) 混合型病毒。

混合型病毒综合了系统引导病毒和文件型病毒的特性。

(5) 网络病毒。

网络病毒分为局域网病毒和互联网病毒,这类病毒的特性是利用网络的各种服务来传播病毒,病毒侵入网络后,自动收集有用的信息,自动探测网络上其他计算机的漏洞,然后向这些计算机传播病毒。

2. 按破坏程度分类

(1) 良性病毒。

该类病毒传染时会占用计算机的磁盘空间或者内存,降低磁盘空间或内存的利用率,感染的计算机还表现为显示一些奇怪的图片或声音,或者窃取一些如 IP 地址、计算机名等信息,此外对计算机软硬件没有太大影响。

(2) 恶性病毒。

该类病毒传染时会干扰系统软件、窃取并修改系统信息,同时会对计算机的软硬件环境造成错误致使系统无法正常工作,但不会造成硬件损坏、数据丢失等严重后果。对付这种病毒只需要用户修复或者重装系统即可。

(3) 极恶性病毒。

该类病毒传染时会自动删除计算机程序、破坏硬盘数据、修改注册表、清除内存中的信息,致使系统崩溃无法正常启动,这些对计算机造成的破坏是灾难性的,如果没有系统备份,一般很难恢复到原来的状态。

3. 按传染方式分类

(1) 非驻留型病毒。

该类病毒感染计算机时不将自身程序植入内存或只将很小部分的程序植入内存中,植入内存的程序不会进行病毒传播。

(2) 驻留型病毒。

该类病毒感染计算机时将自身的程序植入内存中,该程序挂接系统调用,在计算机运行过程中始终处于激活状态。

4. 按入侵方式分类

（1）源代码嵌入型病毒。

这类病毒入侵的主要是针对高级语言编写的源程序代码，将病毒代码插入源程序中，随源程序一起被编译成可执行文件，这样生成的文件就是带毒文件。

（2）入侵型病毒。

这类病毒利用自身的病毒代码取代某个程序的部分模块或者堆栈区，主要针对特定的程序进行感染，不易被发现，清除起来也较困难。

（3）操作系统型病毒。

这类病毒利用自身程序修改或者覆盖系统中的某些文件，用自身程序的功能替代部分操作系统的功能。这种病毒多为前面讲的文件型病毒，危害较大。

（4）附加外壳型病毒。

这类病毒将其添加在正常程序的头部或者尾部，给程序包一个外壳，当执行被感染的程序时，病毒代码会先被执行。

3.2.3 计算机病毒的传播方式

计算机病毒的传播是病毒生存并实施破坏的重要环节，普遍采用以下几种传播方式：

1. 网络传播

这是计算机病毒传播最快最有效的途径，通常也是计算机病毒传播的首选传播途径。网络的全球普及，使得计算机病毒也不断增加。一些网页中被植入了病毒和恶意软件，一些不正规的论坛、下载等网站中可能隐藏着五花八门的病毒文件，还有一些电子邮件的附件也可能是病毒的藏身之地。

2. 无线通信传播

随着无线技术的广泛应用，使用手机、笔记本电脑、掌上电脑的用户也日益增多，各种病毒也乘虚而入，无线通信传播与有线网络传播目前已成为病毒扩散的两大主要渠道。

3. 计算机硬件设备传播

计算机硬件设备是组成计算机网络的重要组成部分，如路由器、交换机、打印机、扫描仪等，一些计算机病毒可通过这些硬件设备进行传播和扩散。除此之外还有针对计算机硬件的病毒传播，如感染主板、硬盘、集成芯片等硬件的病毒。

4. 外部移动存储设备传播

计算机外部存储设备包括 U 盘、移动硬盘、MP3、存储卡等，这些设备，尤其是使用最广泛最频繁的那些存储介质，都有可能成为计算机病毒寄生和传播的载体。

3.3 计算机病毒的防治方法

为了防止计算机病毒侵入计算机，最好的方法是积极采取措施来防范计算机病毒，这比等到病毒入侵后再清除病毒更能有效地保护计算机系统。关于计算机病毒的预防，应该从管理和技术两方面来进行，目前的计算机病毒涉及大部分的软、硬件，所以除了重视技术手段外，还要加强管理，因为很多病毒都是可以预防的。

3.3.1 普通计算机病毒的防治方法

通常防范计算机病毒最常见的方法是利用杀毒软件实时监测、跟踪、查杀病毒、阻止病毒的传播和破坏。杀毒软件是利用已经分析、归纳、总结的计算机病毒的工作原理、方式和特性对病毒进行识别和查杀。计算机病毒的不断变种更新促进了杀毒软件技术的快速发展，杀毒软件已经从最初的仅能对已知的计算机病毒进行查杀，发展到现在能提供超前实时防御，对病毒可能利用和侵害的各种资源加以监控和保护，在病毒发作之前就发出警报，同时隔离病毒的传染源，截断病毒的传播途径，有效地控制病毒的扩散。

1. 普通计算机病毒的症状

计算机病毒的发作都伴随着相应的症状，有些计算机病毒的发作现象与软、硬件的故障现象类似，使用户误以为是计算机病毒而进行错误的操作。要学会正确区分计算机病毒和计算机故障。通常计算机病毒发作时会影响计算机的正常运行，破坏数据，抢占计算机资源，会出现以下一些异常现象：

- 程序安装运行缓慢，用时比正常时间长，安装有异常。
- 屏幕显示的不是正常程序所产生的画面或字符。
- 异常信息有规律地出现。
- 磁盘空间、内存空间突然变小。
- 数据和文件突然丢失，文件名为乱码或不能辨认。
- 计算机经常死机或者不能正常启动。
- 可执行文件的字节数发生变化。
- 硬盘里出现不知来源的隐藏文件。
- 系统引导时间变长，访问磁盘速度缓慢，程序或文件运行速度缓慢。

在计算机病毒的防治过程中，软、硬件故障常常是被人们所忽视的一个方面，常因为有电源电压不稳定、插件接触不良、系统硬件配置不兼容、引导过程故障导致文件丢失、数据被损坏、设备在运行过程中出现故障等现象，从而影响计算机的工作性能，所以在处理计算机故障时首先要排除计算机的软、硬件故障，这样才能从根本上解决问题。

2. 普通病毒的防治——瑞星杀毒软件的使用

瑞星杀毒软件是北京瑞星信息技术有限公司开发的一款杀毒软件，瑞星杀毒软件主程序界面为用户提供了瑞星杀毒软件所有的功能和快捷控制选项。下面以瑞星杀毒软件2008为例进行详细介绍。瑞星杀毒软件主界面上的菜单栏，包括"操作"、"视图"、"设置"和"帮助"4个菜单选项；6个选项卡，分别是"首页"、"杀毒"、"监控"、"防御"、"工具"、"安检"，如图3-1所示。

（1）"首页"选项卡。

在瑞星杀毒软件的"首页"选项卡中，显示了操作日志、信息中心和操作按钮3部分信息，如图3-1所示，"操作日志"提供给用户主要的操作日志信息；"信息中心"提供给用户最新的安全信息；不同的操作按钮提供给用户快捷的操作方式。

（2）"杀毒"选项卡。

在"杀毒"标签中，如图3-2所示，可供用户自主选择杀毒方式，用户在"对象"栏中可以按需选择查杀目标和快捷方式，并且可在查杀目标或快捷方式页面切换。在瑞星杀毒软件主程序中，用户可以通过"查杀目标"选择查杀对象，针对特定对象进行病毒扫描和清除。该软件预置的默认设置，用户一般无须改动即可使用。另外，用户可以从"快捷方式"选项卡中直接选择查杀目标，也可以通过"添加"、"删除"和"修改"按钮管理现有的快捷查杀目标。

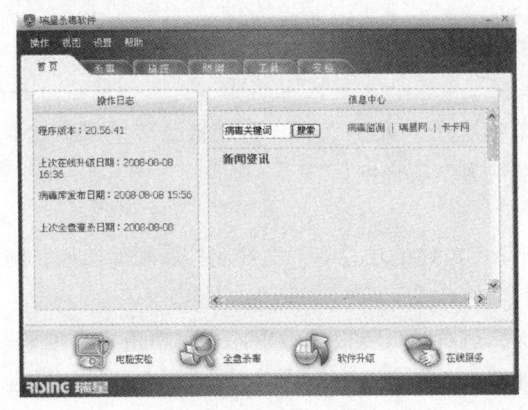

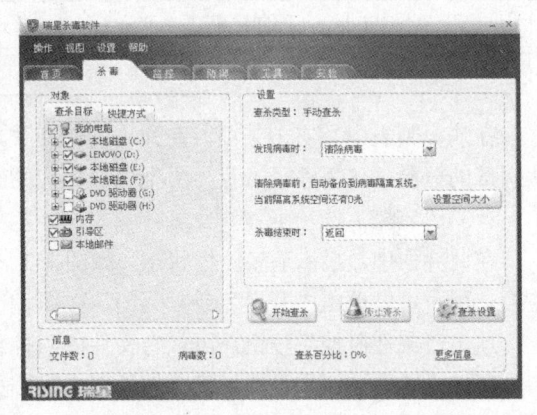

图 3-1 瑞星杀毒软件主界面——首页　　　　图 3-2 瑞星杀毒软件主界面——杀毒

在"设置"栏中可设置对病毒的处理方式、隔离区空间大小、杀毒结束后的操作。发现病毒时的处理方式有 4 种：询问我、清除病毒、删除染毒文件和不处理。隔离区空间大小区域可显示清除病毒前，当前隔离系统的剩余空间大小。杀毒结束时的处理方式包括：返回、退出、重启和关机。

单击"设置"栏下面的"开始查杀"按钮，即开始查杀所选目标，在页面底部的信息栏中将显示当前扫描的文件数、病毒数和查杀百分比。发现病毒时程序会采取用户设置的处理方法进行处理。查杀过程中可随时单击"暂停查杀"按钮暂停查杀过程，单击"继续查杀"按钮可继续查杀病毒，也可单击"停止查杀"按钮取消当前的杀毒操作。

若需要对某一文件杀毒，也可以拖拽该文件到瑞星杀毒软件的主界面内，或右击该文件，选择快捷菜单中的"瑞星杀毒"，此时瑞星杀毒软件将跳转到"杀毒"标签页，并开始杀毒，待杀毒完毕显示杀毒结果。当发现病毒时，会在"更多信息"页面下方的病毒列表中详细列出病毒文件的文件名、全路径，以及病毒名称和处理结果。在每条信息前端有图标标明病毒类型，各图标含义见表 3-1。

表 3-1 瑞星查杀的病毒类型图标

图标	病毒名称	图标	病毒名称
	未知病毒		UNIX 下的 elf 文件
	DOS 下的 com 病毒		邮件病毒
	DOS 下的 exe 病毒		软盘引导区
	Windows 下的 pe 病毒		硬盘主引导记录
	Windows 下的 ne 病毒		硬盘系统引导区
	内存病毒		未知宏
	宏病毒		未知脚本

续表

图标	病毒名称	图标	病毒名称
	脚本病毒		未知邮件
	引导区病毒		未知 Windows
	Windows 下的 le 病毒		未知 DOS
	普通型病毒		未知引导区

在病毒列表中，右击某项，在弹出的快捷菜单中选择"病毒信息"，可连接到瑞星网站上了解此病毒的分类、传播途径、行为类型以及相应的解决方案等详细信息。

（3）"监控"选项卡。

在此界面中，显示瑞星监控状态，如图 3-3 所示，监控的项目有：文件监控、邮件监控、网页监控。用户可以单击"开启"或"关闭"按钮控制监控状态。

单击"文件监控"按钮，可以对文件的监控级别进行从低到高的设置，也可单击"常规设置"和"高级设置"按钮来设置对病毒的处理方式，如图 3-4 所示，"邮件监控"、"网页监控"的设置与此相同，不再赘述。

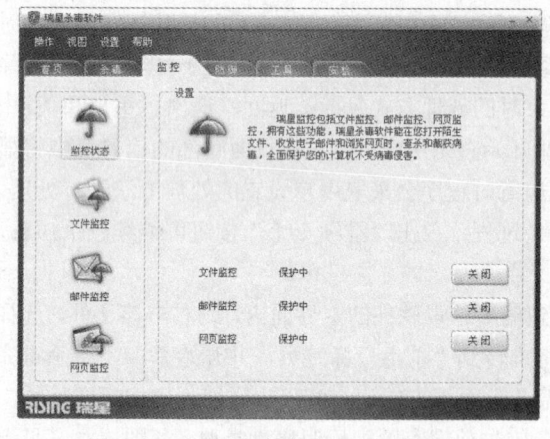

图 3-3　瑞星杀毒软件主界面——监控

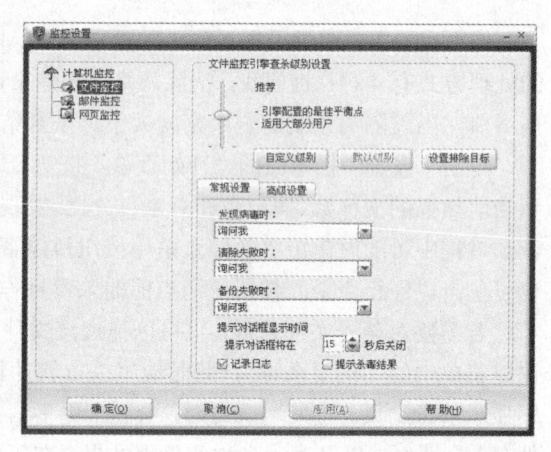

图 3-4　瑞星杀毒软件主界面——监控详细设置

（4）"防御"选项卡。

瑞星的主动防御技术提供了灵活的高级用户自定义规则的功能，用户可根据自己系统的实际情况和需要，制定独特的防御规则，使主动防御功能发挥最大作用。主动防御功能包括：系统加固、应用程序访问控制、应用程序保护、程序启动控制、恶意行为检测、隐藏进程检测。用户可以单击"开启"或"关闭"按钮设置主动防御的实施状态，如图 3-5 所示，也可单击"设置"按钮进行更加详细的设置，如图 3-6 所示。

（5）"工具"选项卡。

在此界面中，包含病毒隔离系统、其他嵌入式杀毒等瑞星工具，同时还显示了它们的工具名、版本信息、大小、操作、帮助信息，如图 3-7 所示。单击工具名前的"+"，可显示该工具的作用。单击某一项标题栏，所有的工具按此标题栏进行排序。单击"运行"链接可以打开相应工具。在界面底部，单击"检查更新"按钮，程序将连接瑞星网站下载最新的工具包，提供给用户最新的安全工具。

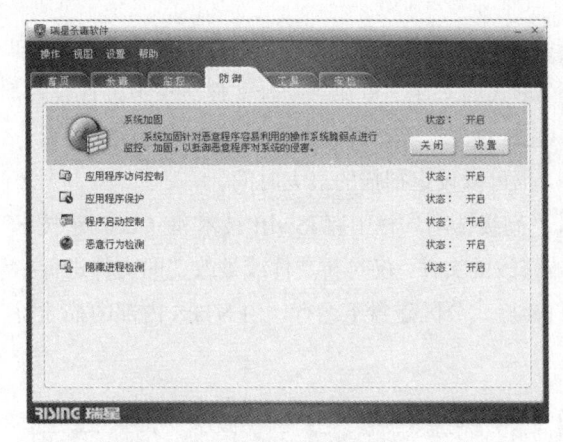

图 3-5　瑞星杀毒软件主界面——防御 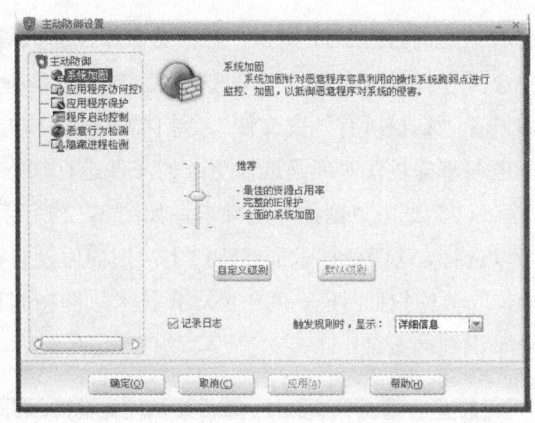　　　　　图 3-6　主动防御设置

（6）"安检"选项卡。

在此界面中，为用户提供全面的评测日志，使用户了解当前计算机的安全等级及系统状态，并根据用户计算机的实际情况推荐用户进行相应的操作，提高计算机的安全等级，如图 3-8 所示。用户可以通过单击"详细报告"链接来了解并检查项目具体细节。

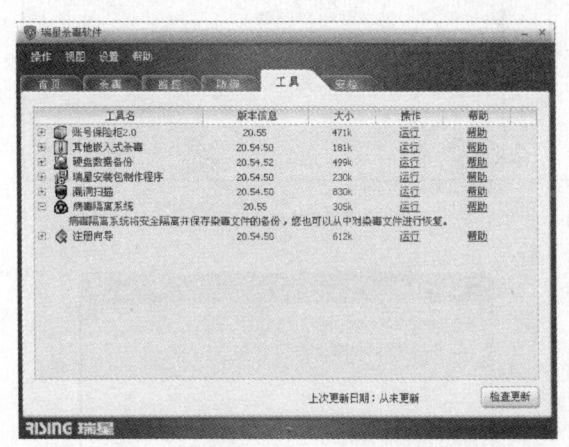

图 3-7　瑞星杀毒软件主界面——工具 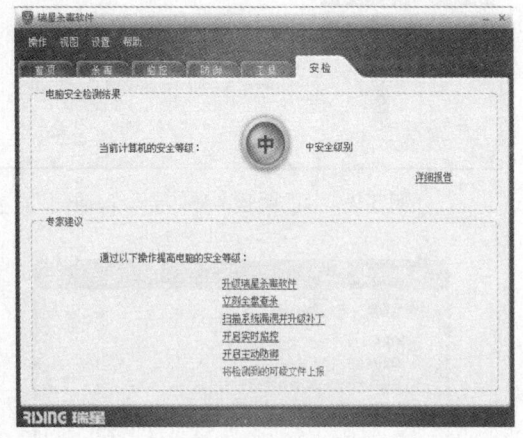　　　　　图 3-8　瑞星杀毒软件主界面——安检

3. 普通病毒的防治——卡巴斯基反病毒软件杀毒功能的使用

卡巴斯基杀毒软件是一款比较优秀的网络杀毒软件。它具有较强的中心管理和杀毒能力，能实现带毒杀毒，它还提供所有类型的抗病毒防护：抗病毒扫描仪、监控器、行为阻断和完全检验。卡巴斯基能控制很多病毒进入端口，它功能强大且具有局部灵活性，网络管理工具为自动信息搜索、中心点安装和病毒防护控制提供便利，且能很快构建抗病毒分离墙。卡巴斯基具备自动监视本地磁盘和网络病毒的功能，还提供网络更新病毒库下载，可为用户提供全面的病毒防护解决方案。

下面以卡巴斯基 7.0 中文版为例，针对卡巴斯基扫描功能中的完整扫描和快速扫描及其有关扫描的设置进行详细介绍，步骤如下：

（1）如图 3-9 所示，单击卡巴斯基主界面左下角的"设置"按钮，打开设置界面，如图 3-10 所示，单击此设置界面左栏中的"扫描"列表，然后单击"自定义"按钮，打开"设置：扫描"设置对话框,如图 3-11 所示,若考虑保障计算机最大限度的安全,在"常规"选项卡的"文件类型"中选择"扫描所有文件"单选按钮。对于一些特殊形式的文件,可在"复合文件"栏中进行设置,如设置"扫描所有档案文件"、"扫描所有嵌入式 OLE 对象"等,同时也可对扫描进行优化设置,卡巴斯基提供仅对新建或被更改的文件进行扫描,也可以设定扫描的最大时间。

(2)选中"附加"选项卡,如图 3-12 所示,"高级选项"栏中有 iSwift 技术和 iChecker 技术可以选择,这两种技术能够跳过上次扫描后没有被修改的文件,仅对新文件或被改变的文件进行扫描,以节约扫描时间,其中 iSwift 技术只能在 NTFS 格式分区磁盘下运行,由 NTFS 内部的描述符号来识别档案。

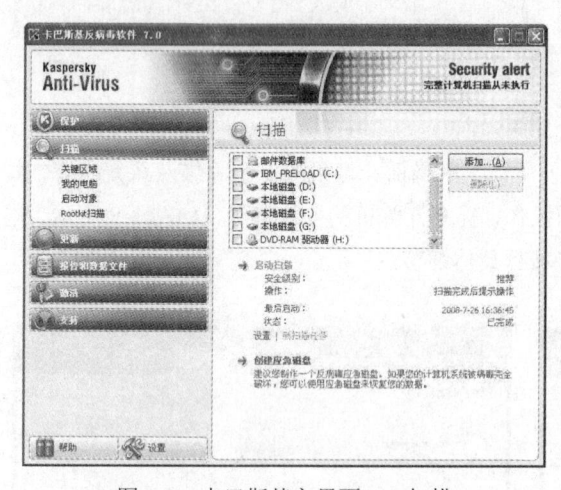

图 3-9 卡巴斯基主界面——扫描

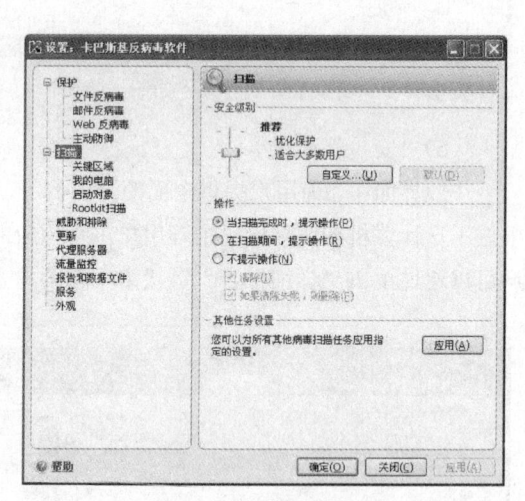

图 3-10 扫描设置

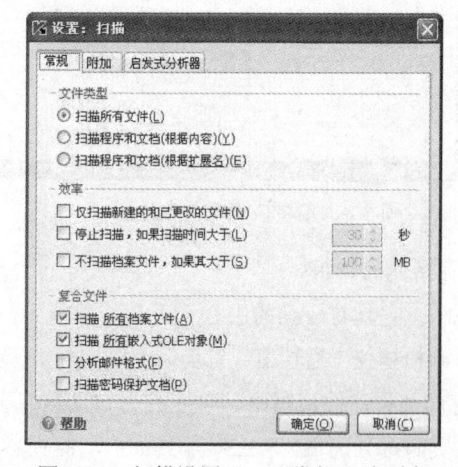

图 3-11 扫描设置——"常规"选项卡

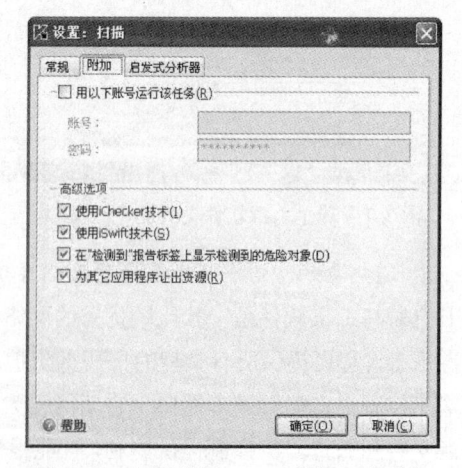

图 3-12 扫描设置——"附加"选项卡

(3)选中"启发式分析器"选项卡,如图 3-13 所示,该标签中的功能是帮助用户实现高效率高标准的扫描,在"Rootkit 扫描"栏中,选中"启用 Rootkit 检测"复选框,Rootkit 是攻击者用来隐藏自己的踪迹和保留 root 访问权限的工具,Rootkit 扫描则是专门针对 Rootkit 进行的一种优化式的扫描方式。选中"启发式分析器"复选框,可将"扫描级别"滑动条移动到"高"。

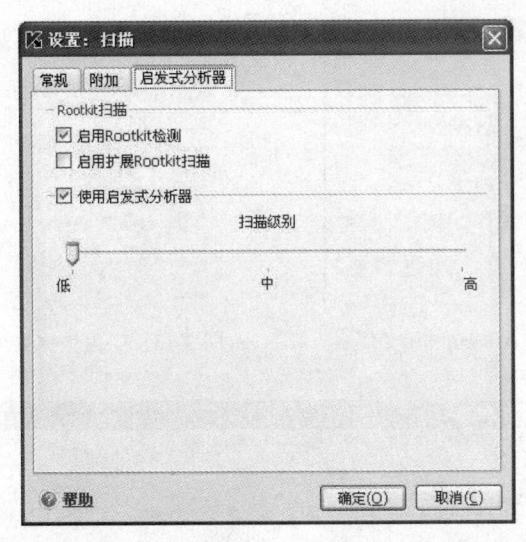

图 3-13 扫描设置——启发式分析器

3.3.2 U盘病毒的防治方法

随着U盘的普及，U盘病毒已成为目前计算机病毒传播的主要方式之一，用户由于不了解U盘病毒的传播方式且疏于防范，造成U盘病毒的任意传播。除U盘之外，MP3、MP4、移动硬盘、数码相机、手机等移动存储设备都可能成为此类病毒的传播载体。

1. U盘病毒的传播原理

假如一台计算机感染了病毒，当U盘插入该计算机的USB口时，在检测时间内，病毒会直接感染U盘，即只要U盘连接USB端口就会被迅速感染病毒。U盘感染病毒后，若不及时查杀，当此U盘连接到另一台未中毒的计算机时，U盘病毒会趁着双击打开U盘的机会，利用自带的Autorun程序来激活U盘中的病毒文件，引发病毒感染本地计算机上的数据。

2. U盘中毒的症状

U盘中毒后的症状大致有以下几种情况：

（1）当遇到U盘打不开时，双击后提示拒绝访问，只能右击它，再在弹出的快捷菜单中选择"打开"命令。

（2）当插入U盘时，U盘中出现名称类似于Autorun的隐藏文件，扩展名可能为inf、exe等。它在U盘的分区下创建了一种或多种Autorun隐藏文件，如图3-14所示，双击该盘符时显示自动运行，无法打开。

（3）右击U盘，在弹出的快捷菜单中出现"自动播放"等选项，如图3-15所示，这是U盘中毒的症状，此处的"自动播放"与带有Autorun.inf的光盘是不同的，"光盘"右键出现"自动播放"的菜单属于正常的功能。

（4）当插入U盘时，引起操作系统崩溃，表现在开机自检后直接或反复重启，无法进入系统；或进入系统后，会删除硬盘中的文件。

（5）U盘里面出现了一个"RECYCLER"的文件夹，如图3-16所示，病毒往往藏在这里面很深的目录中，这与回收站"Recycled"的名称和图标是不同的。

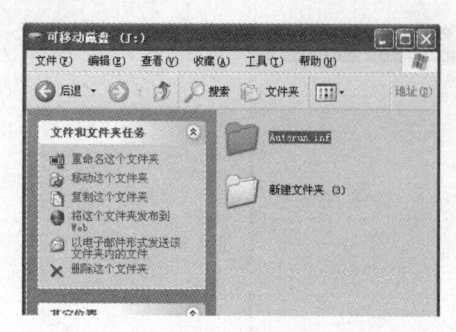

图 3-14　U 盘中的 Autorun.inf 文件 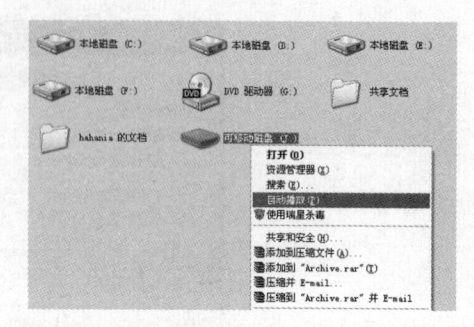　　　　图 3-15　U 盘快捷菜单中的"自动播放"项

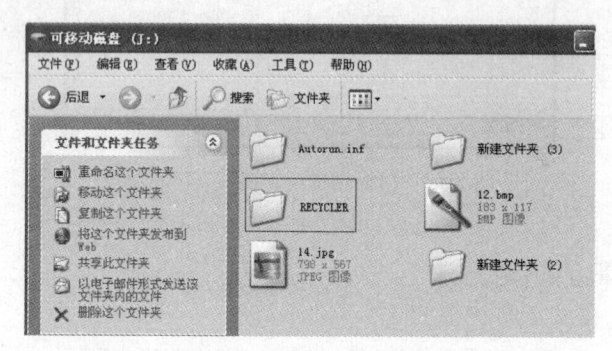

图 3-16　U 盘中名为"RECYCLER"的文件夹

（6）U 盘中出现了名称与一些常见软件名称类似的程序，这些多为病毒，如出现"RavMonE.exe"程序，如图 3-17 所示，这不是杀毒软件瑞星的程序，而是病毒。

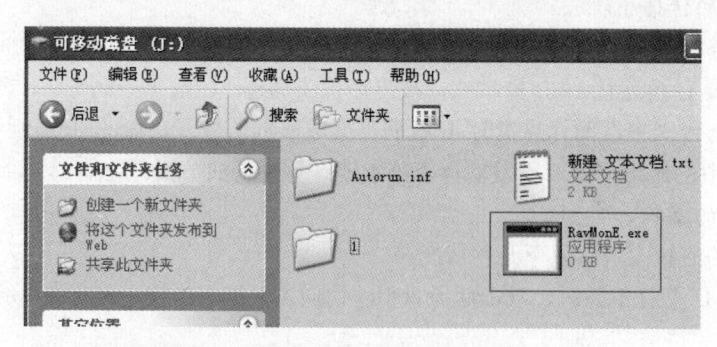

图 3-17　U 盘中出现的"RavMonE.exe"程序

（7）计算机运行缓慢，系统资源无故被占用。

3. U 盘病毒的防治

在使用 U 盘及其他移动存储设备时，要提前做好病毒预防工作。预防 U 盘病毒一般采取以下一些措施：

（1）修改注册表，将各个磁盘的自动运行功能都禁止。关闭 Windows 操作系统的自动播放功能。

（2）打开 U 盘时最好不要使用双击打开的方式，而应使用鼠标右击 U 盘，在弹出的快捷菜单中选择"打开"命令来打开。

（3）U 盘在连接计算机 USB 端口前，先按住 Shift 键，然后将 U 盘连入 USB 端口，接着用鼠标右击 U 盘，在弹出的快捷菜单中选择"资源管理器"命令来打开 U 盘，如图 3-18 所示。

（4）打开 U 盘之前要先使用杀毒软件对整个 U 盘进行病毒扫描，使用 U 盘进行数据文件读写操作之前，要确保打开杀毒软件的"实时监控"的功能，这样可有效控制病毒文件的入侵。

（5）打开 WinRAR 压缩软件，在该软件中浏览 U 盘文件，如图 3-19 所示。若发现 U 盘里出现来历不明的 Autorun.inf 或其他隐藏文件，在弄清楚它确实为病毒文件后删除它，并及时对整个 U 盘进行病毒查杀。

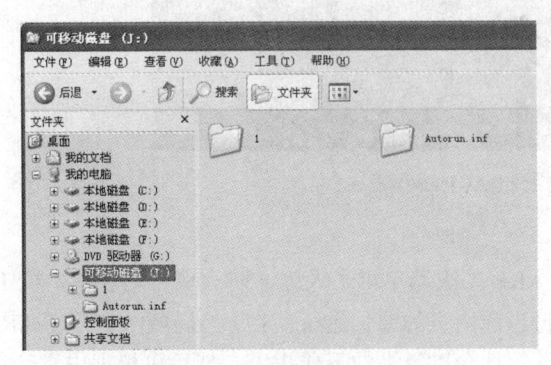

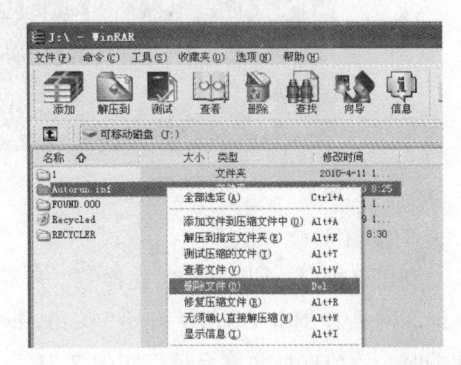

图 3-18　用"资源管理器"打开 U 盘　　　　图 3-19　在 WinRAR 中删除 Autorun 文件

（6）打开"我的电脑"，单击"工具"菜单，选中"文件夹选项"，然后选择"查看"标签，接着依次选中"隐藏受保护的操作系统文件"复选框、"显示所有文件和文件夹"单选按钮和"隐藏已知文件类型的扩展名"复选框，这样既保护了操作系统文件，也可及时发现被感染的 U 盘中的病毒。

（7）如果计算机上出现了非用户创建的文件，而文件名称又类似于回收站名称、瑞星文件名称，在弄清其确为病毒文件后删除该文件，如图 3-16 所示。

3.3.3　ARP 病毒的防治方法

1. ARP 病毒症状

ARP 病毒发作时有如下症状：
- 计算机会频繁断网、IE 浏览器频繁出错、常用软件运行出错等现象。
- 局域网的所有计算机均通过病毒主机上网，切换的时候用户会断一次线。
- 联网过程中，需用户多次重新登录网站、邮件服务器。

2. ARP 病毒的检测

ARP 病毒的检测方法如下：

（1）命令行法。

中毒计算机的 ARP 缓存表是错误的记录，可查询中毒计算机当前的 ARP 缓存表，在 cmd 命令提示行下输入查询命令为"arp -a"，如图 3-20 所示，将该 ARP 缓存表与未中毒计算机 ARP 缓存表进行比较，检查网关 IP 地址对应的 MAC 地址是否一致，可判断计算机是否中毒。

（2）抓包嗅探法。

局域网中 ARP 病毒的扩散伴随着大量的 ARP 广播数据包，利用 Wireshark、Ethereal 等抓包软件工具可以抓取并分析这些数据包。通常，局域网中的计算机发送少量的 ARP 广播包属正常情况，若大量不间断地发送，有可能是 ARP 病毒正在实施攻击。Windows Server 2003 中的网络监视器也可抓取网络中的数据包,查出发送大量 ARP 数据包的计算机的 IP 地址和 MAC 地址。

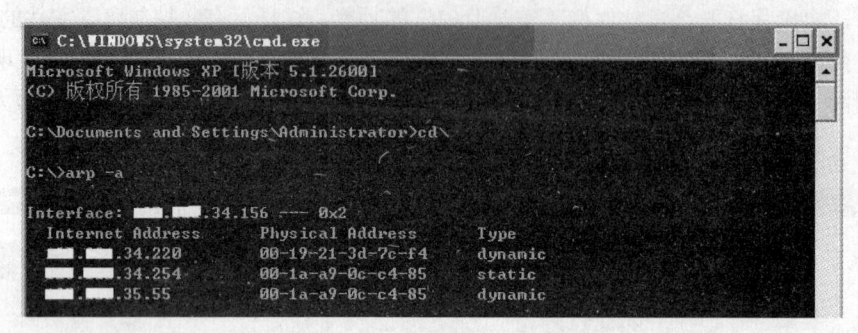

图 3-20 查看计算机 ARP 缓存表

(3) 工具软件法。

利用 ARP 防火墙软件实施检测,启动彩影 ARP 防火墙单机个人版,防火墙自动获取本机 IP 地址和网关 IP 地址。单击"开始"按钮,即对本机当前网卡的通信进行监控。当局域网中存在 ARP 欺骗时,该数据包会被记录,如图 3-21 所示,该软件会以气泡的形式报警,然后可根据中毒计算机的 MAC 地址,查找全网的 IP 地址和 MAC 地址对照表,找出中毒的计算机。

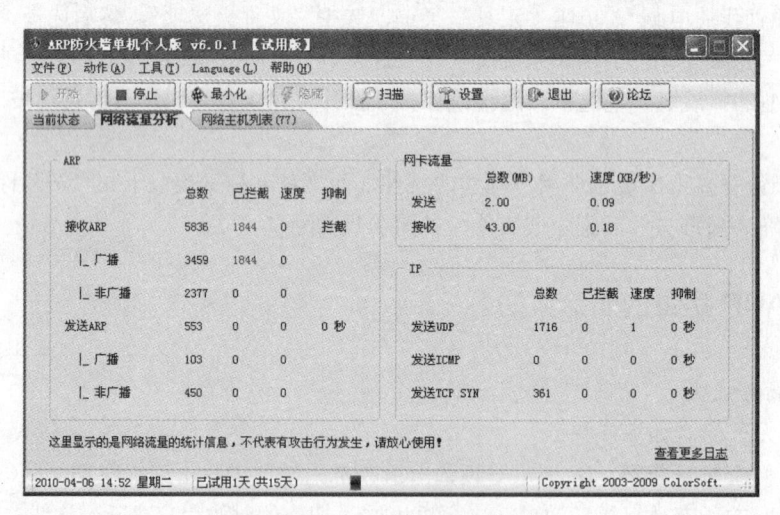

图 3-21 ARP 防火墙实时检测

3. ARP 病毒的防治

首先要找到 ARP 病毒的病毒源计算机,再采取防御和清除病毒的手段如下:

(1) 对局域网中的计算机实施病毒扫描,找到病毒源计算机并使用 ARP 专杀工具进行全面杀毒。

(2) 下载并安装 ARP 防火墙软件,实时阻挡来自网络的攻击和病毒的入侵,如安装彩影 ARP 防火墙单机个人版。

(3) 在中毒计算机系统中安装补丁程序。下载 ARP 病毒补丁,将补丁中的 4 个文件设置成"只读"属性,将 packet.dll、pthreadVC.dll、wpcap.dll 三个文件复制到路径为 c:\windows\system32 的文件夹中,将 npf.sys 文件复制到路径为 c:\windows\system32\drivers 的文件夹中。

(4) 关闭病毒源计算机上不需要的服务、端口,关闭文件共享功能。

其次，对于中毒目标机采取防御和清除病毒的手段如下：

（1）使用 NBTSCAN 工具扫描全网段的 IP 地址和 MAC 地址表，保存并备份该表，如图 3-22 所示。

图 3-22　NBTSCAN 工具扫描全网段的 IP 地址和 MAC 地址表

（2）设置静态的 MAC 地址与 IP 地址对照表，禁止主机刷新该对照表。对于 IP 地址与 MAC 地址未绑定或者 MAC 地址没有记录的局域网，在中毒的计算机断网的情况下，在命令行中运行命令"arp -d"将 ARP 缓存中的内容清空，然后让计算机短暂连网后立即将网络断掉，再运行"arp -a"命令，查看网关 IP 地址与对应的 MAC 地址，这时的对照表一般是正确真实的。

（3）在中毒计算机中实施 IP 地址与 MAC 地址的静态网关绑定，命令为"arp -s Gateway_IP Gateway_MAC"（Gateway_IP 为网关 IP 地址，Gateway_MAC 为网关 MAC 地址），或者用记事本程序编写如下脚本，如图 3-23 所示，并保存为 arp.bat 批处理文件，让它在计算机启动时自动运行，以保证 ARP 缓存表在计算机重启后依然有效。

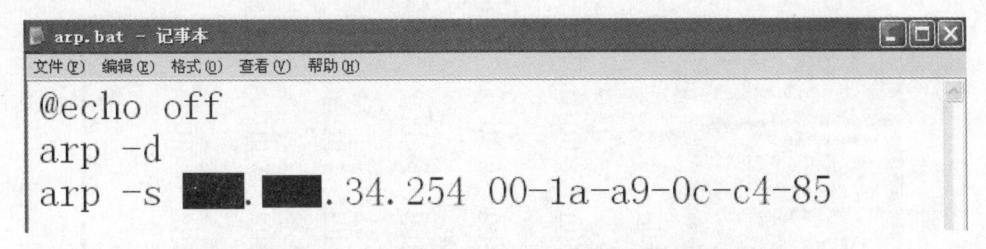

图 3-23　实施 IP 地址与 MAC 地址的静态网关绑定的脚本

（4）定时清空 ARP 缓存表，打开记事本程序编写定时功能的脚本，保存文件名为 sleeptime.vbs，如图 3-24 所示。

再用记事本程序编写一个脚本，保存为 arp1.vbs 批处理文件，如图 3-25 所示，将这个文件添加到注册表自动启动项中，让这个程序自动运行。

（5）在路由器上配置静态路由 ARP 条目，确保 IP 地址与正确的 MAC 地址之间对应，如图 3-26 所示。

图 3-24　定时功能脚本　　　　　　　　图 3-25　定时清空 ARP 缓存表

图 3-26　在路由器上配置静态路由 ARP 条目

3.3.4　蠕虫病毒的防治方法

蠕虫病毒的传播一般分为扫描、感染两个过程,针对蠕虫病毒的防御工作主要是防御蠕虫的扫描和感染,即防止蠕虫病毒的攻击与复制,可采取的措施一是利用防火墙检查蠕虫病毒的扫描包,二是及早发现系统和程序漏洞,打上系统与程序漏洞的补丁。

1. Nimda 病毒

该病毒是由 JavaScript 脚本编写的,病毒体长 57344 字节,主要感染本地磁盘上的 .asp、.htm、.html 文件,并且搜索本地 Exchange 邮箱,从中找到邮件地址,并给这些地址发送带病毒的邮件。

手动清除该病毒的步骤如下:

(1) 断开网络,重启计算机。

(2) 删除系统 Temp 文件夹中的文件,如图 3-27 所示,使用未感染的 Riched20.dll 文件去替换同名文件。

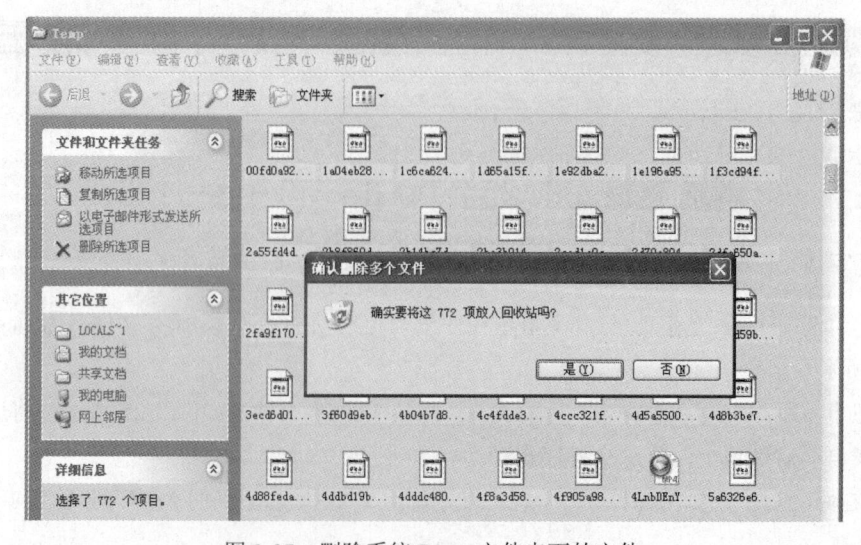

图 3-27　删除系统 Temp 文件夹下的文件

（3）删除系统文件下的 load.exe 和 windows 根目录下 mmc.exe，搜索各个磁盘中的 Admin.all 和 Readme.eml 文件并彻底删除，更改磁盘中共享文件的属性，取消文件共享，如图 3-28 所示，然后打上防御 Nimda 病毒的补丁。

2．"熊猫烧香"病毒

该病毒是一种蠕虫病毒的变种，可使计算机蓝屏、频繁重启，感染计算机中.exe、.com、.pif 等类型的文件，删除 Ghost 备份文件，同时该病毒的变种可在局域网范围内传播，且可通过 U 盘等移动存储设备传播。

手动清除该病毒的步骤如下：

（1）检查本机 Administrator 组成员密码，右击"我的电脑"，在弹出的快捷菜单中选择"管理"命令，如图 3-29 所示，在弹出的"计算机管理"窗口中单击"本地用户和组"，然后在右侧的界面中右击"Administrator"（管理员用户），在弹出的快捷菜单中选择"设置密码"命令，如图 3-30 所示，在"为 Administrator 设置密码"对话框中设置强密码，如图 3-31 所示。

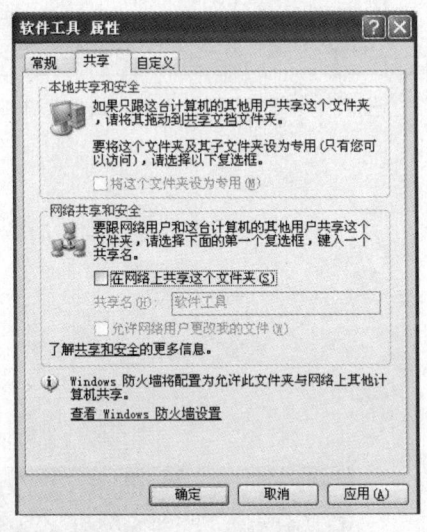

图 3-28　取消文件共享　　　　　　　　图 3-29　使用鼠标右击"我的电脑"

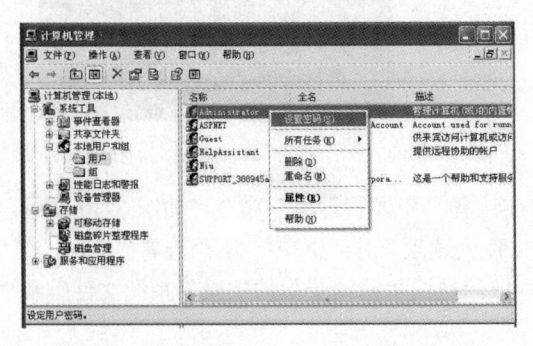

图 3-30　设置 Administrator 密码　　　　图 3-31　设置强密码

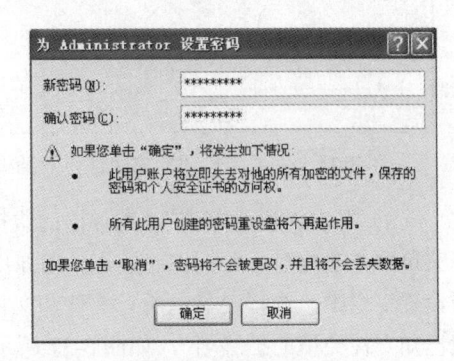

（2）关闭所有驱动器的自动播放功能。在"运行"对话框中输入 gpedit.msc，如图 3-32 所示，打开"组策略"编辑器，依次单击"计算机配置"→"管理模板"→"系统"，在右边的界面中用鼠标右击"关闭自动播放"，在弹出的快捷菜单中选择"属性"命令，如图 3-33 所示，在弹出的"关

闭自动播放属性"对话框中单击"已启用"单选按钮,在"关闭自动播放"下拉列表框中选择"所有驱动器",如图 3-34 所示,单击"确定"按钮,在"运行 DOS 命令行"中输入 gpupdate,刷新组策略,如图 3-35 所示。

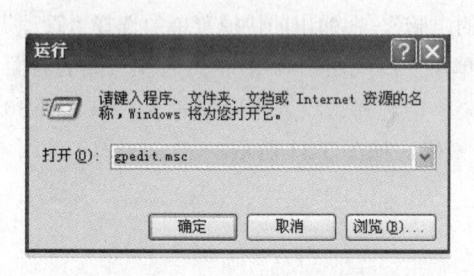

图 3-32 "运行"对话框

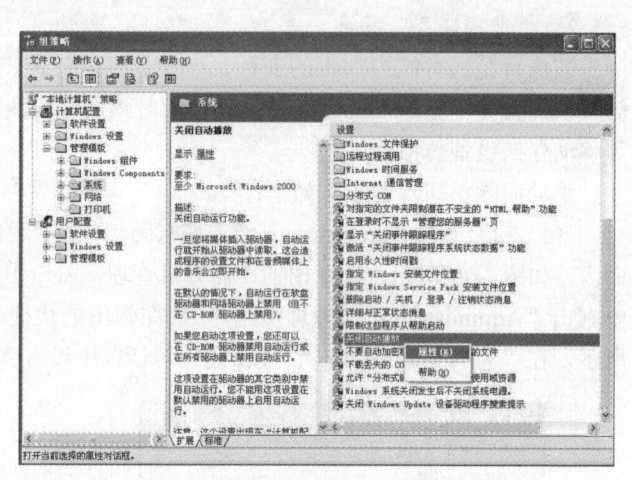

图 3-33 选择"关闭自动播放"的"属性"命令

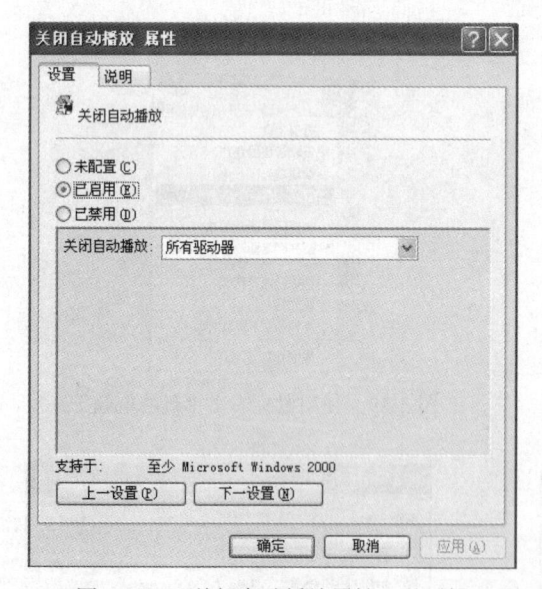

图 3-34 "关闭自动播放属性"对话框

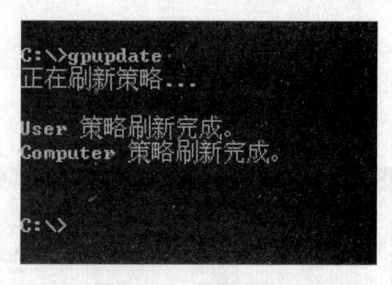

图 3-35 刷新组策略

(3) 右击"我的电脑",在弹出的快捷菜单中选择"资源管理器"命令,如图 3-36 所示,选择菜单项"工具"→"文件夹选项",在弹出的"文件夹选项"对话框中单击"查看"标签,在"高级设置"栏中,选择"显示所有文件和文件夹",取消选中"隐藏受保护的操作系统文件"和"隐藏已知文件类型的扩展名",如图 3-37 所示。

(4) 在局域网中关闭创建的共享目录,停止共享活动。

(5) 操作系统、应用软件及时打上漏洞补丁,安装和启用系统防火墙或其他防火墙软件,如图 3-38 所示。

(6) 下载"熊猫烧香"病毒专杀工具进行全磁盘查杀。

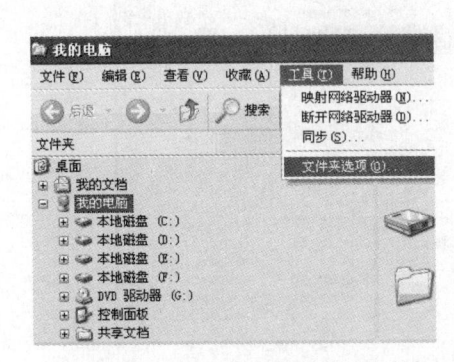

图 3-36　选择"文件夹选项"命令 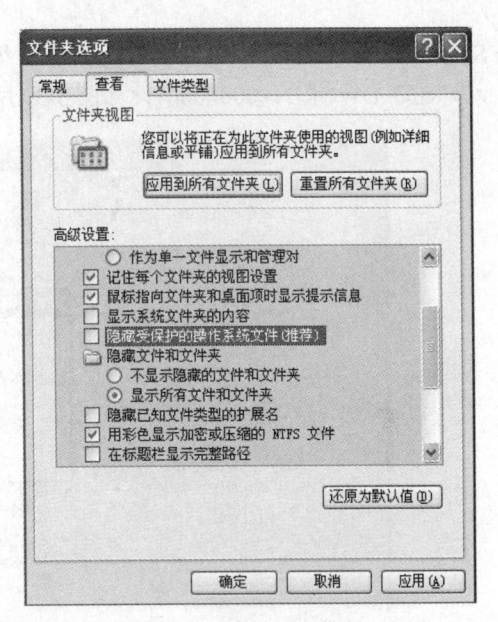　　　图 3-37　取消选中"隐藏受保护的操作系统文件"
和"隐藏已知文件类型的扩展名"

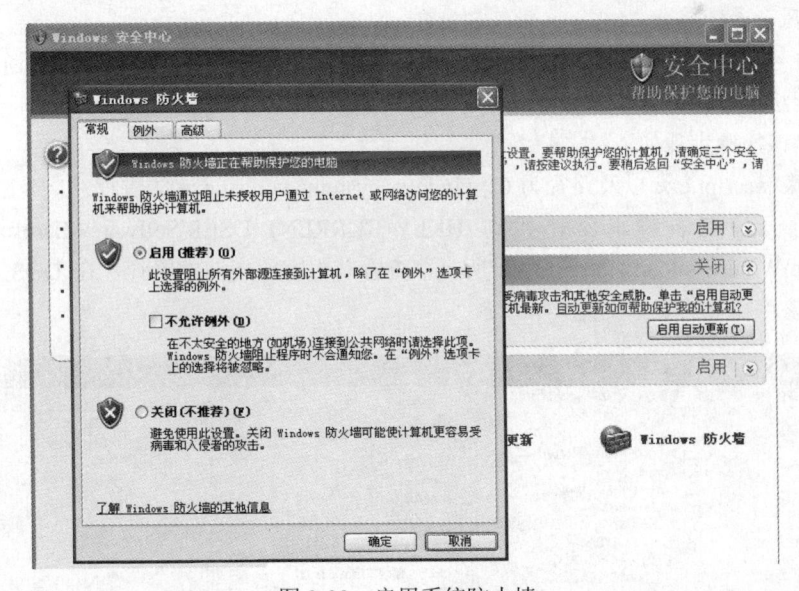

图 3-38　启用系统防火墙

3．"扫荡波"病毒

"扫荡波"病毒利用微软 Windows 操作系统"黑屏"后出现的安全漏洞 MS08-067 进行攻击，中毒计算机会出现大量的"svchost.exe"报错，造成用户网络崩溃。中毒的计算机会下载"扫荡波"病毒和一些盗号木马，这些中毒计算机可能会变成攻击其他计算机的工具。

手动清除该病毒的步骤如下：

（1）下载 MS08-067(KB958644)补丁，修复 MS08-067 漏洞。

（2）禁用 IPC$空链接。打开"注册表编辑器"窗口，找到 HKEY_LOCAL_MACHINE

\SYSTEM\CurrentControlSet\Control\Lsa，在"编辑 DWORD 值"对话框中将 restrictanonymous 键值改为 REG_DWORD：00000001，如图 3-39 所示。

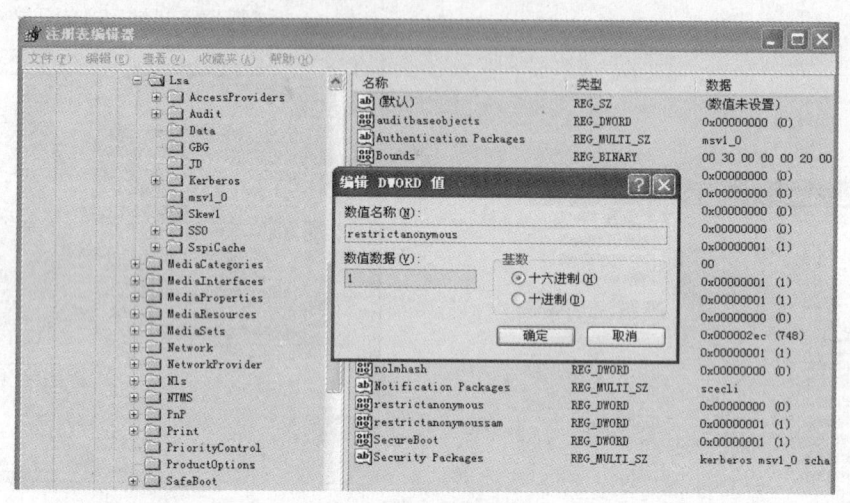

图 3-39　禁用 IPC$ 空链接

（3）安装并启用杀毒软件的病毒监控，同时将病毒库升级至最新。

4."暴风一号"病毒

"暴风一号"病毒是基于 VBS 脚本的蠕虫病毒，具有加密和自变种的特点，通过 U 盘传播，出现使用户无法操作计算机、无法打开注册表等现象。

手动清除该病毒步骤如下：

（1）结束 wscript.exe 以及路径为 C:\windows\systems\vchost.exe 的进程。

（2）打开注册表编辑器，找到 HKEY_CURRENT_USER\Software\Microsoft\WindowsNT\CurrentVersion\Windows\load，如图 3-40 所示，查看其内容所指向的路径，在 DOS 命令行下运行 del 命令删除该路径下的脚本文件。

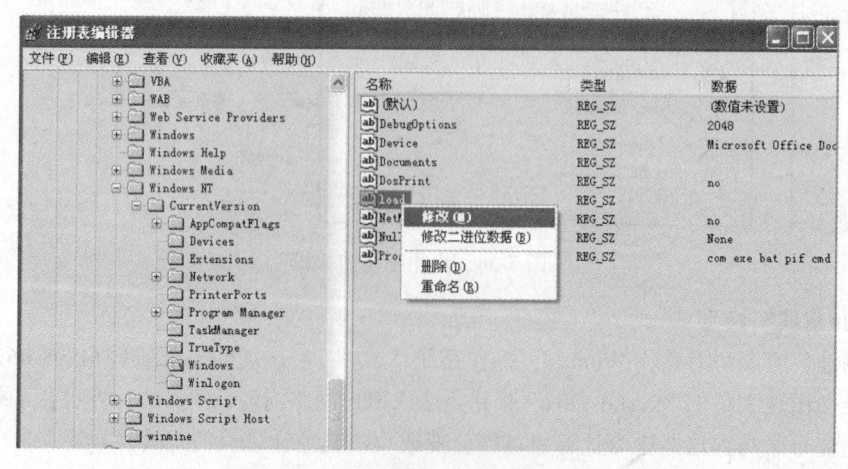

图 3-40　查看 load 内容所指向的路径

（3）用 NTFS 文件流工具 NTFS Streams Info 删除附加在 explorer.exe 和 smss.exe 中的文件流。

（4）修复被病毒修改过的文件关联，删除每个磁盘根目录下的 autorun.inf 和 VBS 类型的文件。

（5）使用杀毒软件查杀全磁盘，彻底清除病毒。

5．"Conflicker"病毒

"Conflicker"病毒又名为"Downadup"和"Worm/Kido"，具有多种传播方式，可通过 Windows 操作系统漏洞、局域网、可移动存储设备传播，具有很强的传播能力；该病毒还能下载其他类似盗号木马、流氓软件等的恶意程序，具有很强的破坏性。

防御方法：及时打好系统补丁，将计算机系统密码设置为强密码，对接入计算机的 U 盘先进行杀毒处理，局域网用户及时安装具备全网杀毒和防御功能的网络版杀毒软件。

综合以上病毒防御方法，不难看出，安装杀毒软件是非常有必要的，特别是对病毒技术不了解的用户，杀毒软件可以帮助其监控和检测计算机中藏匿的病毒，使计算机感染病毒的可能性降至最低。

3.4 木马的基础知识

木马的全称为特洛伊木马（Trojan Horse），其名称取自希腊神话中的木马屠城记。在计算机中，某些经过伪装的程序通过吸引用户下载运行，一旦植入受害计算机中，就会联系外界窃取计算机信息，人们将这种程序命名为计算机木马。

3.4.1 木马的概念

计算机木马是指一种带有恶意性质的远程控制软件，它通过一段特定的程序来控制其他的计算机。计算机木马一般分为客户端和服务端两部分，客户端是本地使用的各种命令的控制台，即控制端；服务器端则是在受害计算机上运行的程序，即被控制端。被植入木马的计算机一旦运行服务端后，远程客户端与服务器端即可建立连接通信，服务器端的计算机就能够完全被控制，成为被操纵的对象。人们通常说的"中木马"实际上指的是木马的服务器端。

3.4.2 木马的类型和功能

1．木马的类型

（1）远程控制型。

该类木马控制端远程连接运行服务器端的计算机，对其进行远程操作，例如，修改、删除远程计算机文件和注册表，进行击键记录，获取计算机账户密码，随意上传或者下载文件，屏幕监视等。

（2）提升权限型。

该类木马在运行服务器端的计算机系统进程中创建账户并提升权限，或者启动某项系统服务。该类木马通常针对不同服务器系统及其漏洞设计开发。

（3）信息窃取型。

该类木马只有服务器端配置器，无控制端。木马利用监控用户键盘输入、Hook 游戏进程 API 函数等方法记录计算机上的各种程序的账户、密码、安全证书等，并将获取的信息定时发送到指定的电子邮箱中。网络游戏木马、网银木马都属于这种类型。

（4）嵌套下载型。

该类木马通常先被上传到用户计算机，此木马运行后自动从网络上下载其他体积大功能强的病毒、木马或者恶意软件到用户的计算机上。该类型木马体积小、易传播、传播速度快、危害大。

（5）代理跳板型。

该类木马作为黑客的跳板，感染此类木马的计算机会被开启 HTTP、SOCKS 等代理服务功能，黑客就会把该计算机作为攻击其他计算机的"肉鸡"使用。

2. 木马的功能

计算机木马一般具有隐蔽性、自动运行性、欺骗性，它能使远程用户获得本地机器的最高操作权限，通过网络对本地计算机进行任意的操作，例如，任意删除和修改程序、锁定注册表、获取用户保密信息、远程关机等。一般来说，它的基本功能如下：

（1）远程监视和控制。

远程监视和控制是木马最主要的功能，黑客可以完全控制植入了木马的计算机，就像使用本地计算机一样，能监视对方的一举一动。

（2）远程视频检测。

当被控制方有摄像头时，可自动启动其摄像头捕捉视频图像，监控对方的环境。

（3）远程管理。

对对方资源进行远程管理，包括：复制、删除、查看、上传、下载文件，以及屏幕鼠标控制、键盘输入控制、监视和中止对方任务、任意修改注册表、获取主机信息等。

3.4.3　木马的工作原理

计算机木马有可能采用地址链接、电子邮件、软件下载等途径进行传播，通常木马会绑定在一些正常的程序中，利用一些美丽的文字或者图片，吸引用户下载，一旦用户下载运行这些表面看起来非常正常的程序时，隐藏的木马也一并被激活，并悄悄地在后台运行。还有一些木马会隐藏在网页的脚本中，用户通过浏览器执行脚本时利用 VBScript、JavaScript、ActiveX 等网站技术强制用户加载木马，有时也会利用浏览器的漏洞进行木马的植入与传播。

作为一种入侵软件，木马首先会将自身隐藏起来，不被受害计算机用户发现，才能达到长期存在并控制受害计算机的目的。木马的隐藏手段有很多种，以下列举几个：

- 任务栏的隐藏：多以呈现奇怪的图标的方式出现。
- 任务管理器的隐藏：多以呈现奇怪名称的用户进程或者系统进程的方式出现。
- 端口的隐藏：多以开启的端口号大于 1024 的方式出现。
- 普通文件的隐藏：多以 txt、html 等对系统无危害的文件类型出现。
- 出错提示的隐藏：多以弹出某种欺骗性质的错误窗口出现。
- 其他隐藏技术：通过修改虚拟设备驱动程序或修改动态链接库来加载木马。

植入受害计算机的木马运行后会自我销毁和隐藏，一般有两种运行方式：一种是随受害计算机的系统自动启动，木马会复制到 Windows 系统目录下，将文件属性设为隐藏，然后自我销毁；另一种是捆绑或替代 Windows 系统文件及其他应用程序，运行这些文件或者程序就会激活木马。

木马被激活后，木马服务器端会搜集受害计算机的 IP 地址、木马服务器运行的端口号等信息发送给黑客，一般可通过电子邮件的方式发送，也可通过发送 UDP 或者 ICMP 数据包将受害计算机的信息送出，黑客利用这些信息通过客户端连接到受害计算机，并控制受害计算机。

3.5 木马的防治方法

计算机木马的破坏行为较隐蔽，以窃取重要数据为目的，从木马的特性入手，可利用一些软件或手动方法监管木马的运行、隐藏和操作所需要的资源条件和环境，监控木马启动、运行、通信的隐蔽行为和操作方式，就能达到木马检测和防御的理想效果。

3.5.1 被植入木马的计算机的表现

- 磁盘无原因地被读盘，网络连接出现异常。
- 正常应用程序的图标被修改成别的图案。
- 启动一个文件，没有任何反应或者弹出一个程序出错的对话框，如弹出一个对话框，上面写有"文件损坏，无法运行"的字样。
- 进程中出现类似于系统文件名的进程正在运行。
- 在没有启动任何服务的情况下，发现主机上有不常见的端口处于监听状态。
- 磁盘剩余空间突然缩减，且缩减幅度较大，如突然少了几百兆空间。
- 浏览器自动运行，并且固定访问同一个异常的网站。
- 在运行的计算机上，突然弹出一个或多个提示框。
- 计算机系统配置自动被修改，如日期时间设置、屏保设置等。

以上这些并不能完全描述所有中了木马的计算机的情况，没有这些现象也并不表示计算机是绝对安全的。检查是否存在木马需要对木马入侵有相当高的警惕性以及较多的经验。

3.5.2 木马查杀软件的使用

1. 360 安全卫士木马查杀功能的使用方法

（1）打开 360 安全卫士主界面，如图 3-41 所示，单击"查杀流行木马"标签，定期地查杀系统中的木马，可供选择的扫描方式有：快速扫描、全盘扫描、自定义区域扫描。快速扫描可对系统内存、启动对象的一些关键位置进行扫描，速度较快；全面扫描可对系统内存、启动对象及全部磁盘进行扫描，速度较慢；自定义区域扫描可对需要扫描的范围进行任意设定。

（2）单击"自定义区域扫描"下面的"扫描区域设置"，可以自定义扫描区域，如图 3-42 所示，通过单击"添加"或"删除"按钮来增加或删除要扫描的区域，单击"保存设置"按钮对所做的设置进行保存。

（3）选择好扫描方式后，单击"开始扫描"按钮，即可按照所选的扫描方式开始扫描，扫描期间，可以选择"暂停扫描"或"停止扫描"按钮来中断扫描，如图 3-43 所示。

（4）扫描完毕后，若检测到木马，扫描结果会在"已检测"标签中显示出来，如图 3-44 所示，选中检测到的木马名称，单击"立即查杀"或者"强力查杀"按钮可对木马进行查杀。

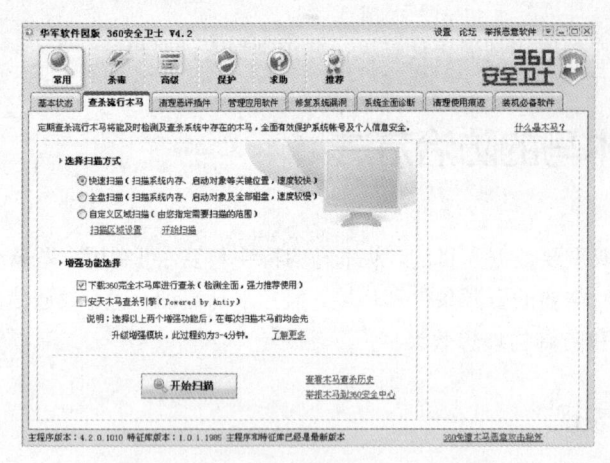

图 3-41　360 安全卫士查杀木马主界面

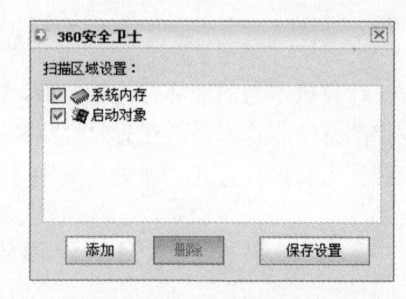

图 3-42　扫描区域设置

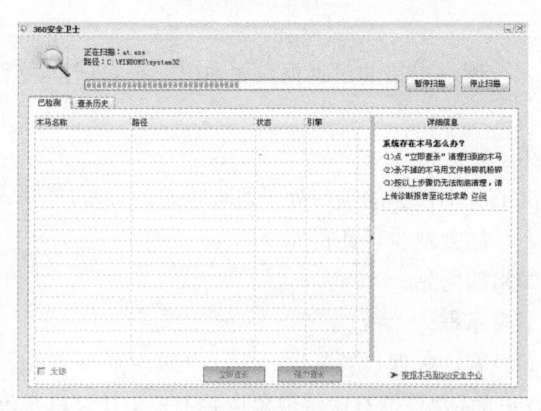

图 3-43　360 安全卫士扫描界面

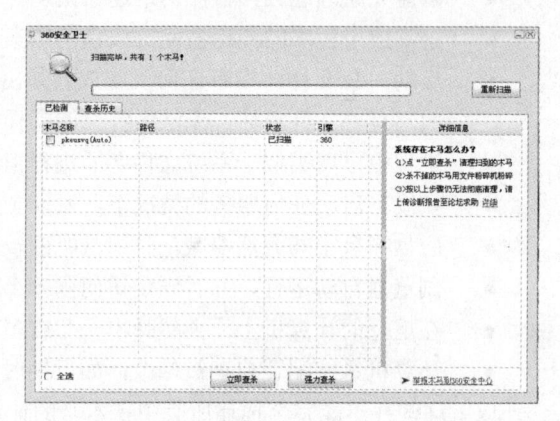

图 3-44　360 安全卫士扫描完成界面

（5）单击"查杀历史"标签，可查看已经清除的木马的详细信息，如图 3-45 所示。

2. ewido anti-spyware 木马查杀功能的使用方法

ewido anti-spyware 是一款集计算机病毒和木马查杀功能于一体的软件。下面以 ewido anti-spyware 4.0.0.172 版本为例进行详细介绍。

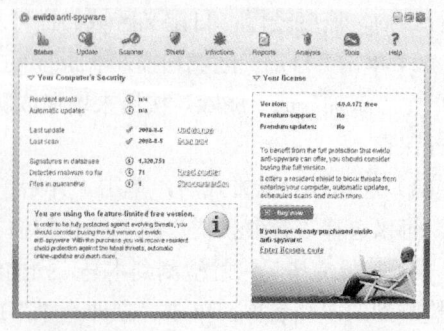

（1）启动 ewido anti-spyware，主界面中显示出计算机的安全状态和授权信息，在主界面的上端有一些功能按钮：Status（状态）、Update（更新）、Scanner（扫描）、Shield（保护）、Infections（病毒）、Reports（报告）、Analysis（分析）、Tools（工具）等，如图 3-46 所示。

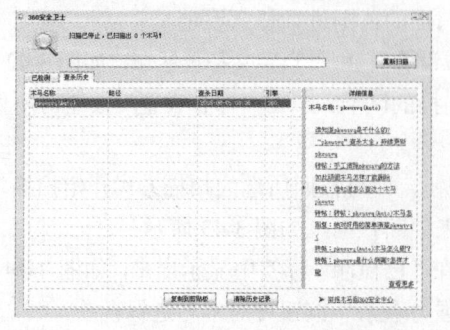

图 3-45　360 安全卫士木马查杀历史

图 3-46　ewido anti-spyware 主界面

（2）单击"Update"按钮，可以对软件的版本和病毒库进行更新升级，如图 3-47 所示。

（3）单击"Scanner"按钮，选中"Scan"标签，打开扫描界面，在扫描选项中有 Complete System Scan（完全系统扫描）、Fast System Scan（快速扫描）、Registry Scan（注册表扫描）、Memory Scan（内存扫描）、Custom Scan（自定义扫描），用户可按需进行选择，如图 3-48 所示。

（4）选择好扫描方式后，单击该扫描方式，进行扫描，扫描过程中可单击"Pause（暂停）"或"Cancel（停止）"按钮来终止扫描，但是此时终止扫描，不能清除已经查到的病毒，如图 3-49 所示。

（5）等到扫描完成后，可以清除所有的病毒，如图 3-50 所示。

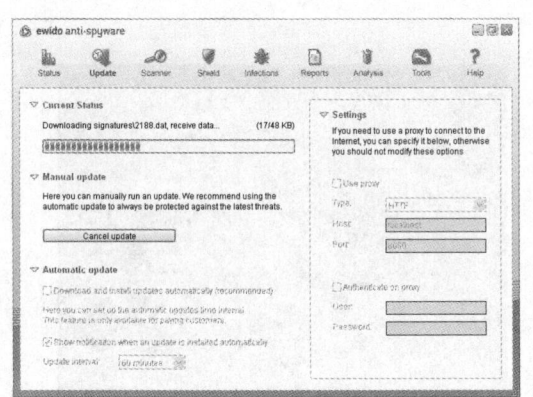

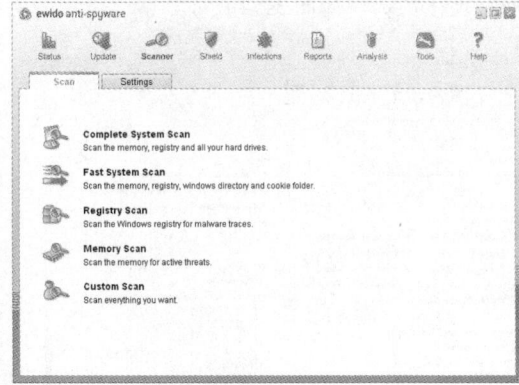

图 3-47　ewido anti-spyware 更新升级界面　　　　图 3-48　ewido anti-spyware 扫描方式选择界面

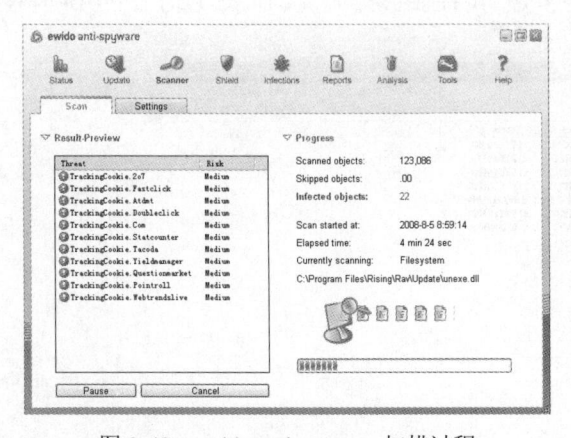

图 3-49　ewido anti-spyware 扫描过程　　　　　　图 3-50　清除病毒

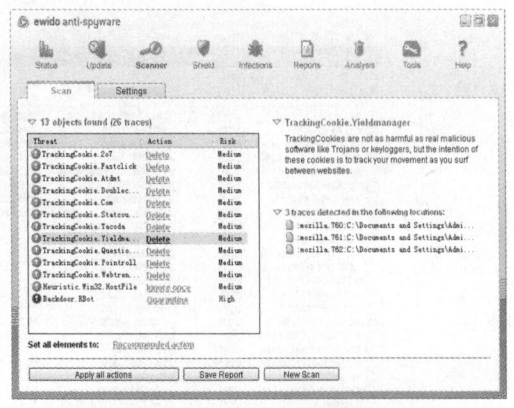

（6）单击其中一个病毒的"Action"，可选择的病毒清除方式有：Quarantine（隔离）、Delete（删除）、Ignore once（忽略），如图 3-51 所示。选择好病毒清除方式后，可以单击图 3-50 中的"Apply all actions"按钮来清除病毒。

（7）单击图 3-50 中的"Settings"标签，可以对扫描的范围、扫描的方式、恶意软件的扫描、报告记录形式等进行设置，如图 3-52 所示。

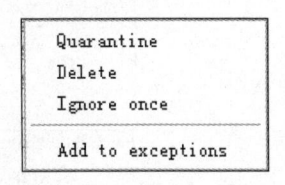

图 3-51　选择病毒清除方式

3.5.3 手动检测和清除木马的常规方法

具体步骤如下:

(1) 查看连接。检测本地计算机的 TCP/UDP 连接信息,用 netstat 命令查看,即在 DOS 命令提示符下输入: netstat -an,如图 3-53 所示。

命令执行结束从左到右依次是协议类型、本地连接地址端口、远程连接地址端口、连接状态,通过这个命令能检测本机所有的网络连接,包括攻击者通过木马的连接,当发现有可疑的端口正处于监听或者连接状态时,就要警惕是否有木马被植入了。也可采用 TCPView 软件检测本地计算机的网络连接情况,如图 3-54 所示。

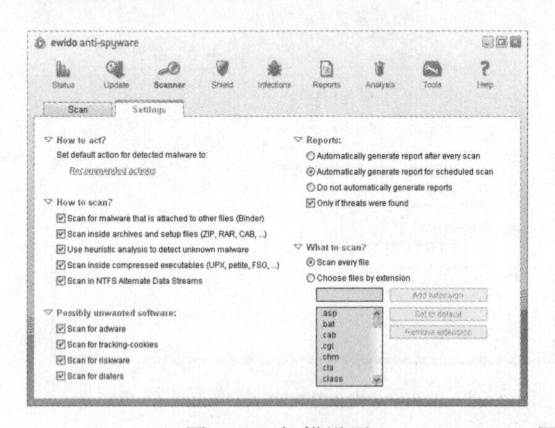

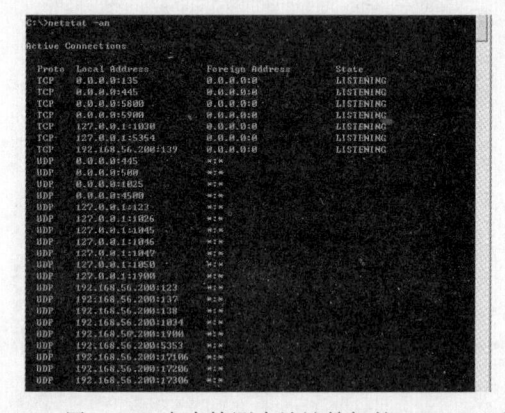

图 3-52 扫描设置

图 3-53 用 netstat 命令检测本地计算机的 TCP/UDP 连接

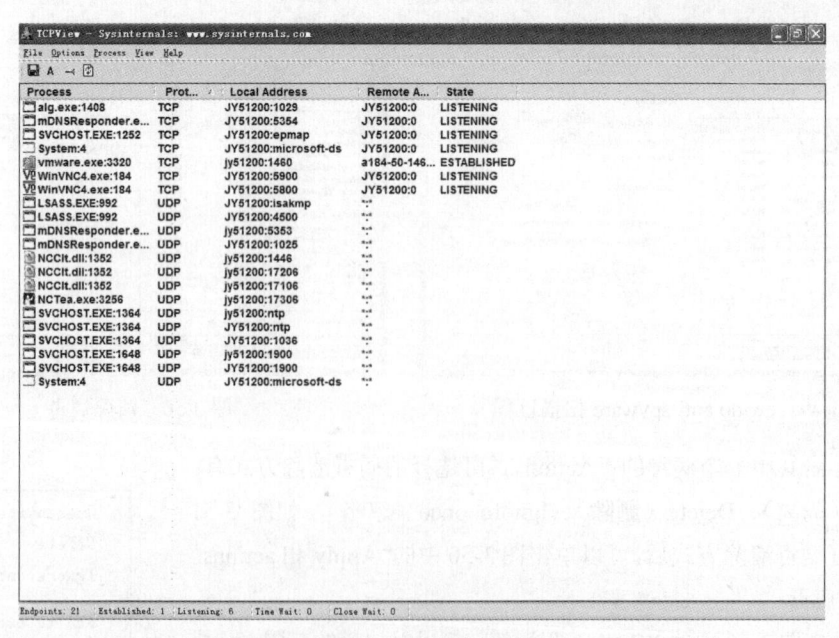

图 3-54 用 TCPView 软件检测本地计算机的 TCP/UDP 连接

(2) 端口扫描。早期的木马捆绑的端口一般是固定且不能更改的,通过扫描这些固定的端口可检测是否有木马被植入。扫描程序尝试连接某个端口，如果成功则说明端口开放，如果失败或超时则说明端口关闭。该方法无法查出驱动程序和动态链接木马。

（3）检查注册表。在注册表及与系统启动有关的文件里找到木马启动文件，删除木马文件，并且删除注册表或系统启动文件中关于木马的信息。

（4）查看系统进程。

（5）安装软件防火墙，在防火墙中设置数据包过滤规则，限制端口通信，控制 TCP、UDP、ICMP 等数据包的通信。

第二部分　典型项目实训任务

3.6　典型任务

3.6.1　典型任务一　冰河木马的清除

【任务目的】准确找到木马的藏身之处，彻底清除冰河木马。

【任务实施步骤】

（1）关闭冰河木马的进程，如图 3-55 所示，删除 C:\WINDOWS\system32 下的 Kernel32.exe 和 Sysexplr.exe 文件，如图 3-56 所示。

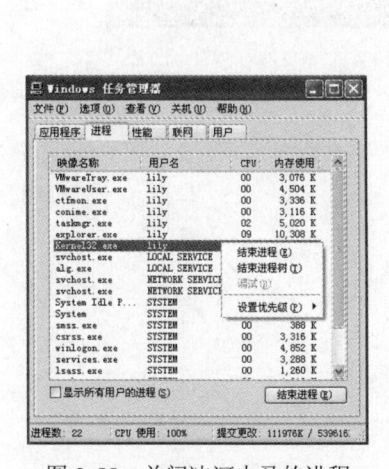

图 3-55　关闭冰河木马的进程　　　　图 3-56　删除系统文件夹下的冰河木马

（2）在注册表的 HKEY_LOCAL_MACHINE\SOFTWARE\Microsoft\Windows\CurrentVersion\Run 下，删除内容为 C:\WINDOWS\system32\Kernel32.exe 的键值，如图 3-57 所示。

（3）在注册表的 HKEY_LOCAL_MACHINE\SOFTWARE\Microsoft\Windows\ CurrentVersion\Runservices 下，删除内容为 C:\WINDOWS\system32\Kernel32.exe 的键值，如图 3-58 所示。

（4）修改注册表 HKEY_CLASSES_ROOT\txtfile\shell\open\command 中的默认值，在"编辑

字符串"对话框中由中木马后的 C:\WINDOWS\system32\Sysexplr.exe %1 改为正常情况下的 C:\WINDOWS\system32\notepad.exe %1，如图 3-59 所示。

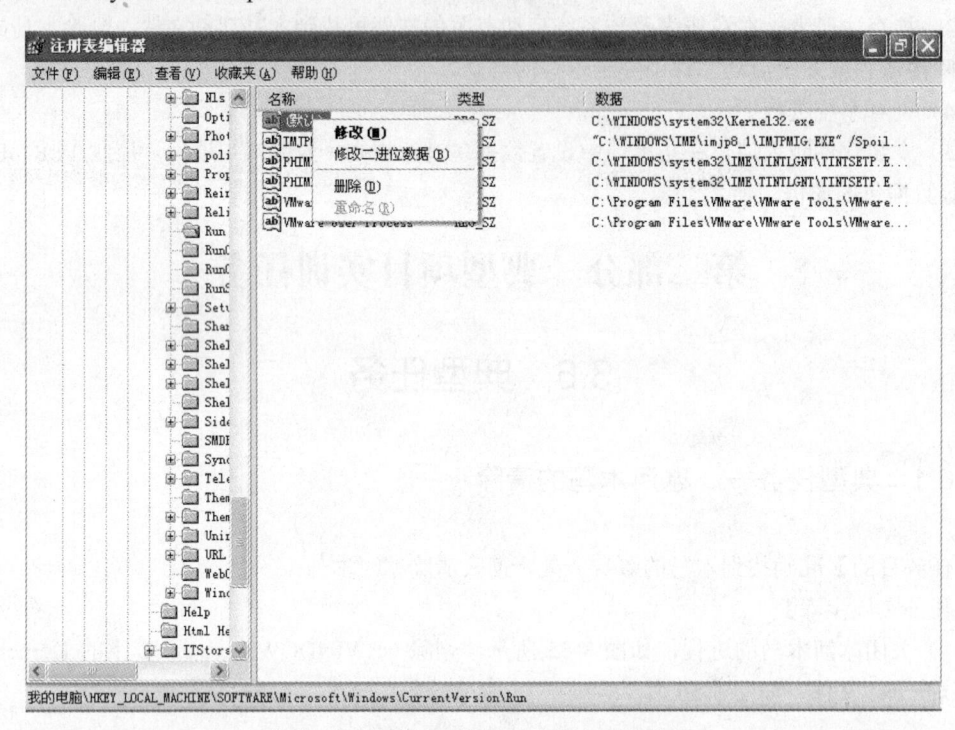

图 3-57　删除冰河木马在注册表中的键值

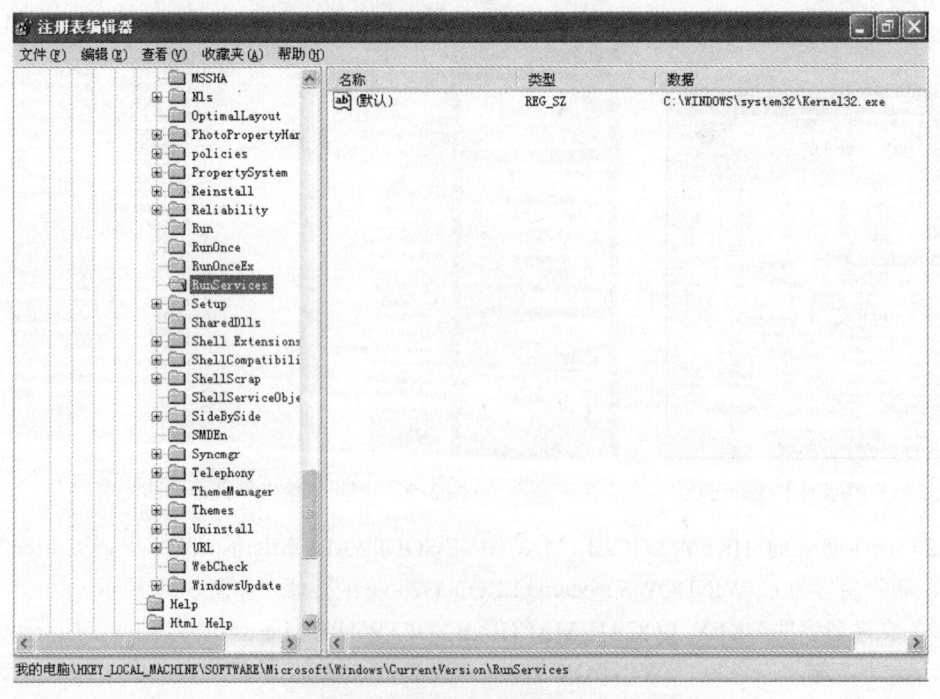

图 3-58　删除冰河木马在注册表中的键值

图 3-59　修改注册表中的键值

3.6.2　典型任务二　"广外男生"木马的清除

【任务目的】准确找到木马的藏身之处，彻底清除"广外男生"木马。

【任务实施步骤】

（1）关闭"广外男生"木马进程，如图 3-60 所示。打开注册表编辑器，展开到 HKEY_LOCAL_MACHINE\SOFTWARE\Microsoft\Windows\CurrentVersion\Run 下，删除"广外男生启动项"键值，如图 3-61 所示。

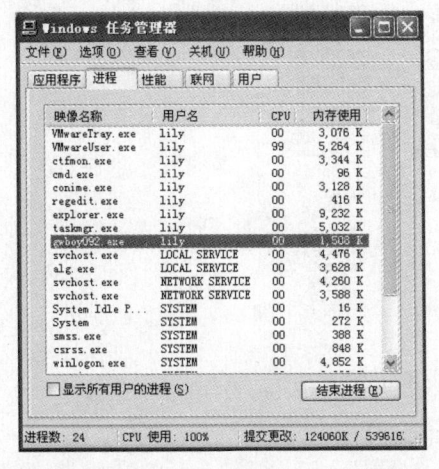

图 3-60　关闭"广外男生"木马进程 　　　图 3-61　删除"广外男生"木马在注册表中的键值

（2）单击"编辑"菜单中的"查找"命令，在注册表编辑器中搜索 gwboydll.dll，找到所有和它有关的注册表项，然后删除，如图 3-62 所示。

（3）删除 system32 目录下的 gwboy.exe 和 gwboydll.dll 文件，或者在 DOS 命令提示符下用 del 命令删除，如图 3-63 所示。

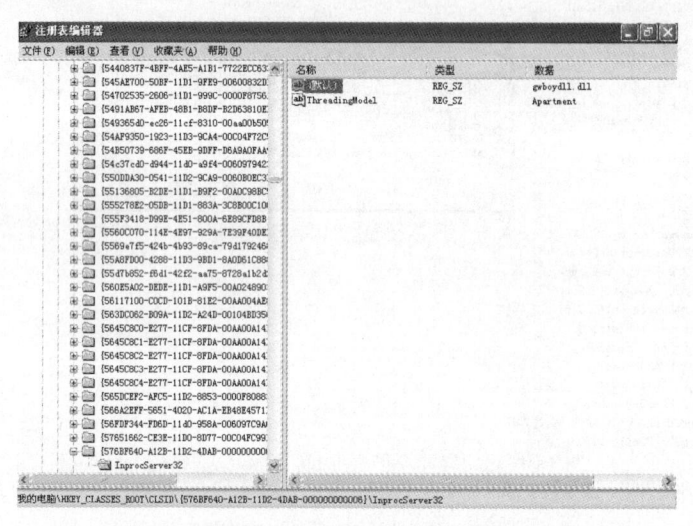

图 3-62　删除注册表中为 gwboydll.dll 的键值

图 3-63　删除系统文件夹下的"广外男生"木马

3.6.3　典型任务三　"灰鸽子"木马的清除

【任务目的】准确找到木马的藏身之处，彻底清除"灰鸽子"木马。
【任务实施步骤】
1. 灰鸽子木马的手动清除
（1）重启受到攻击的计算机，进入计算机安全模式，设置 Windows 显示所有的文件，在 Windows

安装目录下搜索文件，输入搜索条件"_hook.dll"，开始搜索，如果找到该文件后，如搜索到的是 hgz_hook.dll，删除该文件。更换输入条件"hgz.dll"和"hgz.exe"后继续搜索，找到文件进行删除。

（2）打开注册表编辑器，找到 HKEY_LOCAL_MACHINE\SYSYTEM\CurrentControlSet\Services 注册表项，查找"hgz.exe"，找到后删除即可。

2．"灰鸽子"木马专杀工具的使用

（1）金山毒霸开发了"灰鸽子"木马专杀应用程序，在受到攻击的计算机上打开主界面，对整个磁盘进行扫描，如图 3-64 所示。

（2）扫描过程中会发现有"灰鸽子"木马，并自动删除，如图 3-65 所示。

图 3-64　"灰鸽子"木马专杀软件主界面　　　　图 3-65　"灰鸽子"木马删除

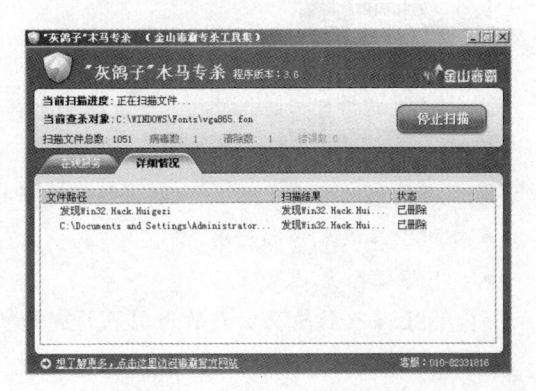

练　习

1．描述你遇到过的计算机病毒及清除它们的方法。

2．如何清除冰河木马？请描述具体步骤。

3．如何手动删除"灰鸽子"木马？请描述具体步骤。

项目 4　数据加密与数字签名技术的应用

学习要点

- 对称加密算法和非对称加密算法的工作原理。
- 数字签名技术的工作原理。
- 公钥基础架构（PKI）、CA、数字证书的工作原理和相关概念。
- PGP 工具软件的应用。
- EFS 工作原理及应用。
- SSL 安全传输及安全 Web 站点的应用配置。

学习情境

某公司的企业网拥有数百台计算机，该网络提供连入 Internet 的服务。近日该公司的一项业务需要高度保密，公司领导希望将一部分重要的文件能安全地存储在计算机上，即使有人私自拷贝了文件也无法浏览其中的内容。另外，公司领导担心内部 Web 服务器与外界通信时被人恶意监听而导致公司的机密信息外泄，他们希望凡是与公司内部 Web 服务器通信的信息都能被加密传输。公司现在需要作为网络管理人员的你针对公司目前网络出现的问题能采取有效的解决方案。

第一部分　项目学习引导

4.1　数据加密技术

4.1.1　数据加密技术的基础知识

加密技术是网络安全的核心技术之一，也是对付网络中各种安全威胁和安全隐患的有力武器，通过适当的加密管理机制可以保证网络通信的安全。本章所介绍的密码技术是一种新型的数字化信息加密技术，并不是指普通意义上利用"密码保护"使数据仅被授权用户访问。加密技术能将一段通俗易懂的明文变换成一段晦涩难懂的密文，实现对数据的保护。

加密技术的发展历史漫长。早在古巴比伦时代，就出现了简单的人工加密和消息破译的传统加密方法。随着工业革命的兴起，密码学也进入了机器和电子时代，加密技术被人们广泛运用于军事、运输业和制造业等各行各业中。20 世纪 70 年代中后期，随着计算机网络的发展，对网络通信的保密要求越来越高，为了满足这一要求，产生了公开密钥密码理论，这一理论是密码学取得的重大突破，标志着密码学已经进入到近代密码学阶段，这时的密码学理论中被融入了丰富的数学知识，促使密码学快速和蓬勃地发展。到现代的密码学阶段，密码技术与物理学、电子学、计算机科学、语言学等多种专业知识相结合，产生了诸如"混沌密码"、"量子密码"等先进密码学理论，使密码学已经逐渐成为了一门综合性的学科，在网络信息安全中扮演着十分重要且不可替代的角色。

在现代密码学中包含两个部分：一个是密码编码学；另一个是密码分析学。前者主要研究的是密码体制的设计，即用各种学科的专业知识结合设计生成算法，将原始的数据转变为受该密码体制保护的状态呈现出来；而后者主要研究的是密码体制的破译，即对已有的密码体制进行分析破解，将受该密码体制保护状态的数据还原为最初的原始状态。这两者之间相辅相成、密不可分。

在学习密码技术之前，先要介绍一下与加密技术有关的专业术语。
- 明文：指信息的原始形式，未被加密。
- 密文：指明文经过加密后呈现的形式。
- 加密：指用某种方法伪装明文，将明文转变成密文的过程。
- 解密：指用某种方法破解密文，将密文转变成明文的过程。
- 密钥：指实现加密和解密的参数信息。

加密技术为计算机网络通信提供一种安全的保护措施，防止机密、私有化的数据在传输过程中被截获、窃取和破坏，因此加密技术的应用具备以下几种基本特性：
- 机密性：指保证信息在存储和传输过程中不被泄露给未经授权者。
- 完整性：指保证信息在存储和传输过程中不被篡改、替换和删减。
- 可用性：指保证授权者在存储和传输过程中正常使用信息。
- 抗否认性：指保证信息发送方不能对自身的发送行为进行否认和抵赖。

4.1.2 数据加密的各种形式

常见的数据加密形式主要有数据存储加密和数据传输加密两种。

1. 数据存储加密

数据存储加密通常是采用软件对本地计算机中的数据以密文形式存储,其目的是防止数据在存储过程中被未授权用户非法访问。一般来说，数据存储加密可分为两种：一种是密文存储；另一种是存取控制。密文存储主要依靠加密算法转换、加密模块、附加密码等方法来实现，通过这种方法加密的数据都会经过代码转换，从明文转变成密文后被存储。常见的密文存储的应用有 EFS（Encrypting File System）技术、PGP（Pretty Good Privacy）软件等，均可加密存储本地计算机中的数据。存取控制是限制用户访问数据的权限，阻止用户的非法越权访问，通过对用户的身份验证来授权访问存储的数据。存取控制主要运用在网络操作系统中，设置文件属性，为不同工作组的用户赋予相应的权限。

2. 数据传输加密

数据传输加密不同于数据存储加密，它主要针对传输中的数据流进行加密，其目的是防止数据在传输过程中被侦听、截获、篡改和丢弃。数据传输加密的主要形式有 3 种：链路加密、节点加密和端到端加密。

（1）链路加密。

链路加密在 OSI 参考模型的第二层（数据链路层）实现。其工作原理是：在加密传输过程中，所有数据从源节点被发送到链路前的一个专门的加密设备——链路加密机，由该加密机使用下段（第一段）链路的密钥对数据进行加密，加密后的数据传送到链路上且被送往第一个中间节点。在到达第一个中间节点前，该数据先经过该段链路的第二个链路前的加密机，加密机使用此段链路的密钥对数据进行解密。解密后，数据被送往第一个中间节点，中间节点看到的是明文数据。接着，数据从第一个中间节点被发送到下段（第二段）链路前的加密机，由该加密机使用下段（第二段）链路的密钥对数据加密，加密后的数据在链路上传输，直到被送往该段链路的第二个链路前的加密机并进行解密，解密数据被送往第二个中间节点……依此类推，直到消息到达目标节点。该加密设备也可用计算机网卡上集成的安全模块来实现，原理与此相同。如图 4-1 所示，椭圆形部分为链路加密传输，圆角矩形部分为数据明文传输。

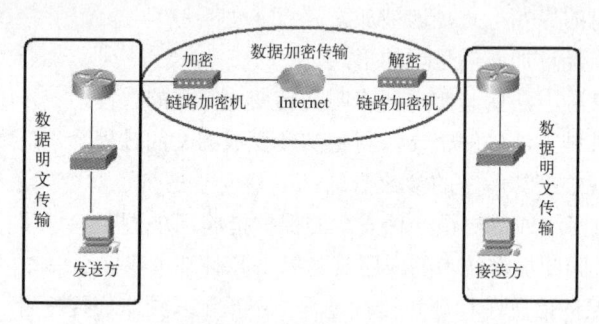

图 4-1　链路加密

在链路加密形式中，链路上的所有数据（包括路由信息）在传输链路上均是以密文形式出现，而经过每个中间节点的数据均是被解密后再重新加密的，中间节点中的数据是明文形式。由此可以看出，链路加密仅用于保护数据通信节点间的安全传输，每条传输链路都是独立加密的，不同链路采用不同的加密的密钥可避免一旦攻击并获悉了某一链路上的加密密钥后,在其他链路上传输的数据不会同样被破获。

链路加密的运用十分普遍，但仍存在着一些不足：首先，链路加密在出入节点前需由专门的加密设备进行加密和解密，在中间节点较多的情况下，数据到达目标节点需经过多次加、解密，这使加密过程变得复杂；其次，数据以明文形式存储在中间节点中，使其成为黑客的攻击首选之地和保障数据安全传输的薄弱环节，而保证节点的安全需较大开销，这使得成本变高；再者，链路加密因常用于点对点的同步或异步传输，需要事先同步链路两端的加密设备，这使对链路管理变得复杂；最后，网络链路错综复杂，每段链路的加密设备必须安全存储与其相连的所有链路的加密密钥，这需要对密钥进行安全物理传送或建立专用密钥传送信道，链路越复杂，建立链路加密的过程就越复杂，导致成本也就越大。

链路加密适用于网络结构简单、链路中间节点较少或没有中间节点的点对点网络通信，例如，广域网的专线、帧中继、异步传输模式（ATM）接入、局域网内部单链路通信和对加密需求少的多链路通信。

（2）节点加密。

与链路加密一样，节点加密也是基于数据链路层的加密。其工作原理是：在加密传输过程中，数据加密由节点自身集成在网卡中的安全模块完成。从源节点发送出来的数据需要先在节点处被加密，然后传送到链路上，到达下一个中间节点时，中间节点先解密收到的数据，再用另一个不同的密钥加密，然后再传送到链路上，到达第 3 个中间节点被解密……依此类推，直到数据传送到目标节点。如图 4-2 所示，椭圆形部分和节点部分是节点加密传输，圆角矩形部分为数据明文传输。

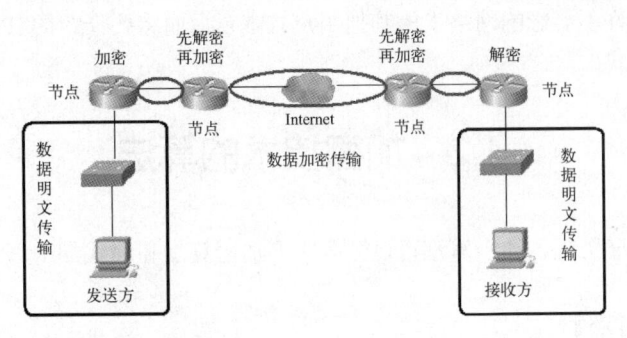

图 4-2　节点加密

在节点加密形式中，传输的数据报文无论是在链路上还是在节点中始终保持着加密的状态，所以与链路加密相比，节点加密显得更加安全。但为了保证中间节点能正确转发数据，节点加密需要数据报报头和路由信息保持明文形式，这意味着节点加密对于一些类似于通信业务分析类型的攻击几乎没有抵抗和防御能力，使得其自身也存在一定的安全隐患。

节点加密和链路加密的适用场合一样，适用于网络结构简单的链路、链路中间节点较少的链路、点对点单链路以及加密需求少的多链路中。

（3）端到端加密。

端到端加密在 OSI 参考模型的第 7 层（应用层）实现，是从一端到另一端的全程加密数据的通信方式。其工作原理是：在加密传输过程中，数据在发送方被加密后，传送到链路中，到达接收方后被解密，加密、解密过程仅在发送方和接收方之间进行，且只执行一次。中间节点上不会有加密和解密的行为，更不会出现明文形式存在的数据。如图 4-3 所示，椭圆形部分为端到端加密，圆角矩形部分为数据明文传输。

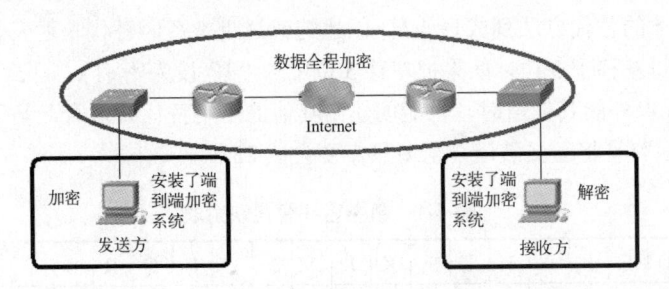

图 4-3　端到端加密

在端到端加密形式中，除数据报报头外，数据报均保持密文的状态，只有在发送方和接收方的加、解密设备中才能对数据密文进行加、解密，其他任何的中间节点均不能加、解密传输的数据。与链路加密相比，有两点区别：第一，端到端加密的中间节点上无须配备加、解密设备，这样整个传输过程的加、解密设备的数量就大大减少，降低了构建成本；第二，端到端加密的每个中间节点需通过路由器转发数据，加、解密操作仅能针对报文数据部分而不能针对报头部分，因此端到端加密容易遭到某些通信业务分析类型的攻击，这一点与节点加密是一样的。

总体来说，端到端加密比前两种加密方式更可靠、更安全，且更易设计、实现和维护。它避免了其他加密方式存在的同步问题,同时独立加密每个数据包,每个数据包所发生的丢包等传输错误不会影响后续传输的数据包。端到端加密方式目前应用最广,通常单个用户可能会首选这种加密方法,从安全上来讲也许不会影响网络上的其他用户。本章后面将要介绍的 IPSec、SSL 等加密技术都属于端到端加密方式。

4.2 加密技术的算法

按照密码学的发展历程,加密算法可以分为古典加密算法和现代加密算法两类。

4.2.1 古典加密算法

古典加密算法,也称传统加密方法,是一种简单的加密方法,其密钥由简单的字符串组成,然后选择某种加密形式秘密变换明文,对明文加密隐藏而达到保密效果。古典加密算法分为替代密码和变位密码两种。

1. 替代密码

替代密码加密方法是用一个或一组密文字母来替代一个或一组明文字母,并保持明文字母的位置不变。在这种密码体制中,使用的密钥是由一个或多个明文字母构成的密钥字母表。替代密码包含单表替代密码和多表替代密码两种。

(1) 单表替代密码。

由单个字母表构成的替代密码称为单表替代密码,明文字符和密文字符间是一对一映射替代。在单表替代密码中,Julius Caesar 发明的凯撒密码是最古老的替代密码,也是最为著名的。它的加密原理是以 26 个英文字母按顺序排列,每一个明文字母都用它后面排在第 3 个的字母替代,即 A 用 D 替代、B 用 E 替代……直到字母 X 从头开始用 A 替代、Y 用 B 替代、Z 用 C 替代,替代的字母就是密文。将刚才的替代方法列成表 4-1,创建的就是凯撒密码替代映射表。在凯撒密码中,密文字母相对明文字母左移了 3 位,如果把左移 3 位中的 "3" 设为密钥 k,那么,k 可取值的范围为 1~25,当 k 取除 3 以外的其他值时,也能创建出其他的密码替代映射表,基于此类密码体制,只要知道密钥 k,就很容易将密文破译,至多只需要尝试 25 次。

表 4-1　凯撒密码替代映射表

明文	A	B	C	D	E	F	G	H	I	J	K	L	M	N	O	P	Q	R	S	T	U	V	W	X	Y	Z
密文	D	E	F	G	H	I	J	K	L	M	N	O	P	Q	R	S	T	U	V	W	X	Y	Z	A	B	C

为改进此类方法,可创建一张毫无规律可循的字母间的一一对应映射表,这种方法也称为单表置换加密法,见表 4-2,其密钥是对应于 26 个字母的字母串,顺序混乱。若要破译这种加密方法,需要尝试 10^{26} 数量级的映射方案,因此这种加密方法比凯撒密码更安全。

表 4-2　单表置换加密映射表

明文	A	B	C	D	E	F	G	H	I	J	K	L	M	N	O	P	Q	R	S	T	U	V	W	X	Y	Z
密文	F	E	P	U	G	A	J	D	V	Y	B	Q	C	T	L	W	Z	K	S	N	I	R	X	M	H	O

（2）多表替代密码。

在单表替代密码算法的基础上，多表替代密码应运而生。由多个字母表构成的替代密码称为多表替代密码，明文字符和密文字符间一对多映射替代。在多表替代密码中，较为著名的是 Blaise de Vigenere 设计的一种周期替代方法。它的加密原理是以字母表移位为基础，把 26 个字母进行循环移位，排列在一起形成 26×26 的矩阵，即为 Vigenere 密码表，见表 4-3，其中，明文字母对应行（或列），密文字母对应列（或行），两者的交汇点就是密文字母。加密时，可选单个单词或某个词组作为密钥，在给一段明文加密时，将密钥写在明文之下，一一对应，然后到 Vigenere 密码表中查找明文字母和密钥字母交汇处的密文字母，生成密文。

表 4-3 Vigenere 密码表

列\行	A	B	C	D	E	⋮	X	Y	Z
A	A	B	C	D	E	⋮	X	Y	Z
B	B	C	D	E	F	⋮	Y	Z	A
C	C	D	E	F	G	⋮	Z	A	B
D	D	E	F	G	H	⋮	A	B	C
E	E	F				⋮	B	C	D
⋮	⋮	⋮	⋮	⋮	⋮	⋮	⋮	⋮	⋮
X	X	Y	Z	A	B	⋮	U	V	W
Y	Y	Z	A	B	C	⋮	V	W	X
Z	Z	A	B	C	D	⋮	W	X	Y

2. 变位密码

变位密码也是以采用字母移位为基础进行加密的，它的加密原理是不改变明文字母本身，而仅将明文字母的位置重新排列，在这种加密方法中明文未被隐藏。变位密码包含列变位密码和矩阵变位密码两种。

（1）列变位密码。

在列变位密码中，选择一段不含任何重复字母的单词或词组作为密钥，将密钥中的字母按照 26 个字母的顺序标出序号，然后将明文字母依次排列，按照密钥的字母长度来分割明文字母并列在密钥下方，生成若干行，最后一行排不满的用"ABC……"来填充，最后，按照密钥字母的序号顺序将对应的列中的字母进行排列，生成密文。

例如，一段明文为 HELLOWORLD，选择密钥为 MANY，其中 MANY 的字母排序为 AMNY，按照上述方法进行排列后，排序见表 4-4，最后一行到"D"时还不满一行，用 A 和 B 填充。按照密钥 A、M、N、Y 的顺序，将密钥对应的一列依次排列出来，如 A 对应的列为 EWD、M 对应的列为 HOL……生成的密文见表 4-5。

（2）矩阵变位密码。

矩阵变位密码是将明文的字母按照给定的顺序安排在一个 m×n 的矩阵中，选用一种基于列（或行）号的变位方案，打乱矩阵列（或行）号原来的顺序，重新排列矩阵，最后，按列（或行）

号对应的字母重新排列生成的即为密文。

表 4-4 列变位密码

密钥	M	A	N	Y
序号	2	1	3	4
明文	H	E	L	L
	O	W	O	R
	L	D	A	B

表 4-5 明文与密文对照表

明文	HELLOWORLD
密文	EWDHOLLOALRB

例如，一段明文为 HELLOWORLD，按顺序排列在一个 3×4 的矩阵中，最后不满一行的用 A、B 填充，见表 4-6。

给定一个基于列号的变位方案：f=(123)(312)，即将第 3 列排在第 1 列的位置、第 1 列排在第 2 列的位置、第 2 列排在第 3 列的位置，变位后见表 4-7。按照新的列排列方式，将对应的列中的字母进行排列，表 4-8 中即为生成的密文。

表 4-6 变位前的矩阵

	1	2	3
1	H	E	L
2	L	O	W
3	O	R	L
4	D	A	B

表 4-7 变位后的矩阵

	1	2	3
1	L	H	E
2	W	L	O
3	L	O	R
4	B	D	A

表 4-8 明文与密文对照表

明文	HELLOWORLD
密文	LHEWLOLORBDA

4.2.2 现代加密算法

现代加密算法主要以密钥加密技术为依托，密钥加密体制分为对称密钥体制和非对称密钥体制两种，相应的加密算法也分为对称加密算法和非对称加密算法两种，这两种都是基于密钥体制的现代加密算法。

1. 对称加密算法

在密码学中，对称加密采用的是对称密码编码技术，无论是数据加密还是数据解密使用的都是同一个密钥，即加密密钥也可用做解密密钥，并且从加密密钥能够推算出解密密钥，反之亦然，这被称为对称加密算法，也称为单密钥算法。它的特点是通信双方只需要在通信前协商好一个密钥即可，使用起来较简单，加密速度较快，适用于处理大数据量的加密。但其安全性依赖于对密钥的严格管理，如果通信双方中的任何一方丢失密码，通信就会存在泄露危险，所以对密钥的掌控能力较弱。

对称加密算法可细分为两类：序列算法和分组算法，两者区别在于序列算法是对明文中单个位（或字节）逐位（或字节）加密；分组算法是对一个大的明文数据块（分组）逐组加密。分组算法是对称加密算法体制发展的重心。

在对称加密算法中，有多种不同的算法，其中最为有名的是 DES（数据加密标准）和 IDEA（国际数据加密算法）。本章将介绍 3 种对称加密算法：DES 算法、IDEA 算法和 AES 算法。

（1）DES 算法。

DES（Data Encryption Standard）称为数据加密标准，是 20 世纪 70 年代由 IBM 公司研制的，该标准在 1977 年由美国国家标准局颁布，主要用于保护民用通信隐私和机密信息，后来被国际标准化组织采纳并作为国际标准。DES 是世界公认的优秀加密算法，作为一个在世界范围内应用最广泛的分组加密标准，DES 的存在长达 20 余年，为世界贸易、金融企业等核心部门提供了可靠的通信安全保障。

DES 算法采用的数据分组长度为 64 位，然后使用长度为 56 位的密钥利用替换和移位的方法一次处理 64 位的数据分组。DES 算法的密钥容易产生且运算速度较快，适宜用软件方法实现，也适合在专用芯片上实现。随着对加密技术要求的不断提高，56 位密钥因为太短已不能提供足够的安全性能，因此产生了 3DES（Triple DES）算法，该算法使用 3 个独立的 56 位密钥 k_1、k_2、k_3，对数据能进行 3 次加密运算，发送方用 k_1 加密、k_2 解密、k_3 加密，接收方则用 k_1 解密、k_2 加密、k_3 解密，其加密效果相当于使用了一个长度为 168 位的密钥。

（2）IDEA 算法。

IDEA（International Data Encryption Algorithm）称为国际数据加密算法，是由瑞士的 Xuejia Lai 和 James Massey 于 1990 年正式公布的。它是在 DES 算法的基础上发展起来的一种面向数据分组块的数据加密标准，是为替代 DES 算法而设计的。IDEA 的密钥为 128 位，以 64 位分组为单位进行数据加密。IDEA 属于"强"加密算法，对计算机功能要求不高，采用软、硬件的实现的速度很快，它比 DES 算法的加密性好，目前，软件实现的 IDEA 比 DES 算法大约快两倍。

该算法相对其他算法较新，目前针对其有效的攻击不多，因此较少发现它存在的缺陷。IDEA 应用很广泛，PGP 软件中就使用了 IDEA，SSL 的加密算法库 SSLRef 中也加入了 IDEA，这些基于 IDEA 的安全产品促进了 IDEA 的发展。

（3）AES 算法。

AES（Advanced Encryption Standard）称为高级加密标准，是美国国家标准技术研究院（NIST）用于加密电子数据的规范，是下一代的加密算法标准。它使用几种不同的方法迭代执行排列和置换运算来实现加密，使用的密钥有 128、192 和 256 位，该算法安全级别高，运算速度快。

2．非对称加密算法

在加密算法中，密钥管理是系统安全的重要因素，因此密钥的安全传送十分重要。1976 年，美国学者 Dime 和 Henman 为解决密钥管理和信息安全传送的问题，提出一种新的密钥交换协议，允许通信双方在不安全的媒介上交换密钥信息，并使密钥安全地到达通信双方，这就是非对称加密算法。与对称加密算法不同的是，非对称加密算法有两个密钥，公钥（Public Key）和私钥（Private Key），一个用于加密，另一个用于解密。加密密钥不同于解密密钥，解密密钥也不能根据加密密钥推算出来。

如图 4-4 所示，若使用公钥对数据加密，仅能用相应的私钥解密；若使用私钥对数据加密，那只能用相应的公钥才能解密。由于公钥密钥能够公开，任何人都能使用公钥密钥加密数据，这种方法也称为公开密钥加密法。

在非对称加密算法中，比较著名的算法有：RSA 算法、DSA 算法、Diffie-Hellman 算法等。

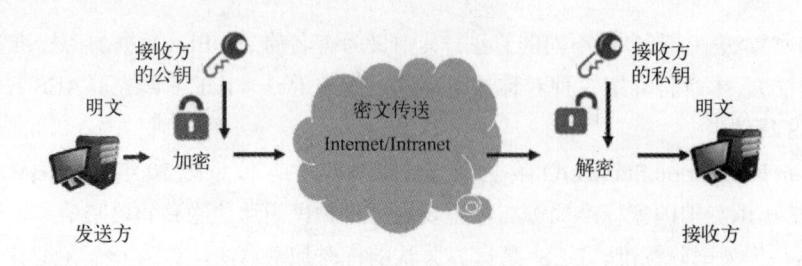

图 4-4　公钥加密通信原理

（1）RSA 算法。

1978 年，3 名美国人 Rivest、Shamir 和 Adleman 提出 RSA 算法，算法以 3 人名字首字母命名。该算法是基于大素数分解来产生公钥和私钥，即将已知合数分解为两个素数之积。与 DES 相比，RSA 的密钥空间大、安全性更高，但是加密速度很慢，而 DES 加密速度快，适合加密大数据量数据，因此 DES 和 RSA 经常结合使用：DES 加密数据，RSA 加密 DES 加密数据的密钥。例如，甲与乙通信，甲先产生一个与乙通信的 DES 密钥，用乙的公钥对此密钥加密后传给乙，乙用自己的私钥解密，获得双方通信 DES 密钥，随后双方即可采用此密钥进行加密通信。从这点可看出，RSA 可以帮助解决 DES 密钥的安全分配问题。

（2）DSA 算法。

DSA（Digital Signature Algorithm）称为数字签名算法，是一种标准的 DSS（Digital Signature Standard，数字签名标准），由美国国家安全署发明。该算法基于整数有限域离散对数问题，由于是基于复杂的数学运算而设计，所以破译难度较大，安全性很高。

（3）Diffie-Hellman 算法。

1976 年，美国的密码学专家 Diffie 和 Hellman 为解决密钥管理的难题，提出一种密钥交换协议——Diffie-Hellman 算法，该算法基于在有限域上计算离散对数。与 DSA 算法一样，破译难度较大，安全性较高。

非对称加密算法能适应网络的开放性要求，密钥容易管理，可方便地实现数据加密和数字签名。但由于其算法复杂决定了它们的破译难度较大，但同时加密数据的速度很慢。尽管如此，随着现代电子技术和密码技术的发展，非对称加密算法其自身的高安全性决定了它未来必将具有很大发展前景。

4.3　数字签名技术

在过去，人们通常对支票、合同、法律文书、信件等东西签署自己的名字以表明认同该文件的相关内容。而在当今数字世界中，人们若想对电子数据、电子文档、电子邮件等数字信息表示认可，只能借助计算机密码技术得以实现。

4.3.1　数字签名技术的基础知识

数字签名（Digital Signature）又称为公钥数字签名或电子签章，它不同于签名数字扫描图像或用触摸板获取的签名。数字签名对整个数据进行，是一组代表数据特征的定长代码，同一个私钥对不同的数据将产生不同的数字签名,这是以电子形式存在于数据之中,作为其附件的或其他逻辑上与之有关联的数据,可用于鉴别数据签署人的身份真实性,同时也表明签署人对数据中包含的信息的认同。一套数字签名定义了两种互补的密钥:一种用于签名,另一种用于验证。

数字签名一般具有以下 3 种特性:
- 完整性:指能够证明签署人在签署文件后,文件未做任何的非法改动,完好如初。
- 不可伪造性:指能够对签署人的身份进行认证,能够证明文件确实是签名者本人签署。
- 不可抵赖性:指能够防止交易中签署人对签署的文件的抵赖和说谎行为。

4.3.2 数字签名技术的原理

数字签名是附加在数据上的一些信息,或是对数据所做的密码变换。这种数据变换允许数据接收者用以确认数据的来源和完整性,防止被其他人伪造。数字签名可基于公钥密码体制和私钥密码体制获得,目前主要是基于公钥密码体制的数字签名。在公开密钥密码算法中,公钥和私钥在实现加密和解密过程中的顺序交换具有等价性,而私钥加密恰好能实现数字签名。

如图 4-5 所示,数字签名的工作原理是:数据发送方使用自己的私钥对数据及与数据有关的变量进行运算,将合法的数字签名与数据原文一起传送给接收方,数据到达接收方后,接收方利用发送方的公钥对收到的数字签名进行运算,将得到的结果与发送方发送过来的签名做比较,如果相同,则说明收到的数据是完整的,在传输过程中没有被修改,反之说明数据被修改过,以此对数据完整性做检验,以确认签名的真实性和合法性。由于除了发送方自己,其他人不可能获知发送方的私钥,因此合法的签名能使接收方相信数据经发送方的签名后是未经任何人修改的,所以校验签名实际也鉴别了数据源的真实性。如果事后发送方对自己发送消息一事予以否认,则接收方可以将签名数据发送给第三方仲裁机构,仲裁机构通过使用发送方的公钥验证签名的真实性,从而判断发送方有无说谎。

图 4-5 数字签名的工作原理

在数字签名应用中,发送方的公钥是公开的,但私钥则严格保密。上述过程仅对数据进行了数字签名而未对数据进行加密,签名和数据明文一起传送给接收方,如果半路数据被截获,非授权者可以很容易获取数据内容,所以签名技术不能保护数据不被泄露,所以可以考虑将前面介绍的加密技术和数字签名的方法综合起来,实现带数字签名的数据加密通信。

如图 4-6 所示,首先发送方用自己的私钥对明文签名,然后用接收方的公钥加密带签名的明文,将生成的密文传送到接收方,接收方先用自己的私钥解密密文,得到带签名的明文,然后用发送方的公钥对签名进行检验,这样既能保证数据的安全又能实现数据传送的完整性。

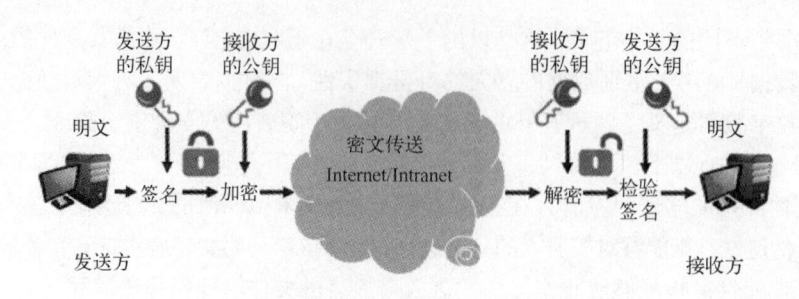

图 4-6　数据加密加数字签名通信的原理

4.3.3　数字签名技术的算法

数字签名技术是公钥密码加密技术的重要应用，也是网络环境下确认身份的重要技术，可以代替传统的"亲笔签字"，具有法律效应。一般数字签名包括普通数字签名和特殊数字签名两种：普通数字签名算法有 DES、DSA、RSA、ElGamal、Fiat-Shamir 算法等；特殊数字签名有盲签名、群签名、代理签名、不可否认签名等，它与具体应用环境相关。

利用非对称加密算法实现数字签名时，一般发送方利用自己的私钥进行数字签名，接收方利用发送方的公钥检验，而发送方的公钥由认证中心发布，所以任何拥有发送方公钥的人都可以验证数字签名的正确性。私钥需要严格保管，只要保管好私钥，任何人都无法伪造数字签名或对数据进行修改，也能杜绝发送方逃避责任。

除了非对称加密算法外，数字签名算法中主要的算法是 MD（Message Digest，报文摘要）算法，也称为数字摘要法和数字指纹法，使用的算法有 SHA-1、MD5 等。

MD5 是目前应用最广泛的报文摘要算法，是一个可以为每段数据生成一个数字签名的工具，属于哈希函数的一种。任意长度的数据通过 MD5 可产生一个 128 位的"摘要信息"。MD5 算法是将数据按每次 512 位进行处理，首先需对数据进行填充，即在数据块后填充 64 字节的数据长度，再用首位为 1、后面位全为 0 的二进制数据进行填充，使数据长度为 512 的倍数。然后对数据以每次 512 位进行 64 步的变换处理，输出 128 位的哈希值，然后再将这次的输出作为下次数据变换的输入……直到输出最后一个 128 位的哈希值，就是数字签名。

MD5 算法认为对任何两个不同的数据产生相同的报文摘要是不可计算的，对于一个不同的数据得出指定的某个报文摘要也是不可计算的，因此，MD5 成为目前世界上公认的最安全的哈希算法之一，被当做标准来使用。

4.4　公钥基础架构（PKI）

由于各种密码算法都是公开的，所以网络的安全性就完全依赖于对密钥的保护。因此密码学中出现了一个重要的分支——密钥安全管理，它在信息系统安全中有着十分重要的地位。密钥安全管理包括：密钥的产生、存储、分配、注入、验证和使用。

4.4.1 PKI 的基础知识

前文提到过，Diffie-Hellman 算法提出一种密钥交换协议，允许在不安全的网络中安全地交换密钥信息，在此思想的基础上，很快出现了非对称密钥密码体制，即 PKI。PKI（Public Key Infrastructure）称为公钥基础架构，它利用非对称密码算法原理和技术来提供一种安全服务，实现具有通用性的安全基础设施，并遵循标准的公钥加密技术为网络数据安全传输提供一个安全的基础平台。

4.4.2 PKI 的工作原理

PKI 技术利用公钥理论和技术建立并提供网络信息安全服务的基础设施，它的管理平台能够为网络中所有用户提供所需的密钥管理，用户可以在 PKI 平台上实现加密和数字签名等密码服务。PKI 能够保证应用程序自身数据、资源的安全和在交换过程中的安全。

一个完整的 PKI 系统应具备以下几个部分。

1. CA（Certificate Authority）

CA 称为证书颁发机构或权威认证机构，是 PKI 的核心组成部分。它是数字证书的签发机构和管理机构，是 PKI 应用中权威的、可信任的、公正的第三方机构。

2. 数字证书库

在使用公钥体制的网络环境中，必须有一个安全可信的机构来对任何一个主体的公钥进行公证，证明主体身份以及它与公钥的匹配关系的合法性，这由数字证书库完成。

3. 密钥备份及还原系统

如果用户丢失密钥，会造成已加密的文件无法被解密，为了避免由此造成的数据丢失，PKI 提供密钥备份及还原机制，可以提供密钥的副本。

4. 证书吊销系统

由于用户身份变更或密钥遗失，需要停止对证书的使用，所以 PKI 提供证书吊销系统，来帮助回收用户对证书的使用权限。

5. PKI 应用接口系统

没有 PKI 应用接口系统，PKI 就无法有效地提供服务。PKI 应用接口系统是为各种各样的应用程序提供安全、一致、可信的方式来与 PKI 进行交互，确保所建立起来的网络环境安全可信，并降低了管理成本。

网络中通过 PKI 系统建立的一套严密的身份认证系统来保证以下几方面的安全：
- 信息除发送方和接收方外不被其他人窃取。
- 信息在传输过程中不被篡改。
- 发送方能够通过数字证书来确认接收方的身份。
- 发送方对于自己的信息不能抵赖。

4.4.3 证书颁发机构（CA）

CA 作为网络安全通信中受信任和具有权威性的第三方，承担公钥体系中公钥的合法性验证的工作。CA 为每个使用公开密钥的客户发放数字证书，数字证书是一个经证书颁发机构签名的包含公开密钥拥有者信息以及公开密钥的文件，CA 机构的签名使第三方不能伪造和篡改证书，本章后面会进行详细介绍。CA 除了发放数字证书外，还负责产生、分配和管理所有参与网络电子信息交换各方所需的数字证书，并提供一系列密钥生命周期内的管理服务。

CA 在密钥管理方面的主要作用如下：

1. 管理自身密钥

从根 CA 到颁发 CA 之间的各层次 CA，都具有密钥对的产生、存储、备份/还原、归档和销毁的功能。其中，根 CA 密钥的安全性至关重要，它的泄露意味着整个公钥信任体系的崩溃，它的密钥保护必须按照最高安全级的保护方式来进行设置和管理。CA 的密钥对一般由硬件加密服务器在机器内直接产生，并存储于加密硬件内，或加密备份于 IC 卡和其他存储介质中，并实施物理安全保护措施来保护密钥的安全。密钥的销毁则以安全的密钥来替代原有的密钥印记。

2. 密钥的生成和分发

CA 可为客户提供密钥对的生成和分发服务，它采用集中或分布式的方式进行。CA 可使用硬件加密服务器，为多个客户申请批量地生成密钥对，也可由多个 CA 分布生成客户密钥对，然后采用安全的信道进行分发。

在证书的生成与发放过程中，除了有 CA 外，还存在注册机构、审核机构和发放机构。对于基于证书机制的安全通信，各机构的密钥产生、发放、管理和维护，都可由 CA 来统一完成。行业使用范围内的证书的审批控制，可由独立于 CA 的行业审核机构来完成。

3. 管理客户证书

CA 可对客户证书进行管理。对于密钥对到期、密钥泄露的情况，CA 有权吊销证书，并可启用新的证书。一般来说，上级 CA 对下级 CA 不能信赖时，上级 CA 可以主动吊销证书。当客户发现自己的私钥泄露时，也可主动向 CA 申请吊销证书。

4. 密钥托管和密钥还原

CA 中心可根据客户的要求托管、备份和管理客户的密钥对。当客户丢失密钥对时，可以从密钥库中提出客户的密钥对，帮助客户解开先前加密的信息。密钥恢复采用相应的密钥恢复模块进行解密，以保证客户的私钥在恢复时没有任何不安全因素。同时，CA 也有一个备份库，以避免密钥数据库的意外毁坏而导致无法恢复客户私钥。

对于 CA 来讲，其密钥管理工作是一项十分复杂的任务，它涉及 CA 自身的安全区域和部件、注册审核机构和客户端的安全以及密码管理策略的安全。

4.4.4 数字证书

1. 数字证书的定义

数字证书是网络中标识通信双方身份信息的一系列数据的总和，是一个由 CA 证书颁发机构进行数字签名并颁发的包含公钥拥有者信息和公钥的文件，人们可以用它在网络中标识自己的身份。想象一下，日常生活中每个公民都有身份证，身份证号可用于标识公民合法身份，而数字证书在网络中具有与之类似的作用。数字证书一般由独立的 CA 发布，CA 各不相同，颁发的证书也提供不同的功能和不同级别的可信度。

2. 数字证书的格式

数字证书的格式遵循 ITUT X.509 国际标准,一个标准的 X.509 数字证书包含以下一些内容。

- 证书的版本信息。
- 证书的序列号,一个唯一的证书序列号。
- 证书所使用的签名算法。
- 证书所有者的名称,命名规则通常采用 X.500 格式。
- 证书发行机构的名称,命名规则通常采用 X.500 格式。
- 证书有效期,现在通用的证书通常采用 UTC 时间格式。
- 证书所有者的公开密钥。
- 证书颁发者对证书的签名。

3. 数字证书的申请方法

如图 4-7 所示,数字证书申请过程为:每个客户首先产生自己的密钥对,自己设定一个特定的仅为本人所知的私钥用来进行解密和签名,设定一个公钥用于其他人加密发送给自己消息或用于验证自己签名。客户将公钥及部分个人身份信息传送给 CA。CA 核实身份后,再次请求确认由用户发送而来的信息,CA 接着将颁发给客户一个数字证书,该证书内包含客户的个人信息及其公钥,同时还附有认证中心的数字签名。客户可使用自己的数字证书与其他通信方安全交换数据。数字证书采用公钥密码体制,公钥将在客户的数字证书中公布并寄存于数字证书认证中心,私钥将存放在客户计算机上。

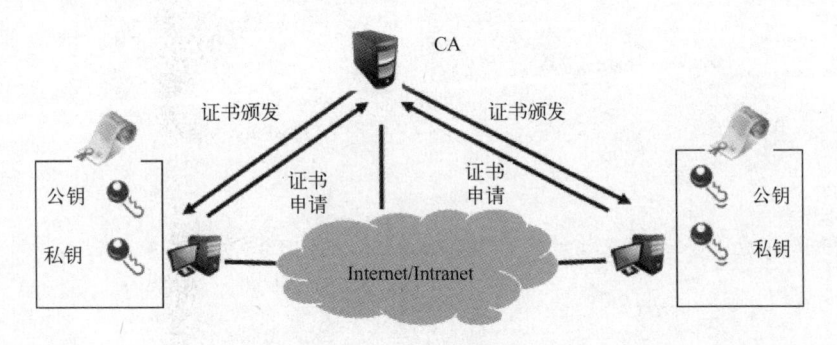

图 4-7 证书申请过程

第二部分 典型项目实训任务

4.5 典型任务

4.5.1 典型任务— PGP 软件的使用方法

PGP 及其工作原理

PGP(Pretty Good Privacy)是一个基于 RSA 公钥加密体系的加密软件,由美国的 Philip Zimmermann 开发,它充分结合了 RSA 公钥加密体系的强度和传统加密体系的速度,并且在数字签名和密钥认证管理机制上进行了巧妙的设计，具有功能强大、速度快、操作简单等特点。PGP 已成为目前最流行的公钥加密软件之一。

PGP 实际上用来加密的不是 RSA 本身，而是采用了 IDEA。本章前文介绍过，IDEA 的加（解）密速度比 RSA 快得多，PGP 采用 IDEA 随机生成一个密钥加密明文，然后用 RSA 算法对该密钥进行加密，接收方则用 RSA 解出这个密钥，再用这个密钥解密密文，这样的链式加密方式即保密又快捷。

【任务目的】利用 PGP 软件创建 PGP 密钥对，用密钥对加密和解密文件、电子邮件，同时利用密钥对对文件、电子邮件进行电子签名和签名校验。

【任务实施步骤】

1. 创建 PGP 密钥

如图 4-8 所示，安装好 PGP 软件后，运行启动该软件，打开 PGP 软件的主界面，左边的导航栏中有 PGP 密钥、PGP 消息、PGP 压缩包、PGP 磁盘和 PGP 网络共享 5 部分。

图 4-8 PGP 软件的主界面

（1）新建 PGP 密钥。

选择菜单项"文件"→"新建 PGP 密钥"，如图 4-9 所示，打开"PGP 密钥生成助手"窗口，如图 4-10 所示，单击"下一步"按钮继续。

在出现的"分配名称和邮件"界面中，新建一个密钥，输入密钥的全名和主要邮件，这里假设这个用户的全名是 rq，也可以单击"更多"按钮添加多个邮件，如图 4-11 所示。

单击"高级"按钮，如图 4-12 所示，在弹出的对话框中对密钥的属性进行修改，可以设置密钥类型、签名和加密密钥大小、密钥有效期、加密算法、哈希算法等，一般使用默认值即可。

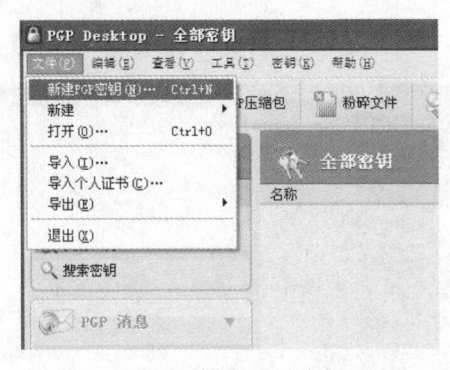

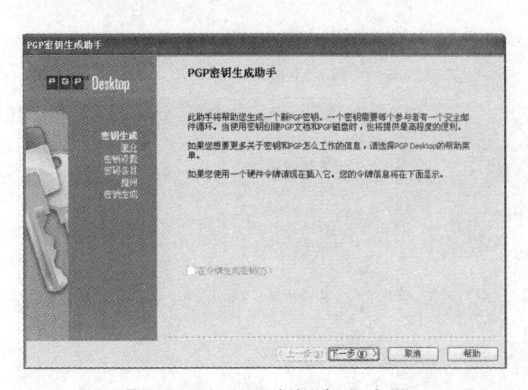

图 4-9　新建 PGP 密钥　　　　　　　　　　图 4-10　PGP 密钥生成助手

单击"下一步"按钮，创建密码，如图 4-13 所示，这里输入的密码是新创建的 PGP 密钥的私钥，这个密钥一定不能忘记，否则使用这个 PGP 密钥加密的文件将永远无法被打开。勾选"显示键入"复选框，可以看到自己输入的密码，否则输入的密码会被隐藏起来，这是为了避免创建者周围有人窥探到密码而使密码泄露出去。

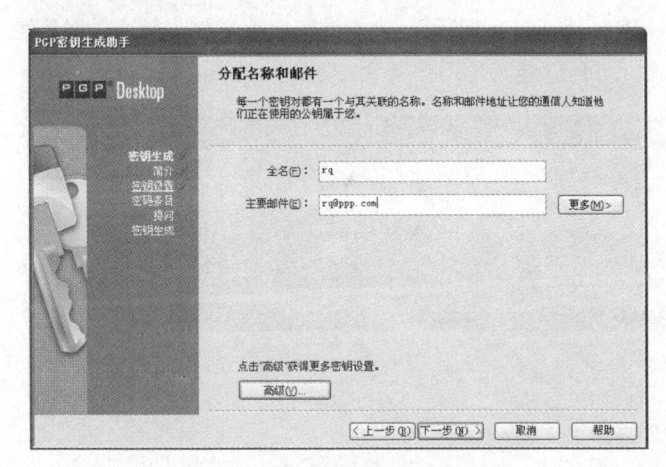

图 4-11　输入全名和主要邮件　　　　　　　图 4-12　高级密钥设置

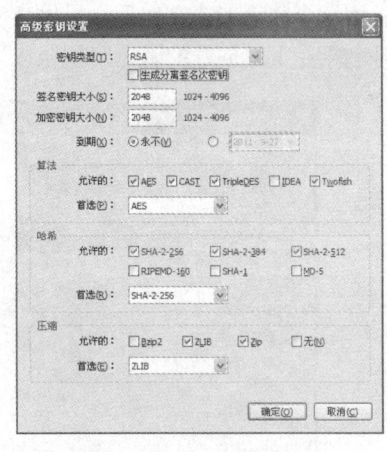

单击"下一步"按钮，密钥开始生成，如图 4-14 所示为密钥生成进度显示界面，过一段时间后，密钥即生成完毕，如图 4-15 所示。

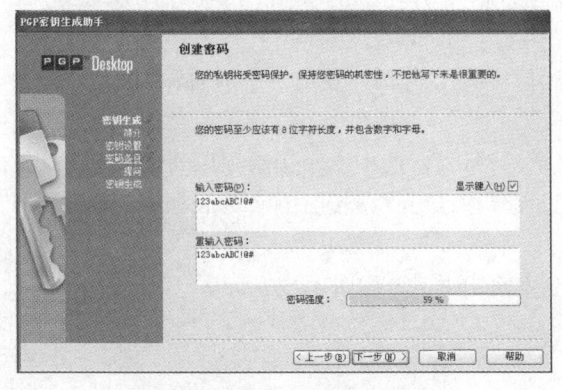

图 4-13　创建 PGP 密钥的私钥　　　　　　　图 4-14　密钥生成进度显示

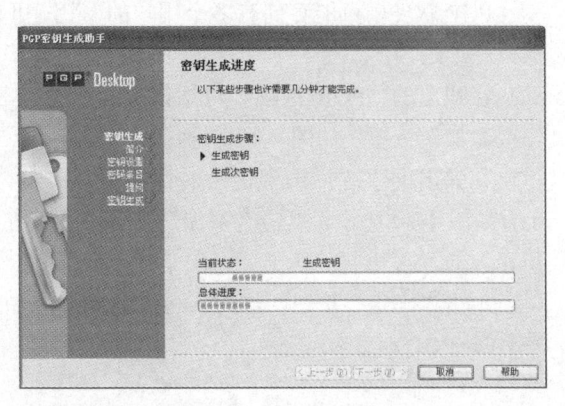

单击"下一步"按钮，出现密钥生成完成确认界面，单击"完成"按钮即可，如图 4-16 所示。

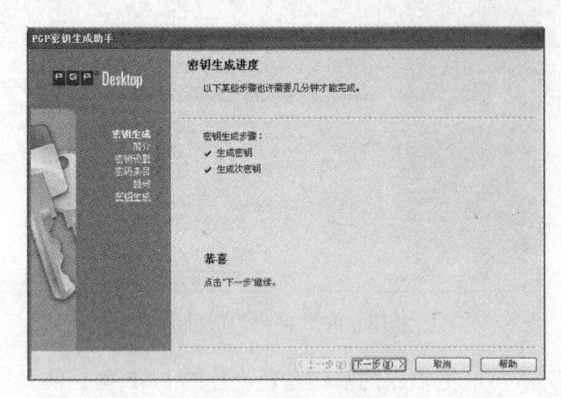

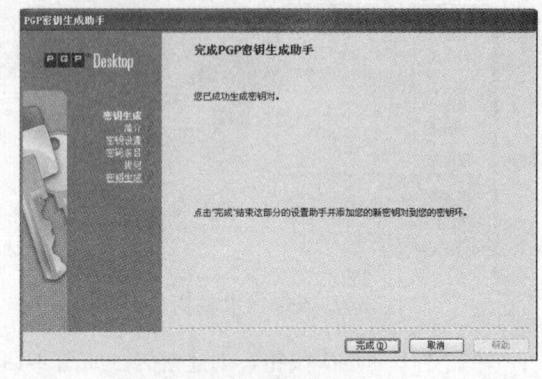

图 4-15　密钥生成完毕　　　　　　　　　图 4-16　密钥生成成功

这时会在 PGP 软件的主界面的"全部密钥"界面中看到刚刚新建的 PGP 密钥，如图 4-17 所示，这个密钥可以被导出，作为 rq 这个用户的公钥被公开，任何想给 rq 用户发送机密文件的用户都可以用这个密钥加密文件后，再发送给 rq 用户，且只有这个用户才能解密这个文件，解密的私钥就是刚刚在上面创建的密码。按照以上步骤，可再创建其他用户密钥。

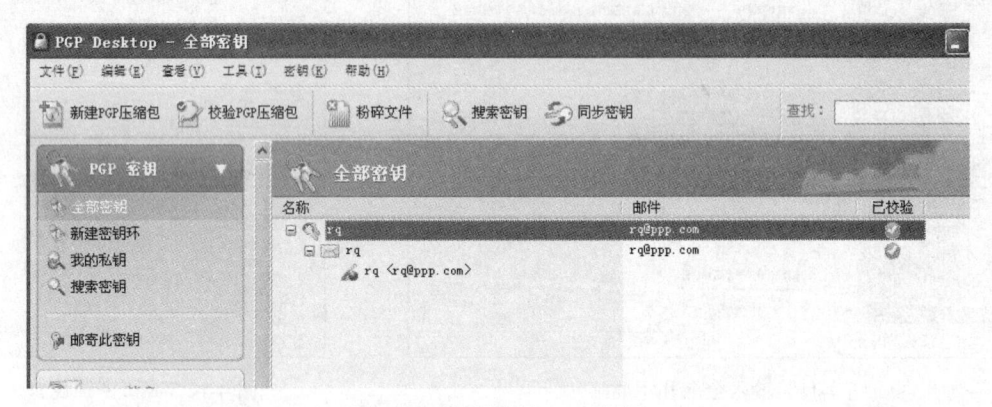

图 4-17　新创建的 PGP 密钥

（2）创建主密钥。

PGP 软件中可能存储有多个用户的密钥，可设置一个密钥为主密钥。如图 4-18 所示，选择"工具"→"选项"命令。

在弹出的"PGP 选项"对话框中选中"主密钥"标签，勾选"使用主密钥列表"复选框，单击"添加"按钮，如图 4-19 所示。

在弹出的"选择主密钥"对话框中，单击"全部密钥"，选中"密钥来源"列表框中的密钥 ha，如图 4-20 所示，单击"添加"按钮，可以将 ha 密钥添加到"密钥添加"列表框中，如图 4-21 所示。

单击"确定"按钮，这时，可以看到被添加到主密钥中了，如图 4-22 所示。

2. PGP 加密和解密文件

（1）加密文件。

选中要加密的文件右击，在弹出的快捷菜单中选择"PGP Desktop"→"使用密钥保护"命令，如图 4-23 所示。在弹出的对话框中，单击下拉菜单，选择一个密钥 rq 加密该文件，单击"添加"按钮，如图 4-24 所示，然后单击"下一步"按钮。

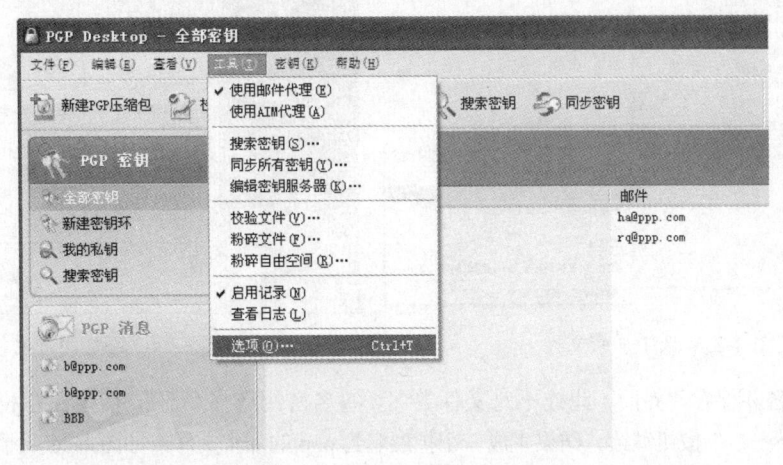

图 4-18 打开"PGP 选项"对话框

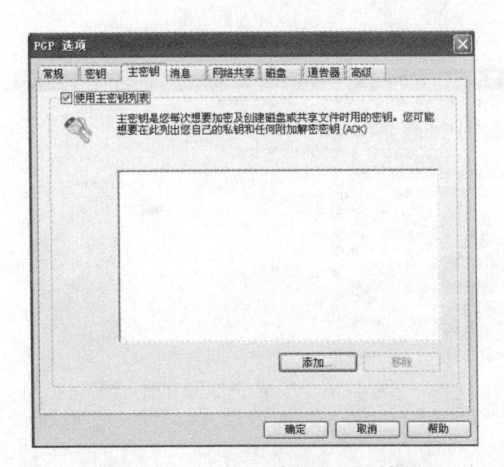

图 4-19 "PGP 选项"对话框

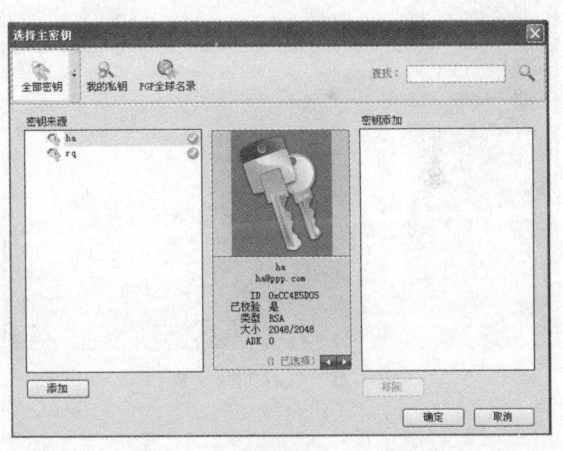

图 4-20 选中"密钥来源"列表框中的一个密钥

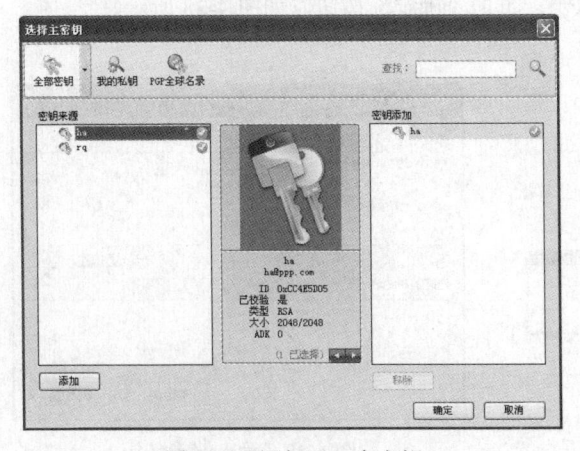

图 4-21 添加了一个密钥

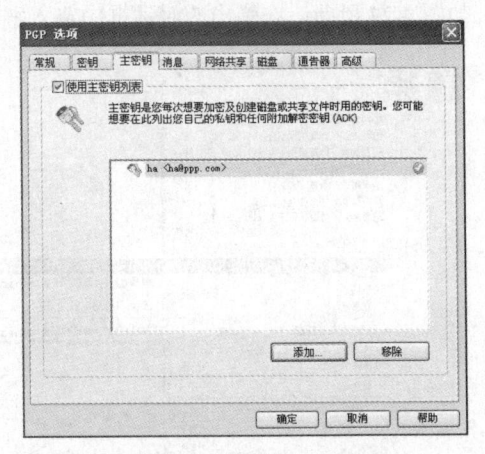

图 4-22 添加到主密钥中

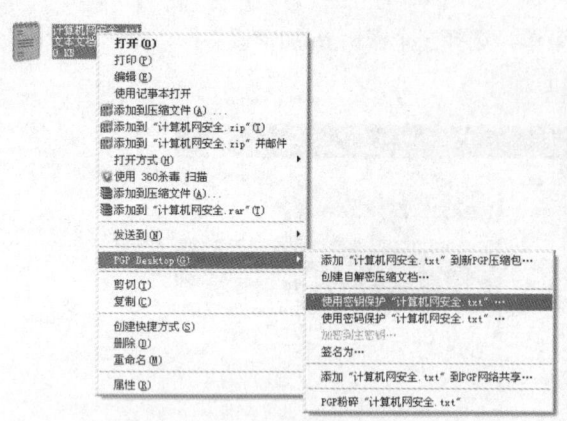

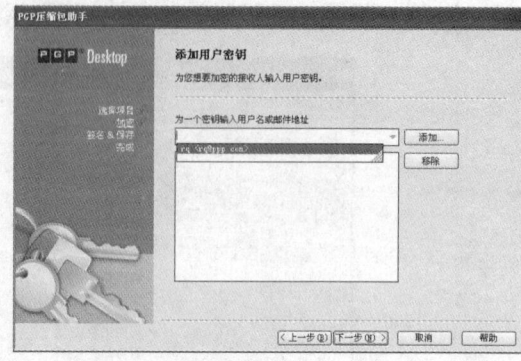

图 4-23　选中加密文件

图 4-24　添加用户密钥

弹出"签名并保存"界面，此处不对文件签名，签名密钥选择"无"，指定保存位置，如图 4-25 所示，单击"下一步"按钮继续。结果生成一个扩展名为.pgp 的加密文件，如图 4-26 所示。

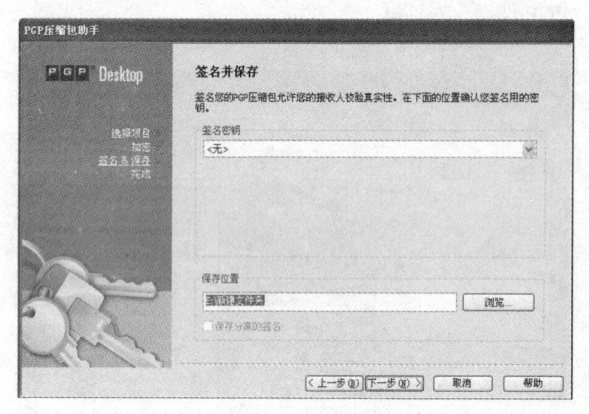

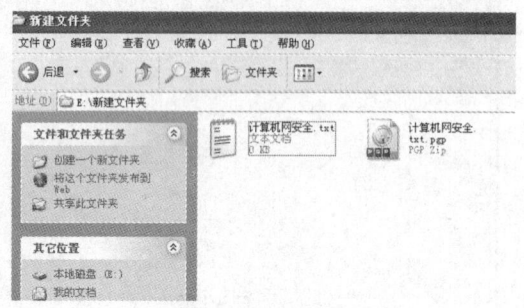

图 4-25　保存加密文件

图 4-26　生成的加密文件

（2）解密文件。

选中要解密的文件右击，在弹出的快捷菜单中选择菜单项"PGP Desktop"→"解密&校验"，如图 4-27 所示。在弹出的对话框中输入解密私钥，单击"确定"按钮，如图 4-28 所示。

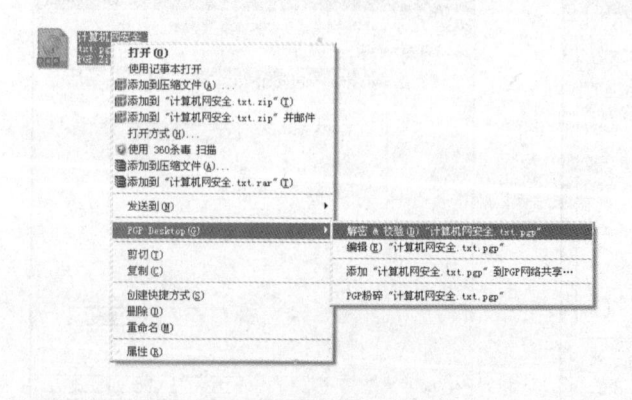

图 4-27　解密选中文件

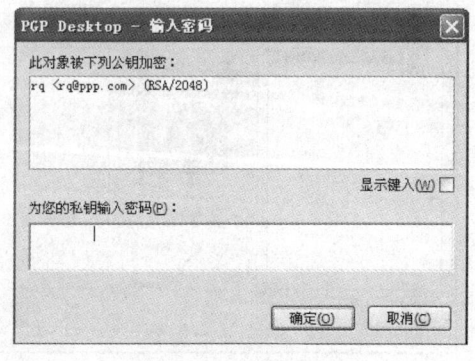

图 4-28　输入解密私钥

3. PGP 密钥的导入和导出

（1）导出密钥。

打开 PGP 软件主界面，选中要导出的密钥右击，在弹出的快捷菜单中选择"导出"命令，如图 4-29 所示。在弹出的"导出密钥到文件"对话框中选择导出的路径，输入文件的名称 rq.asc，如图 4-30 所示。

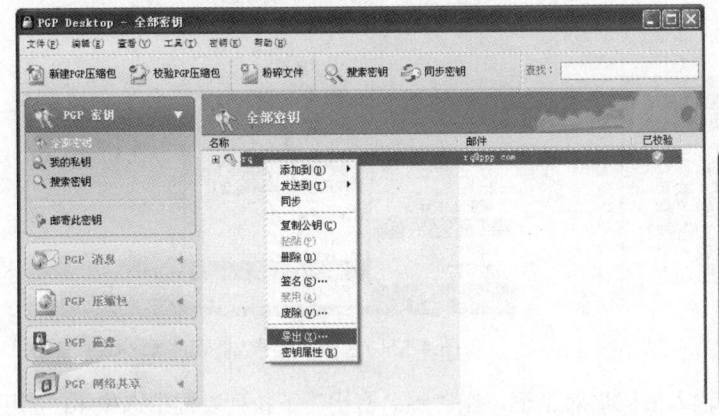

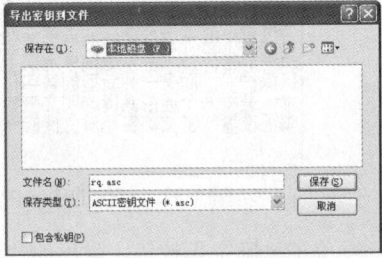

图 4-29　导出密钥　　　　　　　　图 4-30　选择导出路径

结果生成一个密钥文件，该文件即为用户 rq 的公钥文件，任何人可以利用这个公钥加密要发送给 rq 的机密文件。

（2）导入密钥。

选择要导入的密钥双击，在弹出的"选择密钥"对话框中，选中要导入的 rq 密钥，单击"导入"按钮即可，如图 4-31 所示。

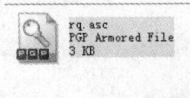

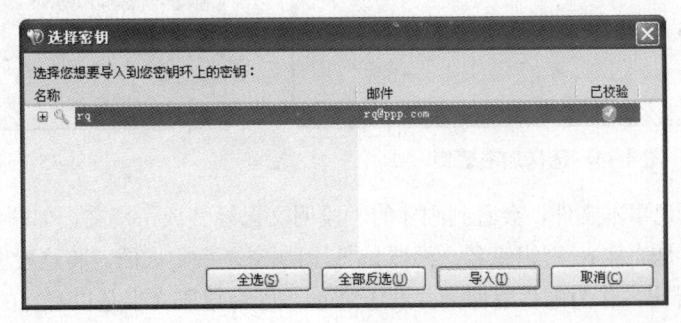

图 4-31　导入密钥

4. 加、解密电子邮件及验证数字签名

（1）发送加密邮件。

假设 rq 要将以下记事本中的内容作为一封邮件发送给 ha，而这封邮件将以加密的形式发送。首先要确保 ha 的公钥导入到本地计算机的 PGP 中。如图 4-32 所示，打开这段明文。

在计算机右下角托盘处，单击 PGP 程序图标，选择"当前窗口"→"加密&签名"命令，如图 4-33 所示。如图 4-34 所示，在弹出的"密钥选择"对话框中，选中"从该列表拖拉名称到接收人列表"中的 ha 密钥，双击它，将该密钥添加到下方的"收件人"列表框中，表示用这个密钥加密文本文件。

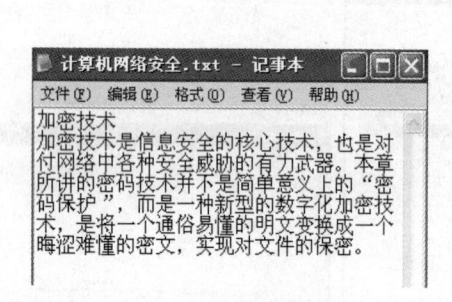

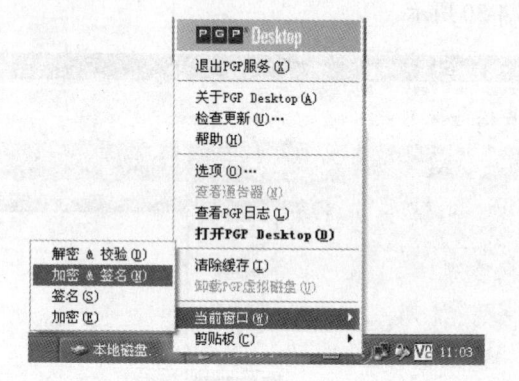

图 4-32　邮件的明文内容　　　　　图 4-33　选择"加密&签名"命令

单击"确定"按钮，弹出的"输入密码"对话框，在"签名密钥"下拉列表框中选中 rq 密钥作为签名密钥，如图 4-35 所示，注意此处选中的密钥已缓存，单击"确定"按钮即可。

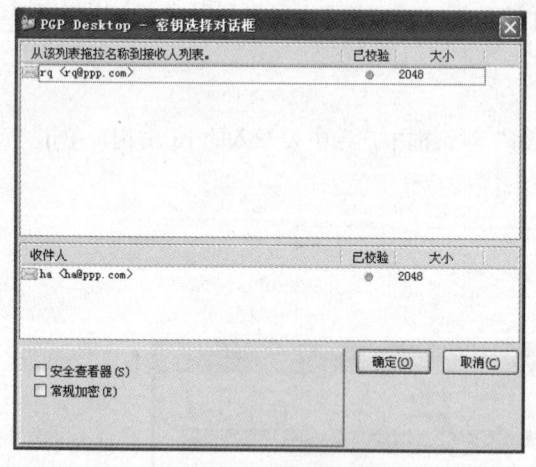

图 4-34　选择加密密钥　　　　　图 4-35　选择签名密钥

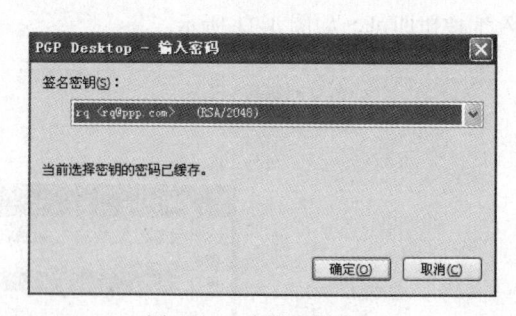

再返回到记事本文件，会看到刚才的一段明文已经变成了密文，如图 4-36 所示。

这段密文是先被 rq 密钥签名，再被 ha 密钥加密之后生成的。将这段密文粘贴到邮箱正文中，并将 rq 公钥导出，作为邮件附件一并发送给 ha，因为这段文字是以密文的形式存在，所以即使有人截获，没有解密的私钥是无法读取信件内容的。

（2）解密邮件。

等加密邮件到达 ha 的邮箱后，将信件内容粘贴到一个记事本文件中，下载邮件附件中包含的 rq 的公钥，将公钥导入到本地计算机的 PGP 软件中。

1）密钥被缓存的解密与签名校验。

一般在本地计算机上存储的密钥，可以缓存在本地 PGP 软件中，这样做的好处是方便用户能快速解密密文，而不需要在解密时手动输入私钥来解密。

打开需解密的邮件正文，单击计算机右下角的 PGP 托盘图标，选择"当前窗口"→"解密&校验"命令，如图 4-37 所示。

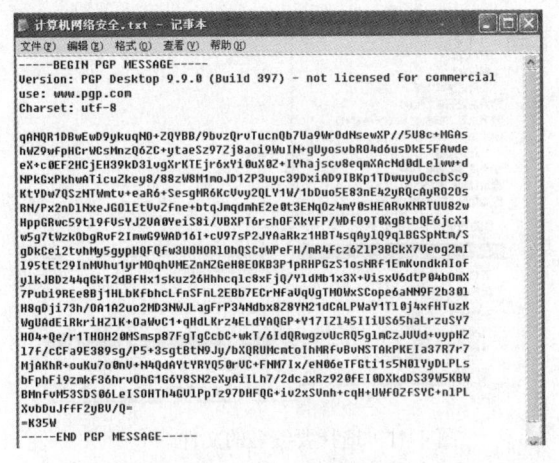

图 4-36　生成的邮件密文

图 4-37　选择"解密&校验"命令

在弹出的"文本查看器"中，可以看到检验的状态是一个"有效签名"，解密后的明文为中间那段文字，如图 4-38 所示。

2）清除密钥缓存。

以上选中的 ha 密钥是被缓存过的，所以解密的时候，不需要再次输入私钥，但是不将私钥进行缓存的方式更为安全，因为即使有人接触到计算机，在没有私钥的情况下也是不可能解密密文的。下面来清除 PGP 中缓存的密钥，单击计算机右下角的 PGP 托盘图标，选择"清除缓存"命令即可，如图 4-39 所示。

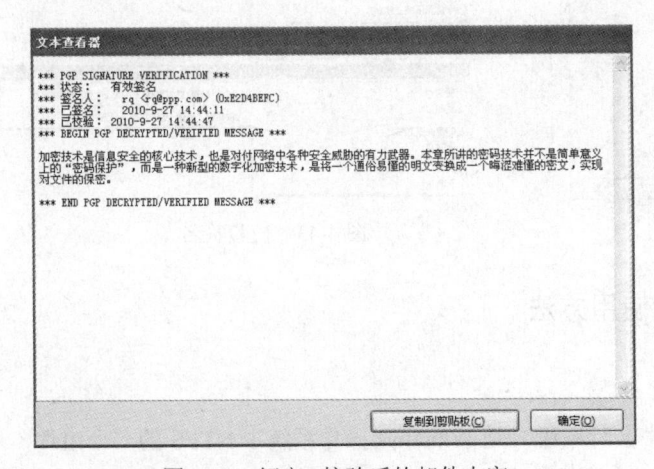

图 4-38　解密&校验后的邮件内容

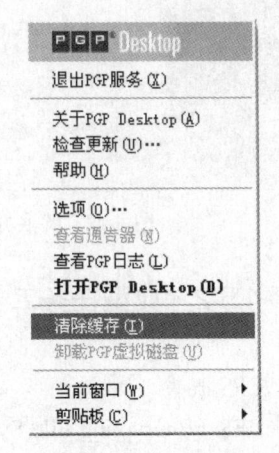

图 4-39　清除缓存

这样再次进行上述解密和校验过程时，在选中解密密钥时，会弹出一个"输入密码"对话框，如图 4-40 所示，下面提示输入该加密公钥对应的私钥，右边有个"显示键入"复选框，勾选后会显示输入的密码。输入完毕后，单击"确定"按钮即可。后面的步骤同上，不再赘述。

5. PGP 对文件进行数字签名和签名校验

右击要签名的文件，在弹出的快捷菜单中选择"PGP Desktop"→"签名为…"命令，如图 4-41 所示。

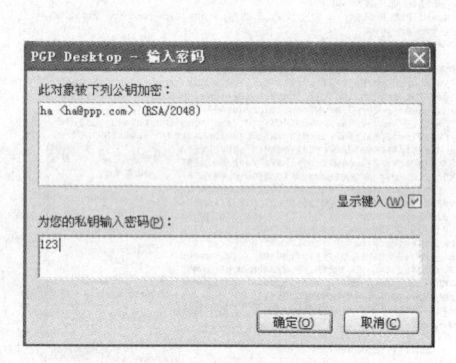

图 4-40　输入解密私钥

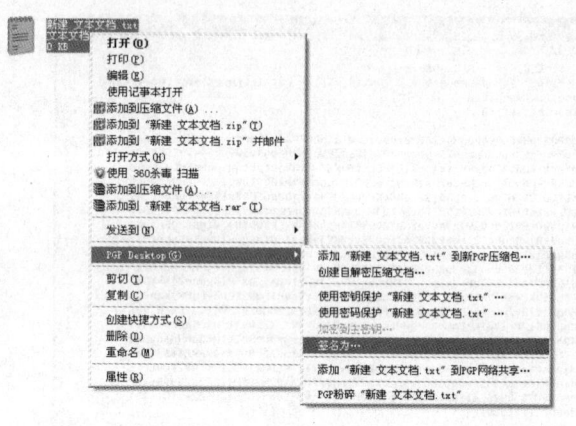

图 4-41　选择要签名的文件

在弹出的对话框中，选择要签名的密钥 rq，并且选择保存位置，如图 4-42 所示，单击"下一步"按钮，结果生成的是签名文件，文件扩展名为.sig，选中该文件右击，在弹出的快捷菜单中选择"PGP Desktop"→"校验"命令，如图 4-43 所示，即可对签名文件进行签名校验，来检测文件的完整性。

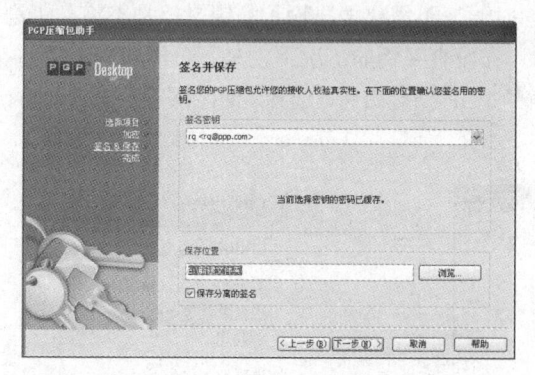

图 4-42　签名并保存

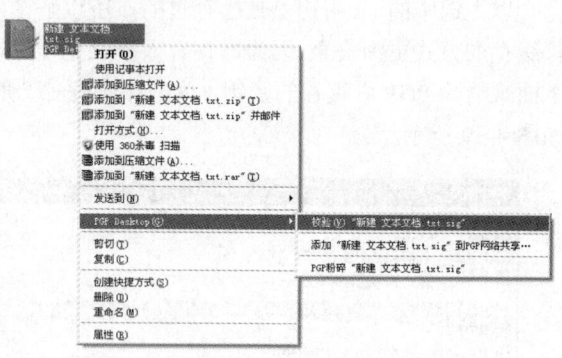

图 4-43　校验签名

4.5.2　典型任务二　EFS 的使用方法

EFS 概述

EFS（Encrypting File System，加密文件系统）是 Windows 操作系统中 NTFS 的一个组件，用于在 NTFS 的磁盘上加密存储文件（夹）。这种加密是文件（夹）的一种属性，类似于只读、隐藏等属性，该方法能禁止未授权用户对加密文件（夹）进行物理的访问、复制等操作。

EFS 采用的是高级的标准加密算法，与文件系统集成在一起，使其易于管理，安全性高。只有拥有正确密钥的用户才能读取加密数据，否则即使有权访问计算机及其文件系统，也无法读取加密的文件。加密文件（夹），对加密用户本身、授权访问用户和指定的恢复代理来说都是完全透明的，在访问加密文件（夹）时无须提前解密，就像访问其他未加密文件（夹）一样。

EFS 有自己的运用原则，内容如下：
- 必须在 NTFS 中才有效，在其他格式（如 FAT）中无效。
- 加密和压缩属性不能同时启用，当加密某个压缩文件（夹）时，该文件（夹）将被解压。
- 移动加密文件（夹）到非 NTFS 的磁盘中，该文件（夹）将会被解密。
- 移动非加密文件（夹）到加密文件夹中，文件（夹）将被加密，反向操作不会自动解密。
- 系统文件（夹）和位于系统根目录结构中的文件（夹）无法被加密。
- 若要远程使用 EFS，通信双方计算机必须都是同一 Windows Server 2003 家族成员。
- 本设计仅用来对本地数据的安全存储，不支持网络安全传输。

【任务目的】利用 EFS 加密和解密文件，保护文件的安全。在公用计算机上禁用 EFS 的功能，避免有人私自加密一些共享文件。做好 EFS 密钥的备份。

【任务实施步骤】

1. EFS 的加、解密

（1）EFS 加密过程。

每个加密文件都有一个唯一的文件加密密钥，用于对文件数据进行加密。文件加密密钥本身是自加密的，它与用户的 EFS 证书对应的公钥共同组成为一对密钥，它同时也被其他每个已授权解密该文件的 EFS 用户的公钥和每个故障恢复代理的公钥所保护。

1）图形界面加密。

在计算机磁盘中的 NTFS 格式分区下，选中要加密的文件夹右击，在弹出的快捷菜单中选择"属性"命令，如图 4-44 所示。在打开的"网络安全属性"对话框中，选择"常规"标签，如图 4-45 所示。

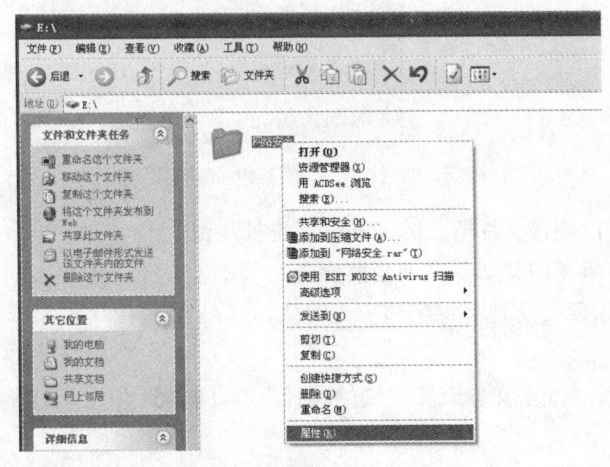

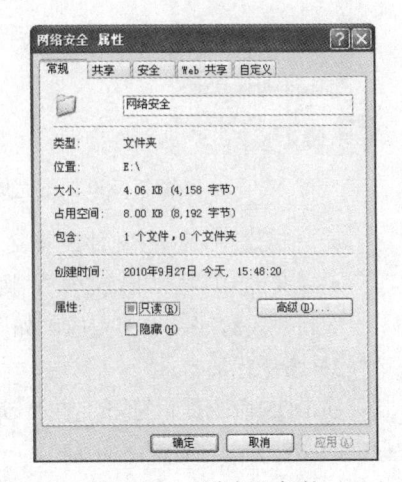

图 4-44　右击要加密的文件夹　　　　　　　图 4-45　"常规"标签

单击"高级"按钮，打开"高级属性"对话框，选中"加密内容以便保护数据"复选框，单击"确定"按钮，如图 4-46 所示。

若文件夹中包含了其他的子文件夹，会弹出"确认属性更改"对话框，有两个单选按钮可供选择。
- 若选中"将更改应用于该文件夹、子文件夹和文件"，如图 4-47 所示，该设置将加密该文件中的子文件夹和文件。

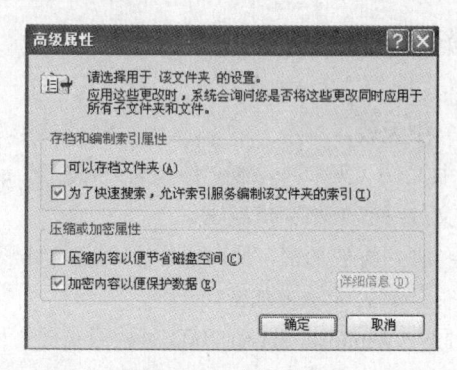

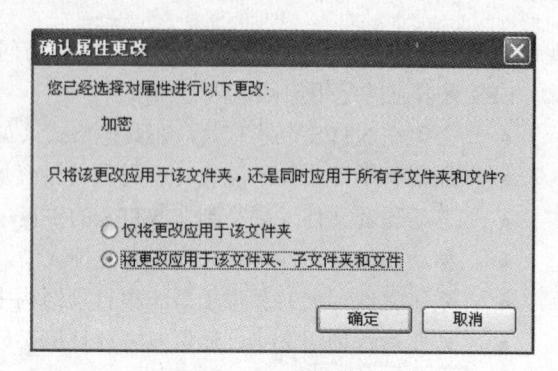

图 4-46　高级属性　　　　　　　　　　　图 4-47　确认属性更改

- 若选中"仅将更改应用于该文件夹",则该设置将不会加密该文件夹中的子文件夹和文件。

选择后出现"应用属性"对话框,这是加密过程,等待一段时间,加密完成,如图 4-48 所示,文件夹名称字体变为绿色。

若选中要加密某文件夹中的单一文件,按上述方法加密后,会弹出"加密警告"对话框,如图 4-49 所示。

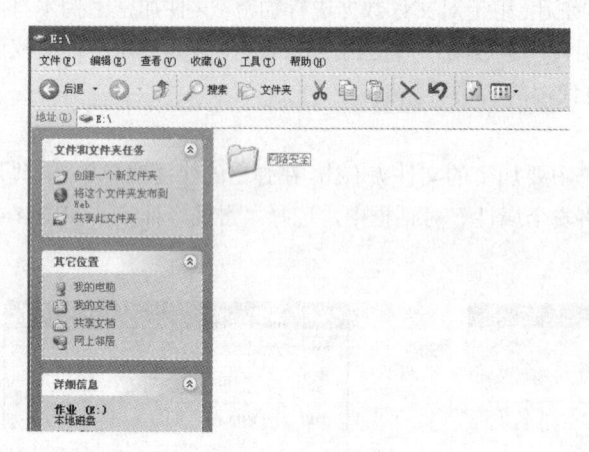

图 4-48　加密完成　　　　　　　　　　　图 4-49　加密警告

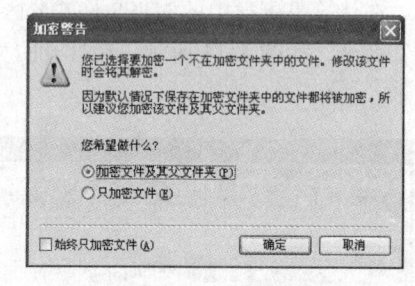

- 若选中"加密文件及其父文件夹",则该文件所在的父文件夹也被加密。
- 若选中"只加密文件",则该文件所在的父文件夹不会被加密。

等待一段时间,加密完成,如图 4-50 所示,文件名称字体变为绿色。

2)命令行加密。

在 DOS 命令提示符下,输入 cipher /e /s:"加密文件或文件夹的路径",如图 4-51 所示,加密 e 盘中的文件夹,文件夹名称为 1。

(2) EFS 解密过程。

解密即对受限访问的文件(夹)进行加密属性解除。解密是 EFS 的一个难点,对文件(夹)进行解密,首先要对文件的加密密钥进行解密,原始加密用户、其他被授权的用户、恢复代理可以使用他们自身的私钥来解密文件加密密钥。这些解密用的私钥没有保存在安全账户管理器(SAM)中,而是保存在受保护的密钥存储区。

图 4-50 加密完成

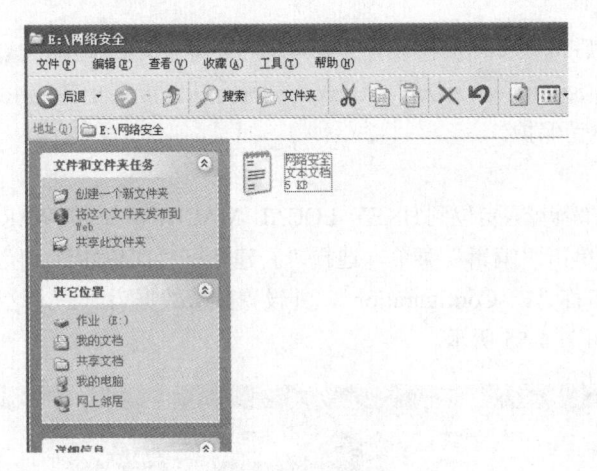

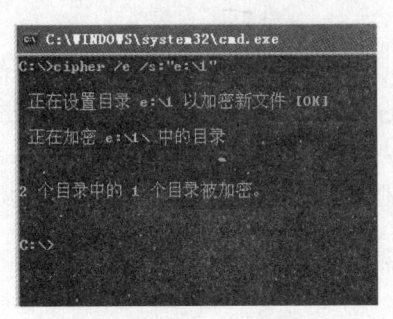

图 4-51 命令行加密

1）图形界面解密。

以原始加密用户的身份登录计算机，选中已被 EFS 加密的文件或文件夹右击，在弹出的快捷菜单中选择"属性"命令，在打开的对话框中选中"常规"标签，单击"高级"按钮，在打开的"高级属性"对话框中，取消选中"加密内容以便保护数据"复选框，然后单击"确定"按钮；若文件夹中包含了其他的子文件，会弹出"确认属性更改"对话框。

- 若选中"将更改应用于该文件夹、子文件夹和文件"，该设置将解密该文件夹中的子文件夹和文件。
- 若选中"仅将更改应用于该文件夹"，该设置将不会解密该文件夹中的子文件夹和文件。

若选中要解密的单一文件进行解密，则不会弹出"确认属性更改"对话框。

2）命令行解密。

在 DOS 命令提示符下，输入 cipher /d /s:"解密文件或文件夹的路径"，如图 4-52 所示，解密 e 盘中的文件夹，文件夹名称为 1。

2. 禁用 EFS 加密

（1）禁止特殊文件夹加密。

在多用户共用一台计算机的时候，若一些用户在此计算机上利用 EFS 加密文件，势必会给其他用户带来访问麻烦，所以设置某些特定的文件夹禁止被加密是十分有必要的。禁止加密某个文件夹，只需要在该文件夹中新建一个记事本，然后添加如图 4-53 所示的内容。

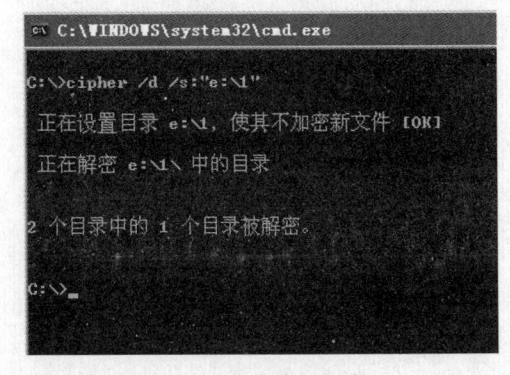

图 4-52 命令行解密

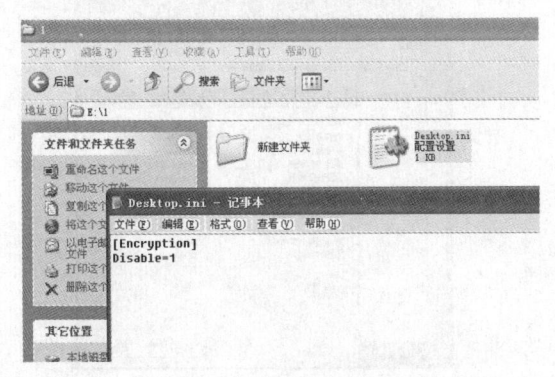

图 4-53 禁止特殊文件的加密

保存这个记事本文件为 Desktop.ini，然后将该文件属性设置为隐藏即可。将来有其他用户试图加密该文件夹时就会出现错误信息，如图 4-54 所示，无法进行下去。这种方法只能禁止其他用户加密该文件夹，而文件夹中的子文件夹将不受保护。

（2）禁用 EFS 加密。

若要彻底禁用 EFS 加密，可以打开注册表编辑器，定位到 HKEY_LOCAL_MACHINE/SOFTWARE/Microsoft/WindowsNT/CurrentVersion/EFS，单击"编辑"菜单，选择"新建"→"DWORD 值"，在"编辑 DWORD 值"对话框中输入数值名称"EfsConfiguration"，并设置数值数据为"1"，这样本地计算机的 EFS 加密功能就被禁用了，如图 4-55 所示。

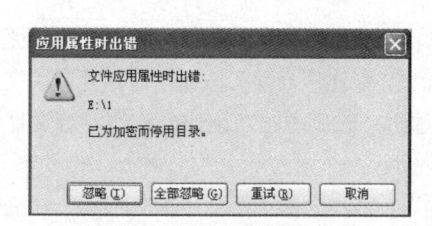

图 4-54　应用加密属性出错

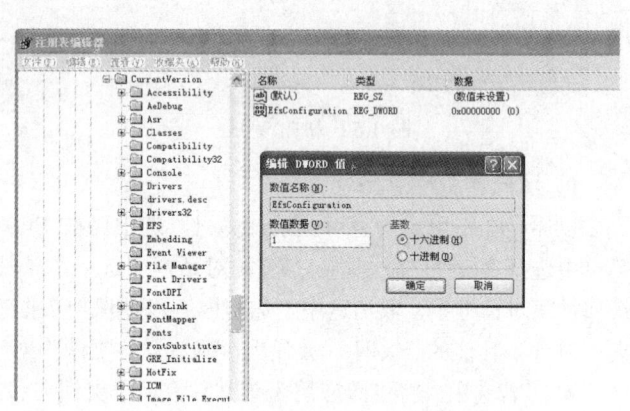

图 4-55　禁用 EFS 加密功能

3. 备份 EFS 密钥

如果密钥丢失，那么加密数据可能将永远打不开，所以要提前做好密钥的备份。

首先以拥有管理员权限的用户登录到本地计算机，依次单击"开始"→"运行"，在弹出的对话框中输入"MMC"，然后按 Enter 键后打开控制台。

依次单击"文件"→"添加/删除管理单元"，在弹出的"添加/删除管理单元"对话框中，选中"独立"标签，单击"添加"按钮，在弹出的"添加独立管理单元"对话框中选择"证书"后，单击"添加"按钮添加该单元，如图 4-56 所示。

若用户是管理员，会要求选择证书方式，选择"我的用户账户"单选按钮，然后单击"关闭"按钮，单击"确定"按钮返回控制台，如图 4-57 所示。

图 4-56　添加证书管理单元

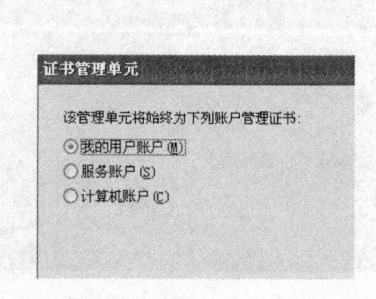

图 4-57　选择账户管理证书

依次展开左边的"控制台根节点"→"证书-当前用户"→"个人"→"证书",右击右边窗口中的证书,依次选中"所有任务"→"导出",如图 4-58 所示,弹出"证书导出向导"。

单击"下一步"按钮,选择"是,导出私钥"单选按钮,如图 4-59 所示。单击"下一步"按钮,选中"私人信息交换"下面的"如果可能,将所有证书包括到证书路径中"和"启用加强保护"复选框,如图 4-60 所示。单击"下一步"按钮,进入设置密码界面,输入设置的密码,这个密码非常重要,遗忘将可能永远无法重新获得,以后也就无法导入证书,如图 4-61 所示。输入完成以后单击"下一步"按钮,选择保存私钥的位置和文件名,如图 4-62 所示。

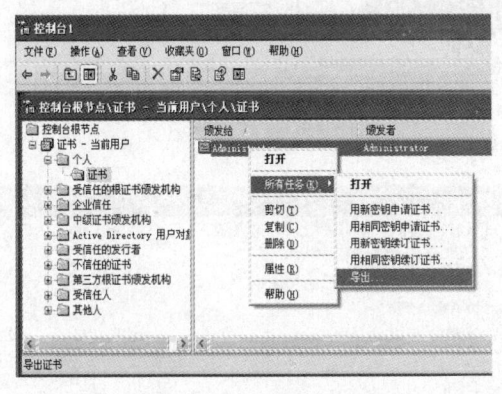

图 4-58 导出 EFS 证书

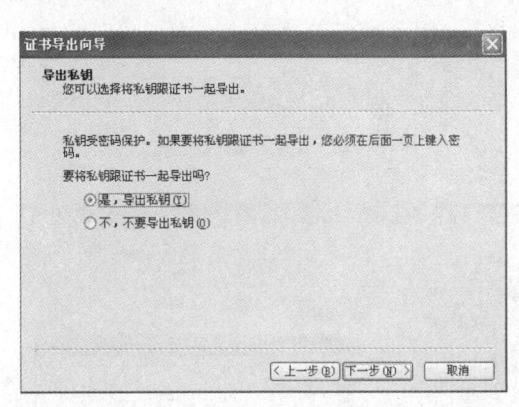

图 4-59 导出私钥

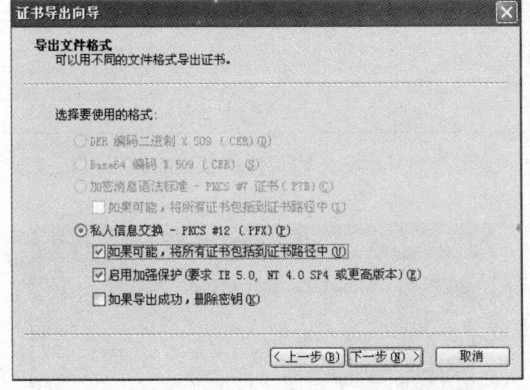

图 4-60 私人信息交换

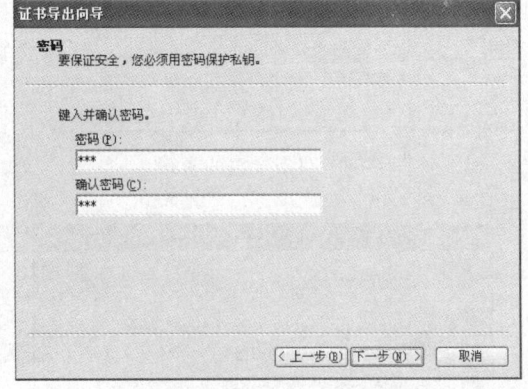

图 4-61 设置密码保护私钥

单击"完成"按钮,弹出"导出成功"的提示信息,表示证书和密钥已经导出成功,如图 4-63 所示。

4. 导入 EFS 密钥

在新系统中将备份的密钥导入,从而可以获得读取加密文件的权限。

双击导出的密钥,会看到"证书导入向导"界面,单击"下一步"按钮,确认路径和密钥证书,如图 4-64 所示,然后单击"下一步"按钮。

在"密码"界面中输入导出时设置的密码,输入密码后,选中"启用强私钥保护"和"标志此密钥为可导出的"复选框,以确保下次能够导出,如图 4-65 所示,单击"下一步"按钮继续。

其他按默认设置即可,如图 4-66 和图 4-67 所示,单击"确定"按钮,弹出导入成功提示信息,表示成功导入密钥。

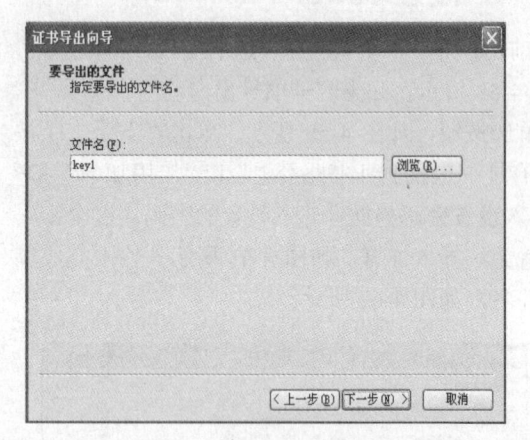

图 4-62 设置密钥文件名

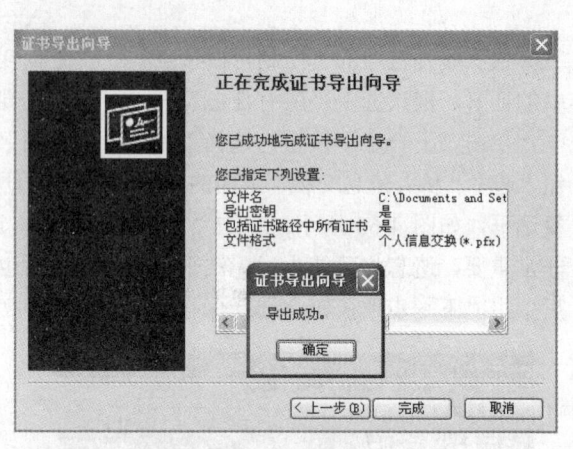

图 4-63 导出成功

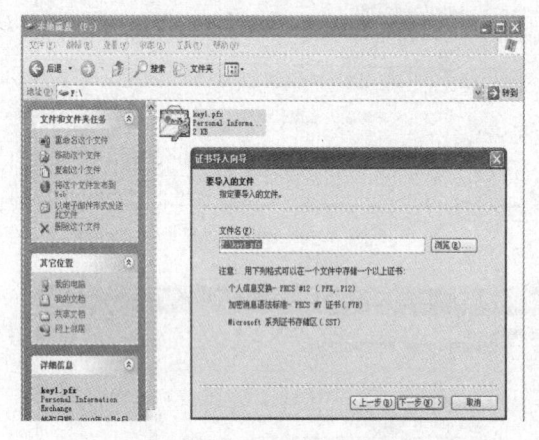

图 4-64 双击导出的密钥

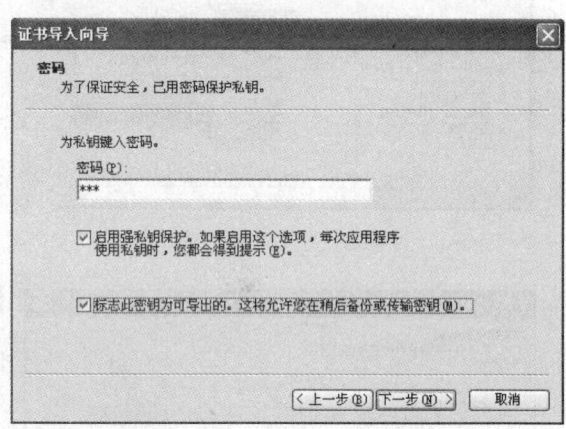

图 4-65 输入保护私钥的密钥

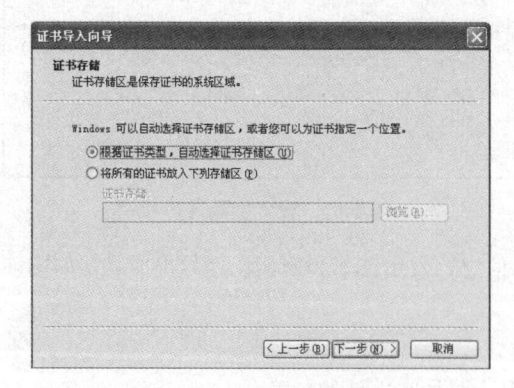

图 4-66 设置证书存储区

图 4-67 导入密钥

4.5.3 典型任务三 SSL 安全传输的使用方法

SSL 及工作原理

SSL（Secure Sockets Layer，安全套接字协议层）以公钥加密为基础，是一个能够确认网站身份，将所传送信息加密的安全性通信协议。网站的 SSL 功能能为网站与用户之间在传送信息时提供身份验证、加密信息等功能。目前，SSL 已经发展到 3.0 版本，已经成为一个国际标准并得到了几乎所有浏览器和服务器软件的支持。

网站必须向 CA 申请提供 SSL 证书，拥有此证书才能启用 SSL 功能。网站可根据自身规模的大小和对安全的需求向不同类型的 CA 来申请 SSL 证书，如 Verisign、Microsoft 证书服务器等都能提供不同安全级别的 SSL 证书。

SSL 可以针对整个网站或某个网页来启用，启用 SSL 的目的是为建立一个通信双方都认可的"会话密钥"，这个密钥用于加密、解密和验证双方通信信息。

SSL 是在 HTTP 上面套了一层安全保护层，它的工作原理是：用户在浏览器地址栏中输入网站的 URL：https://xxx，https 表示与网站之间建立了 SSL 安全连接，网站收到用户访问请求后将自身的证书（包括公钥）传送给用户。用户浏览器与网站双方开始协商 SSL 连接信息加密的级别，根据双方协商的安全级别，浏览器建立会话密钥，并用网站的公钥加密会话密钥后传送给网站，网站用私钥解密获得会话密钥。最后网站与浏览器双方都用这个会话密钥来加、解密它们之间传送的信息。

【任务目的】安装证书服务，在证书颁发机构上要正确管理证书的申请、颁发和吊销。从 Web 服务器上申请 Web 服务器证书，并要求访问 Web 服务器的客户端通过加密传输的方式与服务器进行通信，服务器拒绝非加密传输的通信。

【任务实施步骤】

1. 安装证书服务

在安装证书服务之前，应先将 IIS 安装好，为通过 Web 申请和下载数字证书提供 ASP 脚本语言的支持。依次选择"控制面板"→"添加/删除程序"→"添加/删除 Windows 组件"，如图 4-68 所示，在"组件"列表框中选中"证书服务"复选框，如图 4-69 所示，弹出"Microsoft 证书服务"对话框，单击"是"按钮。在图 4-68 中单击"详细信息"按钮，弹出"证书服务"对话框，如图 4-70 所示，选中"证书服务的子组件"列表框中的"证书服务 CA"和"证书服务 Web 注册支持"两个复选框。完成选择后单击"确定"按钮。

图 4-68 Windows 组件向导　　　　　　　　图 4-69 证书服务提示信息

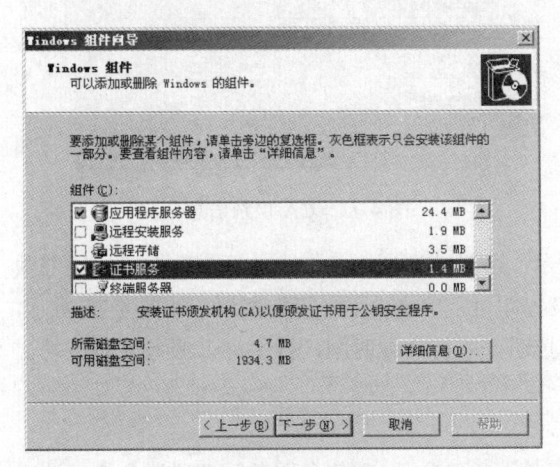

单击"下一步"按钮，弹出"CA 类型"界面如图 4-71 所示，有以下 4 种 CA 类型可选：
- 企业根 CA/企业从属 CA：需有活动目录的环境支持。

图 4-70　证书服务的子组件　　　　　　　图 4-71　选择 CA 类型

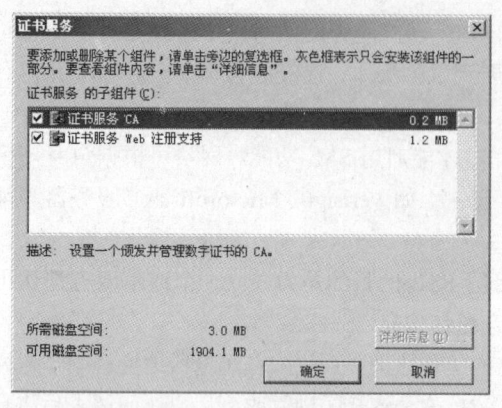

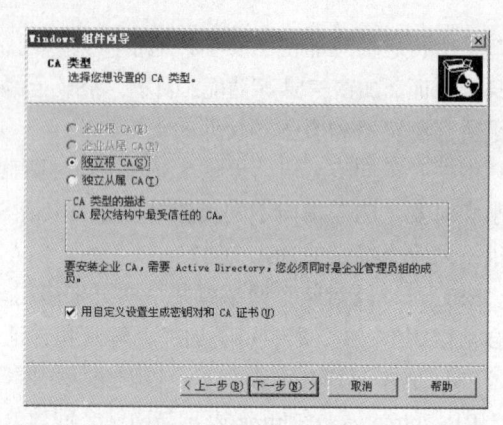

- 独立根 CA/独立从属 CA：不需要有活动目录的环境支持。

图 4-71 中是在非域环境中，所以只有独立根 CA 可选，单击"独立根 CA"单选按钮，选中"用自定义设置生成密钥对和 CA 证书"，定义 CA 的密钥生成算法，单击"下一步"按钮。

弹出"公钥/私钥对"界面，如图 4-72 所示，可设置"加密服务提供程序（CSP）"、"散列算法"、"允许此 CSP 与桌面交互"、"密钥长度"等项，可使用默认设置，单击"下一步"按钮。

弹出"CA 识别信息"界面，如图 4-73 所示，在"此 CA 的公用名称"文本框中输入"haha"，在"可分辨名称的预览"中会出现名称的标准 X.500 格式，在"有效期限"中选择该 CA 颁发数字证书的有效期限为 2 年，单击"下一步"按钮。

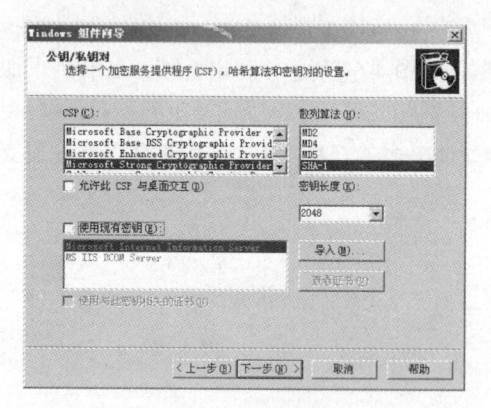

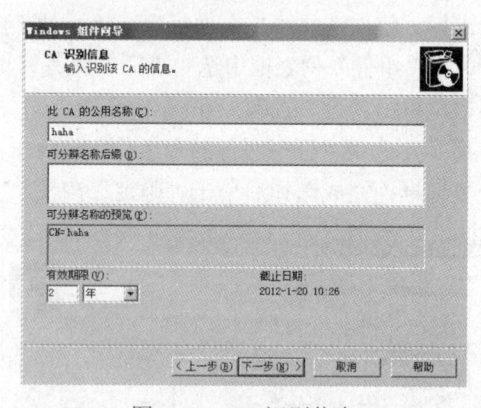

图 4-72　公钥/私钥对　　　　　　　　　图 4-73　CA 识别信息

弹出"证书数据库设置"界面，如图 4-74 所示，可设置证书服务器上的证书数据库、证书数据库日志，以及配置信息的存放位置，使用默认设置即可，单击"下一步"按钮。如图 4-75 所示，弹出"Microsoft 证书服务"对话框，单击"是"按钮。等待一段时间，数字证书服务安装成功，单击"完成"按钮即可。

2. 申请证书

依次单击"开始"→"所有程序"→"管理工具"→"Internet 信息服务管理器"命令，选中站点后右击它，在弹出的快捷菜单中选择"属性"命令，弹出"默认网站属性"对话框，选中"目录安全性"标签，如图 4-76 所示，单击"安全通信"中的"服务器证书"按钮。在"Web 服务器证书向导"的界面中，单击"下一步"按钮，在弹出的"服务器证书"中，有 5 种为网站分配证书的方法可供选择，如图 4-77 所示。

图 4-74　证书数据库设置

图 4-75　暂时停止 IIS 服务

图 4-76　"目录安全性"标签

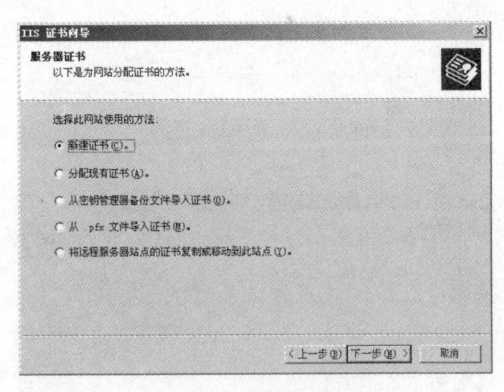

图 4-77　服务器证书

单击"新建证书"单选按钮，单击"下一步"按钮。如图 4-78 所示，在"延迟或立即请求"界面中，单击"现在准备证书请求，但稍后发送"单选按钮，单击"下一步"按钮。

如图 4-79 所示，弹出"名称和安全性设置"界面，在"名称"文本框中输入站点的数字证书名称，在"位长"下拉列表框中选择密钥位长，保留默认设置即可。然后选中"选择证书的加密服务提供程序（CSP）"复选框，单击"下一步"按钮。

如图 4-80 所示，弹出"可用提供程序"界面，在"选择提供程序"列表框中选择 CSP 程序，保留默认选择即可，单击"下一步"按钮。如图 4-81 所示，在"单位信息"界面中输入"单位"和"部门"名称，单击"下一步"按钮。如图 4-82 所示，在"站点公用名称"界面中输入"公用名称"，此处需输入与站点是唯一对应的 DNS 域名或 NetBIOS 名称，单击"下一步"按钮。

弹出"地理信息"界面，在"国家（地区）"下拉列表框中选择"CN（中国）"，在"省/自治区"和"市县"中输入单位所在的地理区域，如图 4-83 所示，单击"下一步"按钮。

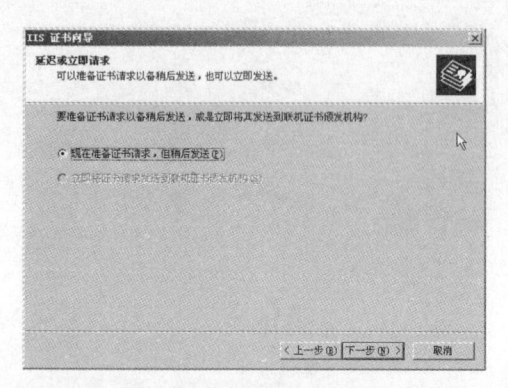

图 4-78　延迟或立即请求

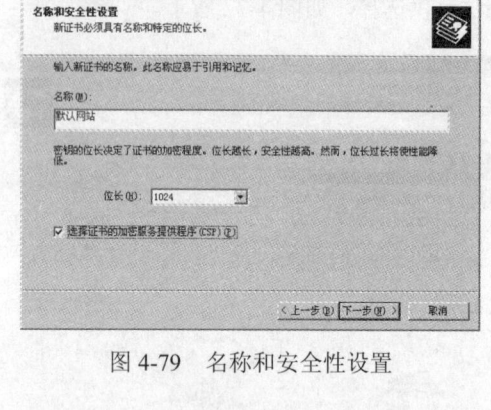

图 4-79　名称和安全性设置

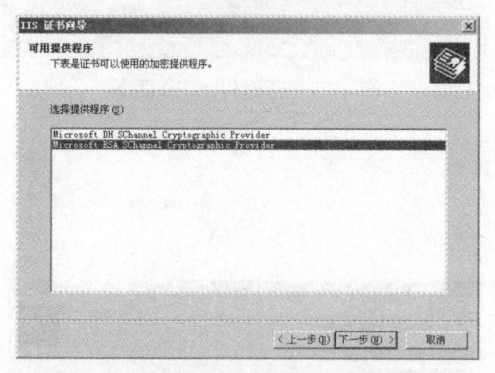

图 4-80　可用提供程序

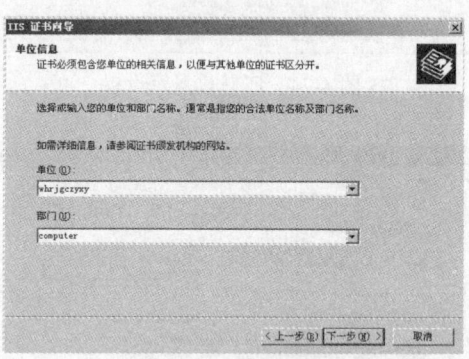

图 4-81　单位信息

图 4-82　站点公用名称

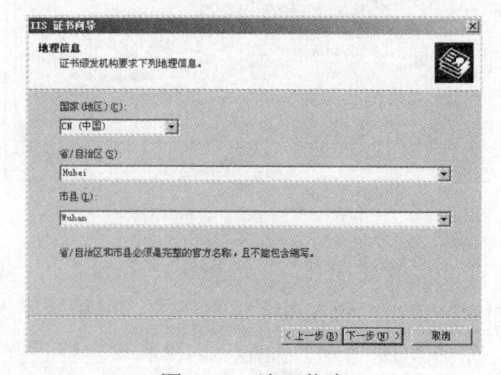

图 4-83　地理信息

在"证书请求文件名"界面中输入证书请求的"文件名",单击"浏览"按钮选择保存证书请求的文件路径,如图 4-84 所示,单击"下一步"按钮。在"请求文件摘要"界面中,单击"下一步"按钮。

弹出"IIS 证书向导"对话框,如图 4-86 所示,单击"完成"按钮。找到保存证书请求文件的路径,打开请求文件,如图 4-87 所示为加密后的证书请求文件。

在浏览器中输入"http://192.168.2.1/certsrv/",其中 192.168.2.1 为 CA 服务器 IP 地址。出现证书服务页面,单击"申请一个证书"选项,出现如图 4-88 所示的界面,单击"高级证书申请"。

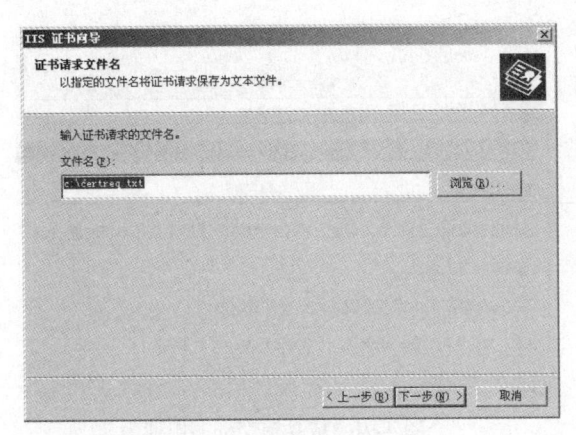

图 4-84　证书请求文件名

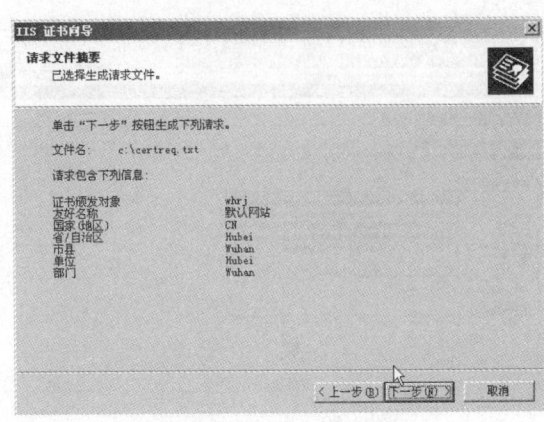

图 4-85　请求文件摘要

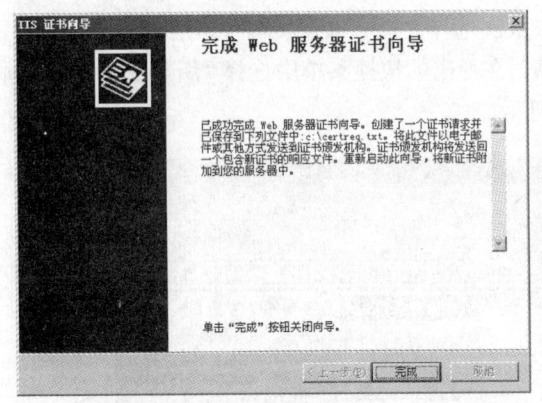

图 4-86　完成 Web 服务证书向导

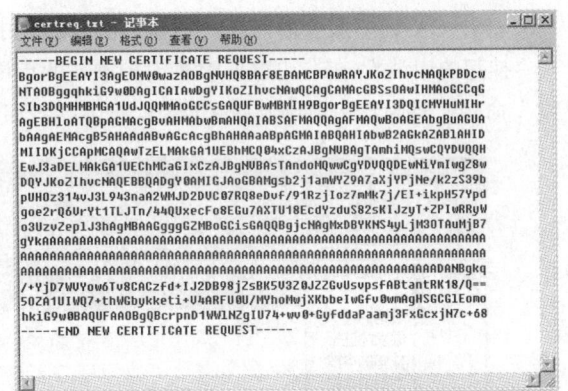

图 4-87　加密后的证书请求文件

在"高级证书申请"页面中，单击"使用 base64 编码的 CMC 或 PKCS #10 文件提交一个证书申请，或使用 base64 编码的 PKCS #7 文件续订证书申请。"，向 CA 提交已经生成的申请文件，如图 4-89 所示。在"提交一个证书申请或续订申请"页面中，将图 4-87 所示的全部文本内容复制到"保存的申请"文本框中，如图 4-90 所示，单击"提交"按钮。如图 4-91 所示，出现成功提交证书申请页面。

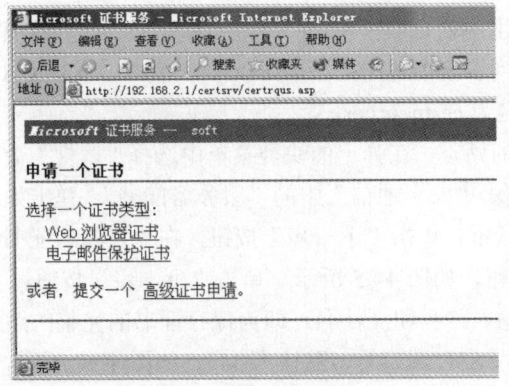

图 4-88　选择高级证书申请

图 4-89　高级证书申请

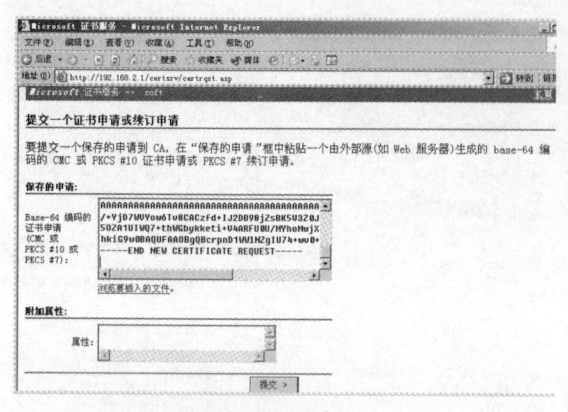

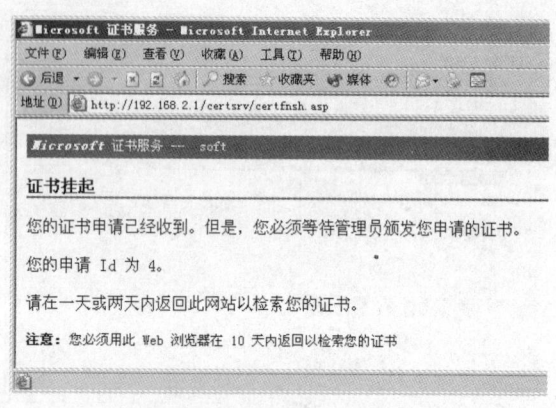

图 4-90 提交证书申请　　　　　　　　图 4-91 成功提交证书申请

3. 颁发 Web 服务器证书

打开 CA 证书服务器，在左边窗口的导航栏中依次选择"证书颁发机构（本地）"→"haha"→"挂起的申请"，在右边窗口中右击需颁发的申请，在弹出的快捷菜单中选择"所有任务"→"颁发"命令，将为该申请颁发数字证书，如图 4-92 所示。

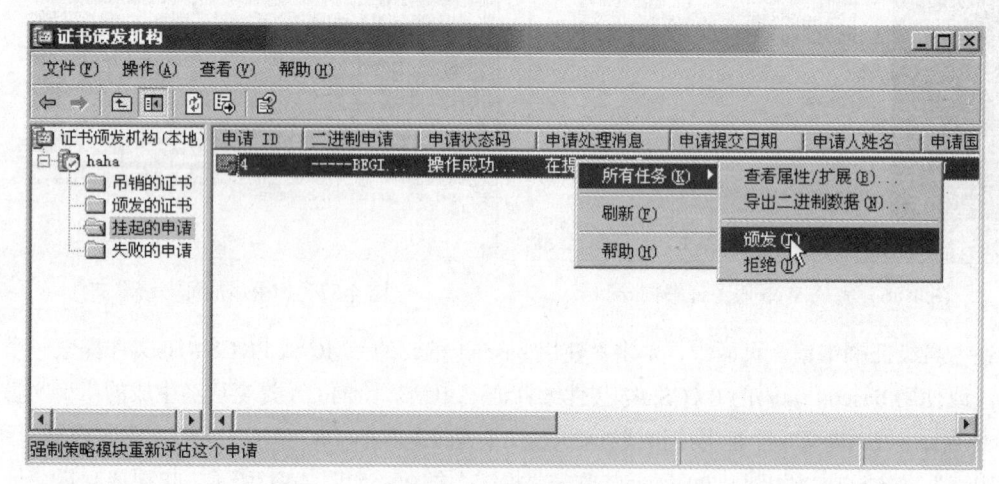

图 4-92 颁发数字证书

4. 安装服务器证书

在浏览器中输入"http://192.168.2.1/certsrv/"，在出现的页面中单击"下载 CA 证书、证书链或 CRL"，弹出如图 4-93 所示的页面。在"CA 证书"列表框中选中"当前[haha]"，单击"下载 CA 证书"，将数字证书保存在本机上，默认的证书文件名为 certnew.cer。

再次打开"Internet 信息服务管理器"，右击相应的站点，在弹出的快捷菜单中选择"属性"命令，选中如图 4-76 所示的"目录安全性"选项卡，单击"安全通信"中的"服务器证书"。弹出如图 4-94 所示的"欢迎使用 Web 服务器证书向导"对话框，单击"下一步"按钮。在"挂起的证书请求"中单击"处理挂起的请求并安装证书"单选按钮，如图 4-95 所示，单击"下一步"按钮。

如图 4-96 所示，在"处理挂起的请求"界面中输入路径和文件名，即为保存证书的完整的路径，单击"下一步"按钮。在"SSL 端口"界面中输入 SSL 端口号，默认为 443，如图 4-97 所示。单击"下一步"按钮。

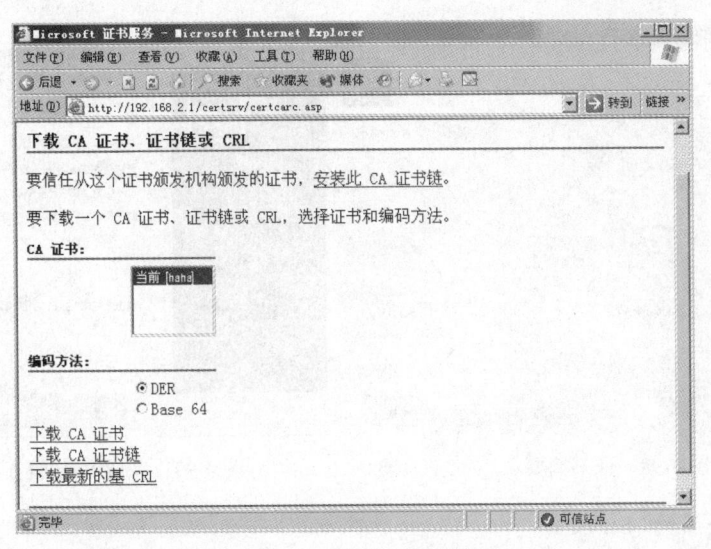

图 4-93　网站证书下载

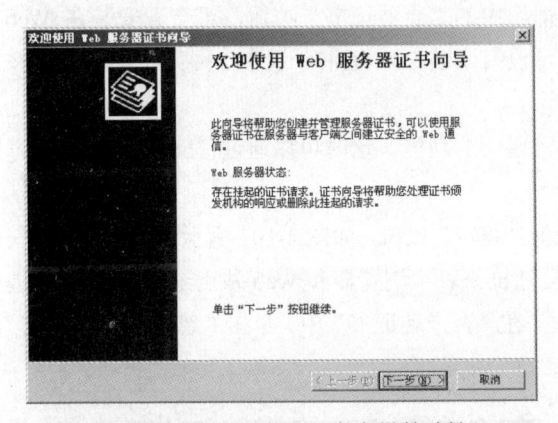

图 4-94　Web 服务器证书向导的欢迎

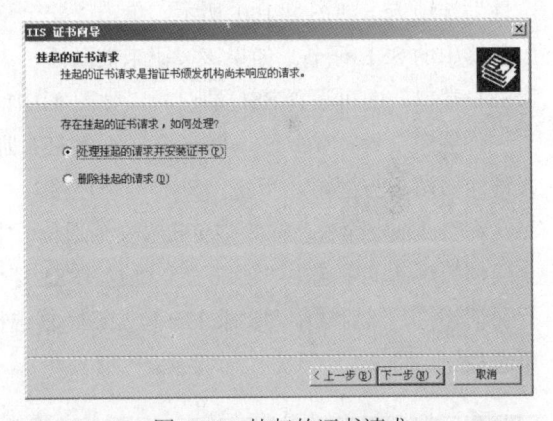

图 4-95　挂起的证书请求

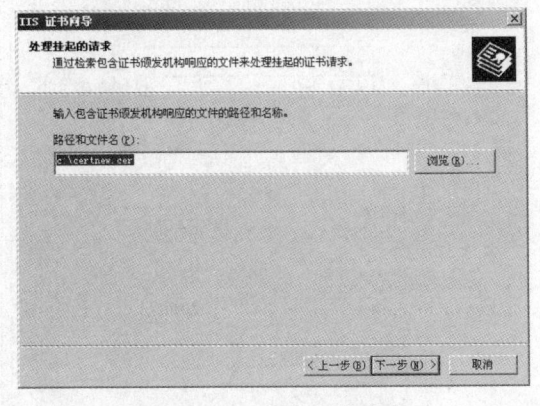

图 4-96　处理挂起的请求

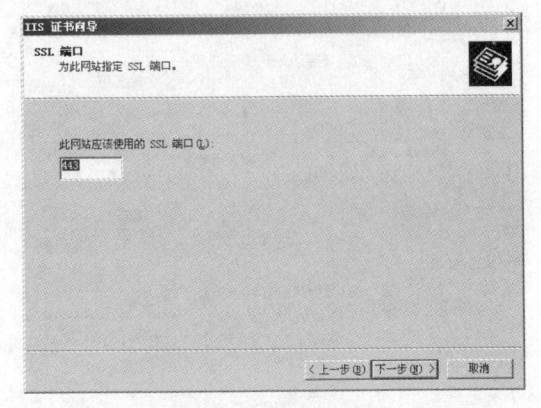

图 4-97　SSL 端口设置

在弹出的"证书摘要"界面中显示了证书的详细信息，如图 4-98 所示，确认无误后单击"下一步"按钮。弹出"完成 Web 服务器证书向导"界面，如图 4-99 所示，单击"完成"按钮即可。

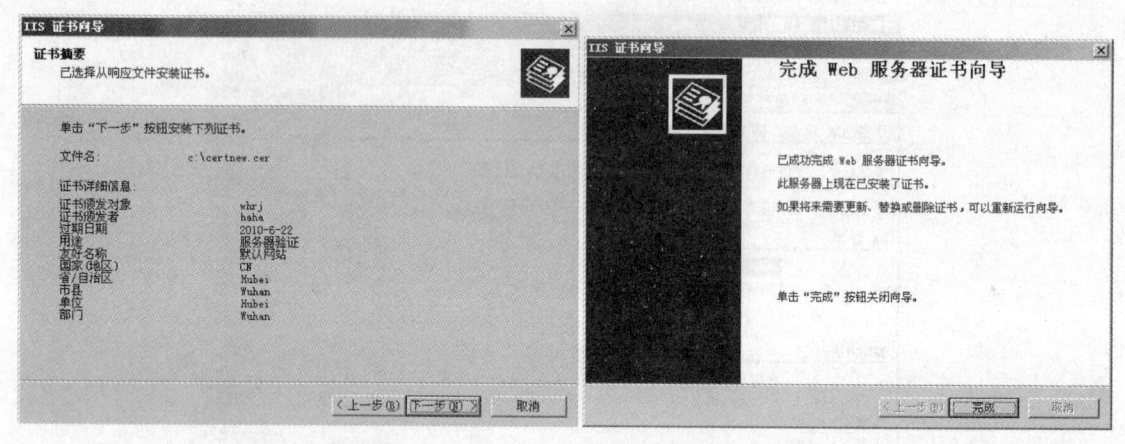

图 4-98　证书摘要　　　　　　　　　　　图 4-99　完成 Web 服务器证书向导

5. Web 服务器的 SSL 设置

按照前面的步骤，Web 服务器已经设置了 SSL。选中"默认网站属性"对话框中的"目录安全性"选项卡，如图 4-100 所示，单击"安全通信"中的"查看证书"按钮，可查看安装在 Web 服务器中的 SSL 证书。如果该按钮未被激活，表示没有安装 SSL 证书。选中"网站"选项卡，在"SSL 端口"中可设置 SSL 端口号，如图 4-101 所示。

设置完毕后，Web 站点就已经具备了 SSL 加密通信的功能。这时可以通过"https://xxx"的方式访问网站，与网站之间建立 SSL 安全连接。

在"目录安全性"标签中单击"安全通信"中的"编辑"按钮，如图 4-102 所示，在弹出的"安全通信"对话框中选中"要求安全通道（SSL）"复选框，表示浏览器和 Web 站点只能通过 SSL 进行通信连接，然后选中"要求 128 位加密"复选框。在"客户端证书"中，单击"忽略客户端证书"单选按钮。

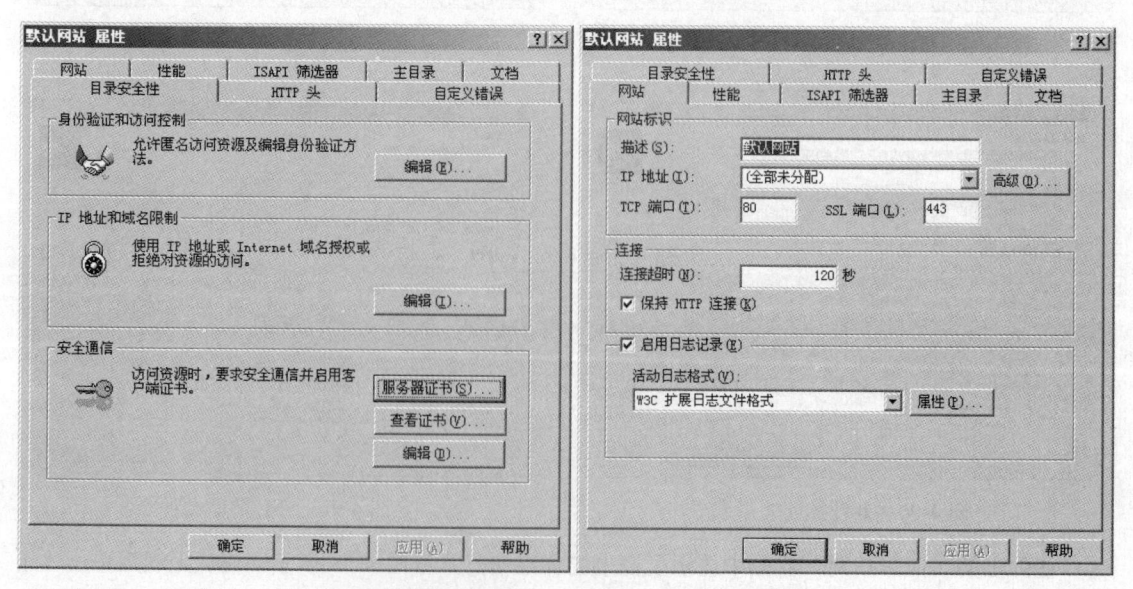

图 4-100　启用 SSL 后的"目录安全性"标签　　　　　图 4-101　启用 SSL 后的"网站"标签

图 4-102　安全通信

6. 浏览器的 SSL 设置

Web 服务器证书可让访问用户验证服务器身份，如果服务器需要验证访问用户的身份，则需在浏览器中申请并安装证书。

在浏览器中输入"http://192.168.2.1/certsrv/"，单击"申请一个证书"，如图 4-103 所示，单击"Web 浏览器证书"。如图 4-104 所示，在"Web 浏览器证书-识别信息"页面中，按照自己的实际情况输入信息，然后单击"提交"按钮。成功提交浏览器数字证书申请后的页面如图 4-105 所示。

图 4-103　申请 Web 浏览器证书　　　　图 4-104　识别信息

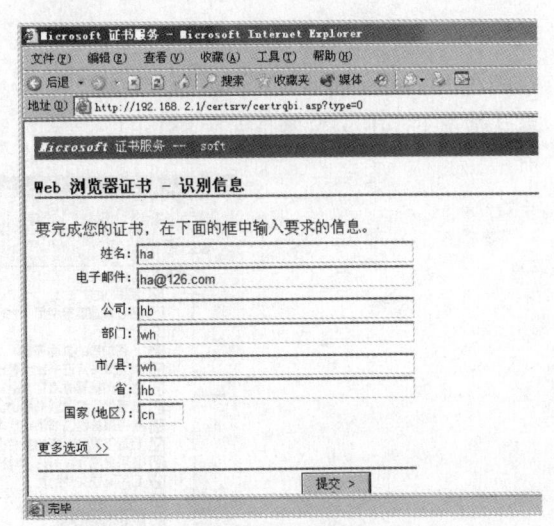

待证书颁发机构颁发证书后，在浏览器中输入"http://192.168.2.1/certsrv/"，单击"查看挂起的证书申请的状态"，如图 4-106 所示，单击"Web 浏览器证书"。如图 4-107 所示，在出现的"证书已颁发"页面中单击"安装此证书"，在浏览器上安装刚申请的 Web 浏览器证书。如图 4-108 所示，表示安装 Web 浏览器证书成功。

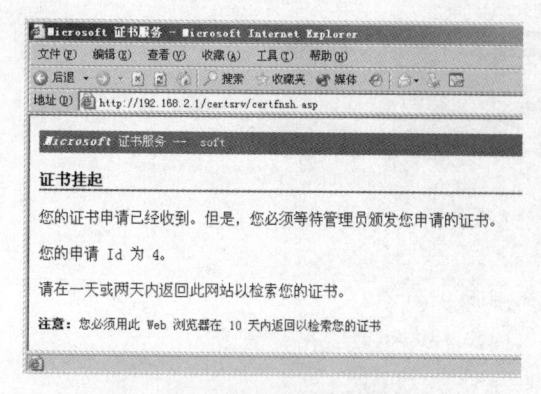

图 4-105 成功提交浏览器数字证书申请后

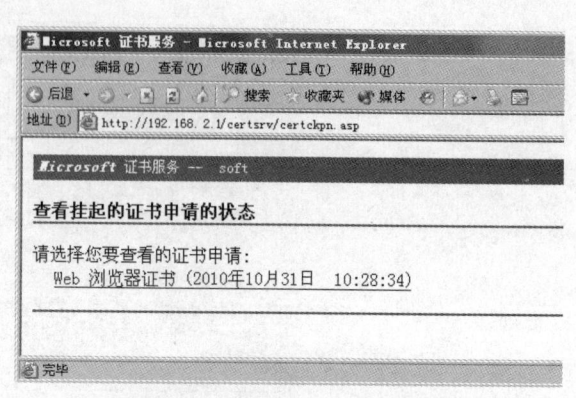

图 4-106 查看浏览器证书申请状态

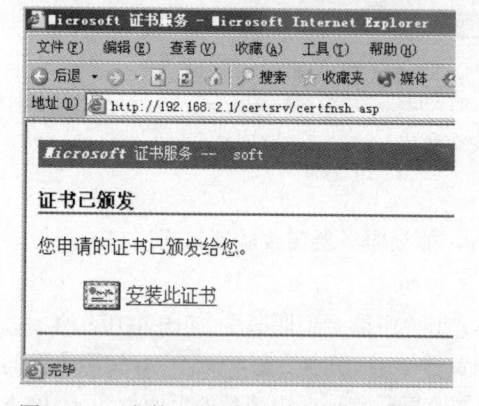

图 4-107 安装已经颁发的 Web 浏览器证书

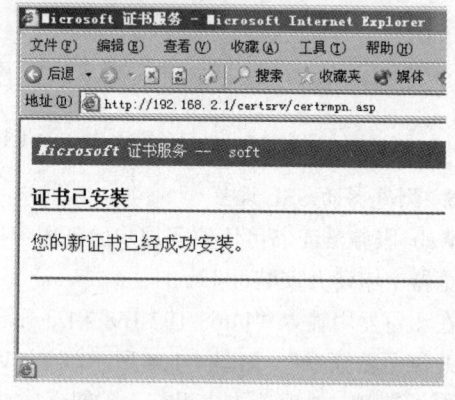

图 4-108 成功安装 Web 浏览器证书

7. 访问 SSL 站点

在"Internet 属性"对话框的"高级"标签中,设置浏览器使用 SSL 2.0/3.0,如图 4-109 所示。默认情况下,IE 浏览器是支持 SSL 的。

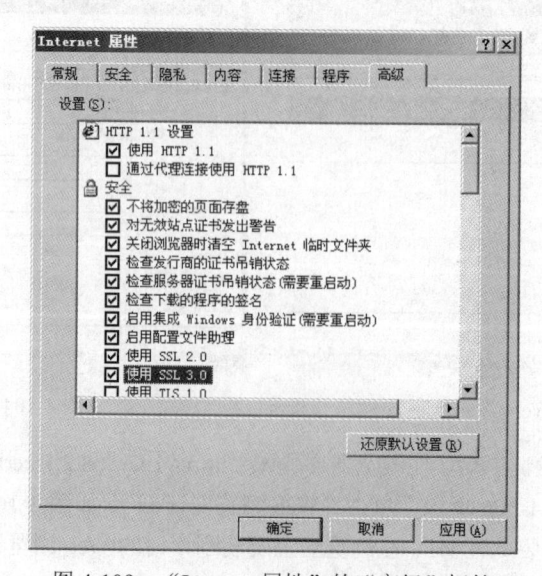

图 4-109 "Internet 属性"的"高级"标签

在浏览器地址栏中输入"https://192.168.2.1/certsrv/",如图 4-110 所示。网页内容和没启动 SSL 时的内容完全一样,但实际上所有用户和服务器之间交换的数据已经被会话密钥加密过,对用户而言是完全透明的,用户感觉不到 SSL 的工作过程。

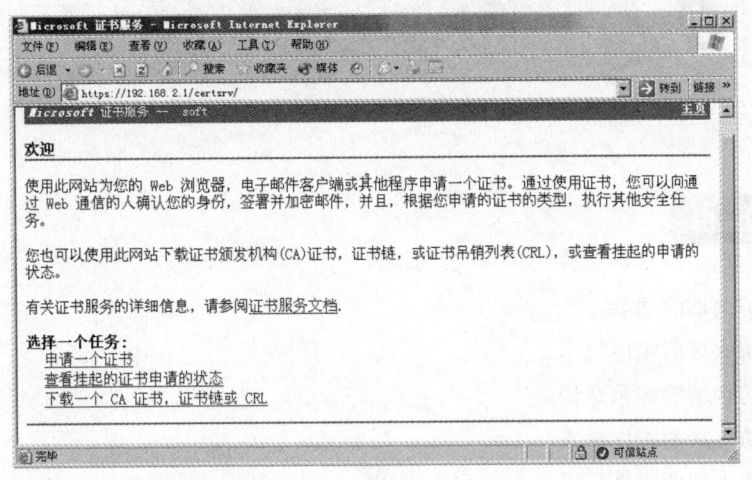

图 4-110 基于 SSL 的 Web 访问

练 习

1. 对称加密算法和非对称加密算法的工作原理分别是什么?
2. 简述数字签名技术的工作原理。
3. 公钥基础架构(PKI)、CA、数字证书的工作原理分别是什么?

项目 5 防火墙技术的应用

学习要点

- 了解防火墙的功能。
- 了解防火墙的实现技术。
- 掌握防火墙的体系结构。
- 掌握防火墙的工作模式。
- 掌握防火墙的实施方式。
- 掌握瑞星防火墙介绍。
- 掌握 ISA2004 防火墙介绍。
- 了解 Linux 的 Iptables 防火墙介绍。
- 了解 Cisco PIX 防火墙介绍。

学习情境

某公司的企业网拥有数百台计算机,该网络提供连入 Internet 的服务。近日该公司购置了几台防火墙,希望这些防火墙能在适当的位置发挥保护内网的作用,并且能够通过防火墙过滤进出公司内部网的数据流,特别需要针对一些进出关键服务器数据流进行控制。公司现在需要作为网络管理人员的你针对公司目前网络情况提出有效的改进方案。

第一部分 项目学习引导

5.1 防火墙概述

在计算机网络中,防火墙是内网和外网之间的枢纽。通常内部网络被认为是安全和可信赖的,而外部网络(通常是 Internet)被认为是不安全和不可信赖的。防火墙的作用是阻止未经授权的数据流进出被保护的内部网络,通过访问控制,保护内网用户不受外网的攻击。防火墙在网络中的位置如图 5-1 所示。

图 5-1 防火墙在网络中的位置

5.1.1 防火墙的基本准则

防火墙作为内外网络之间的纽带，实现对网络间通信的访问控制，保护了内部网络的安全。防火墙上的访问控制设置一般按照以下两条基本的准则：

（1）一切未被允许的就是禁止的。在防火墙中一般都存在访问控制列表，如果没有相应的访问控制流，默认就是被禁止的。

（2）一切未被禁止的就是允许的。同样在访问控制列表中，如果没有禁止的数据流是可以穿越防火墙的。

5.1.2 防火墙的主要功能特性

防火墙起着隔离网络、分析经过的数据流并依据访问控制作出数据流是否通过的决定，从而有效地保证了内部网络的安全。典型的防火墙具有以下 3 个方面的基本功能特性：

1. 内部网络和外部网络之间的数据流都必须经过防火墙

通常将防火墙内部的网络称为信任网络，而它连接的外网（如 Internet）通常称为非信任网络。一般情况下，防火墙需要确保信任网络中的数据流到达非信任网络，同时应该隔离非信任网络到信任网络的访问。但是这些数据流都应该经过防火墙，需要经过防火墙的分析和判断。如果数据流不经过防火墙，那么防火墙基本上就不起作用。

2. 只有满足防火墙访问控制的数据流才能通过防火墙

可以根据企业的要求制定合理的访问控制策略，然后根据这些策略制定访问控制列表，允许或者禁止的数据流放在访问控制列表中，当数据流通过时，由防火墙检测并分析，再根据访问控制作出决策，是否允许数据流通过。

3. 防火墙自身能够抵抗攻击

防火墙本身也是一个网络设备，它也会遭到攻击，如果一旦自身不能正常工作了，那么整个网络的安全性就没有办法得到保证。

5.1.3 防火墙的局限性

防火墙能够在很大程度上保证网络安全，但是它不能解决所有的安全问题，主要有以下两个方面的问题：

（1）不能防御内部攻击。由于内部主机之间的互访通常是不用穿越防火墙的，所以即使这些主机间的数据流有问题，防火墙也不做检查，所以要保证内网用户间的通信还得依靠其他的设备（如

IDS）来实现安全。

（2）不能防御数据驱动的攻击。数据驱动攻击是通过向某个程序发送数据，以产生非预期结果的攻击，通常是攻击者去获取访问目标系统的权限。而防火墙通常扫描 IP 地址、端口号或者协议内容，而不是针对数据具体内容。

5.2 防火墙的实现技术

防火墙的实现技术主要是数据包过滤与应用层代理。这两种技术可以单独使用，也可以结合起来使用，使得防火墙产品可以向内部网络用户同时提供数据包过滤与应用层代理功能。一般情况下，在使用防火墙产品时，对使用较为频繁、信息可共享性高的服务采用应用层代理，如 WWW 服务；而对于实时性要求高、使用不频繁及用户自定义的服务可以采用数据包过滤机制，如 Telnet 服务。

5.2.1 数据包过滤

数据包过滤是防火墙最基本的过滤技术，在网络层实现。数据包过滤技术就是对内、外网络之间传输的数据包按照某些特征事先设置一系列的安全规则（或称安全策略），进行过滤或筛选，使符合安全规则的数据包通过，而丢弃那些不符合安全规则的数据包。安全规则以其接收到的数据包头信息为基础，判断的依据有（只考虑 IP 数据报）以下几个方面：

（1）源 IP 地址和目的 IP 地址。
（2）封装协议类型，如 TCP、UDP 和 ICMP 等。
（3）源端口号和目的端口号。
（4）TCP 选项，如 SYN、ACK、FIN、RST 等。
（5）数据包流向，如进（in）或出（out）。

数据包过滤技术的优点如下：
- 数据包过滤技术不针对特殊的应用服务，不要求客户端或服务器提供特殊软件接口。
- 数据包过滤技术对用户基本透明，降低了对用户的使用要求。

数据包过滤技术的缺点如下：
- 数据包过滤规则配置较为复杂，对网络管理人员要求较高，并且数据包过滤规则配置的正确性难以检测，在规则较多时，逻辑上的错误较难发现。
- 缺乏用户日志和审计信息，多数的数据包过滤技术无法支持用户的概念，无法支持用户级的访问控制。
- 采用数据包过滤技术的防火墙由于过滤负载较重，容易成为网络访问的瓶颈。

5.2.2 应用层代理

包过滤无法提供完善的数据保护措施，如果访问控制中的地址更换了，这时包过滤就失效了。如果使用应用层代理就可以解决这个问题。应用层代理是指在应用层上为转发数据的客户端服务，防火墙会根据应用层的协议来进行访问控制，防火墙不仅能够看到下面几层的内容还可以看到应用层的信息。防火墙根据应用层的信息来作出是否进行转发和阻止的决定。

内网用户将应用层协议请求发送给应用层代理（防火墙），由防火墙代理需要访问的网络资源，并将结果返回给用户。内部网络用户与外部网络资源之间需要借助应用层代理这个中介来进行通信。作为防火墙的设备，可以认为是一个代理服务器。

应用层代理的优点如下：
- 使用应用层代理技术，用户不需要直接与外部网络连接，内部网络安全性较高。
- 应用层代理的 Cache 机制可以通过用户信息共享的方式提高信息访问率。
- 采用应用层代理的防火墙没有网络层与传输层的过滤负载，同时代理只有当用户有请求时才会去访问外部网络，防火墙成为瓶颈的可能性较小。
- 应用层代理支持用户概念，可以提供用户认证等用户安全策略。
- 应用层代理可以实现基于内容的信息过滤。

应用层代理的缺点如下：
- 在新的应用产生后，必须设计对应的应用层代理软件，这使得代理服务的发展永远滞后于应用服务的发展。
- 必须对每种服务提供应用代理，每开通一种服务，就必须在防火墙上添加相应的服务进程。
- 代理服务器需要对客户端软件添加客户端代理模块，增加了系统安装与维护的工作量。
- 代理服务对实时性要求太高的服务不合适。

5.2.3　状态检测技术

对于某一通信连接，前面两类防火墙为了提供可靠的安全性，必须跟踪它的所有通信信息来控制各种数据流，而用状态检测技术，防火墙可以检测到当前的通信数据是否属于同一连接状态下的信息，若是就直接放行。它采用了一个在网关上执行网络安全策略的软件引擎，称之为检测模块，通过其抽取部分网络数据（即状态信息），并动态保存起来作为以后安全决策的参考，对于无连接的协议（如 RPC 和基于 UDP 的应用），使用它可以为之提供虚拟的会话信息。

状态检测技术的优点如下：
- 一旦某个连接建立起来，就不用再对这个连接做更多工作，系统可以去处理别的连接，执行效率明显提高。
- 通过防火墙的数据包都在低层处理，而不需要协议栈的上层处理任何数据包，这样减少了高层协议栈的开销。
- 状态检测防火墙不区分每个具体的应用，只是根据从数据包中提取的信息、对应的安全策略和过滤规则处理数据包，当有一个新的应用被检测到时，它能动态地产生新的应用的对应规则。

5.3　防火墙的体系结构

防火墙有 3 种基本结构：双宿/多宿主机模式、屏蔽主机模式和屏蔽子网模式。

堡垒主机（Bastion Host）一般处于内部网络的边缘，同时具有内网和外网地址，而且在系统上应该配置一定的安全措施。通常情况下，堡垒主机可作为代理服务器的平台，也可以是安装了防火墙软件的计算机或硬件防火墙。

双宿主机是指通过不同的网络接口连入多个网络的主机系统，它是网络互连的关键设备，例如，交换机可以说是在数据链路层的双宿主机，路由器是在网络层的双宿主机，应用层网关是在应用层的双宿主机。

周边网络是指内部网络与外部网络之间的一个网络，通常将提供各种服务的服务器放置在该区域，又称为 DMZ（非军事区）。它可以使外网用户访问服务时无须进入内部网络，同时内部网络用户访问服务时信息不会泄露到外部网络。

5.3.1 双宿/多宿主机模式

双宿/多宿主机防火墙通常拥有两个或多个网卡，每个网卡连接到不同网段，如果是两块网卡，则分别与内网和外网相连。内网和外网之间的通信，需要通过这个多网卡的主机。

双宿主机的防火墙体系结构是相当简单的，双宿主机位于两者之间，并且被连接到因特网和内部的网络。其体系结构如图 5-2 所示。这种防火墙的特点是主机的路由功能被禁止，两个网络之间的通信通过应用层代理服务来完成。如果一旦黑客侵入堡垒主机并使其具有路由功能，那么防火墙将变得无用。

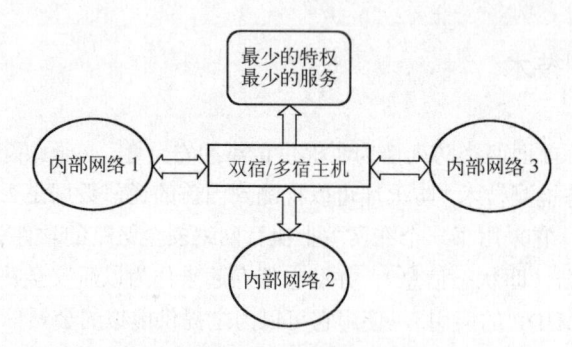

图 5-2 双宿/多宿主机模式

该模式的优点在于网络结构简单，有较好的安全性，可以实现身份鉴别和应用层数据过滤。但是当外部用户入侵堡垒主机时，可能导致内部网络处于不安全的状态。

5.3.2 屏蔽主机模式

屏蔽主机防火墙由包过滤路由器和堡垒主机组成，其配置如图 5-3 所示。在这种方式的防火墙中，堡垒主机安装在内部网络上，通常在路由器上设立过滤规则，并使这个堡垒主机成为外部网络唯一可直接到达的主机，这保证了内部网络不被未经授权的外部用户攻击。屏蔽主机防火墙实现了网络层和应用层的安全，因而比单纯的包过滤或应用网关代理更安全。在这一方式下，过滤路由器配置是否正确，是这种防火墙安全与否的关键。如果路由表遭到破坏，堡垒主机就可能被越过，使内部网络完全暴露。

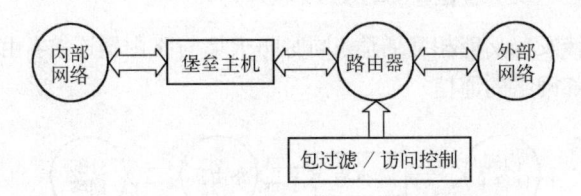

图 5-3　屏蔽主机模式示意图

该模式的优点是比双宿/多宿主机模式有更好的安全性，路由器的包过滤技术能够限制外部用户访问内部网络特定主机的特定服务。内部用户访问外部网络较为灵活、方便。由于路由器的存在，可以提高堡垒主机的工作效率。当然该模式也存在一定的缺点，首先该模式允许外部用户访问内部网络，因此存在安全隐患；其次一旦堡垒主机被攻陷，则内网无安全性可言了；最后路由器和堡垒主机的过滤策略配置比较复杂，对于网络管理员要求较高，且容易出现错误和漏洞。

5.3.3　屏蔽子网模式

屏蔽子网防火墙的配置如图 5-4 所示，采用了两个包过滤路由器和一个堡垒主机，在内外网络之间建立了一个被隔离的子网，通常周边网络又叫非军事化区域或者 DMZ。可以将各种服务器放于周边网络，解决了服务器位于内网带来的不安全问题。

由于采用两个路由器进行了双重保护，外部攻击数据很难进入内网。外网用户通过 DMZ 的服务器访问企业的网站，而不需要进入内网。在这一配置中，即使堡垒主机被入侵者控制，内部网络仍然受到内部包过滤路由器的保护，避免了单点失效的问题。

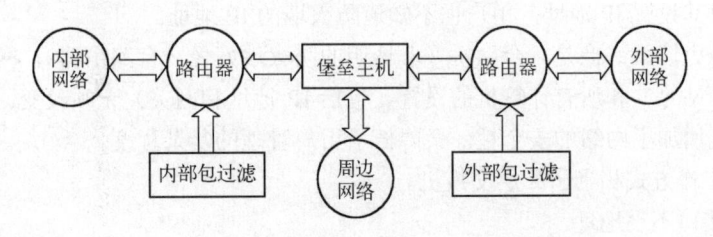

图 5-4　屏蔽子网模式示意图

上述 3 种模式是允许调整和改动的，如合并内外路由器、合并堡垒主机和外部路由器、合并堡垒主机和内部路由器等，由防火墙承担合并部分的合并前的功能。

5.4　防火墙的工作模式

防火墙的工作模式包括路由模式、透明模式和 NAT（网络地址转换）模式。如果防火墙的接口可同时工作在透明与路由模式下，那么这种工作模式叫做混合模式。某些防火墙支持最完整的混合模式，即支持路由+透明+NAT 的工作模式，方便防火墙接入各种复杂的网络环境以满足企业网络多样化的部署需求。

传统防火墙一般工作于路由模式,防火墙可以让处于不同网段的计算机通过路由转发的方式互相通信。如图 5-5 所示，这是一个最简单的工作于路由模式的防火墙的应用。内部网络 1 和内部网络 2 通过防火墙的路由转发包功能相互通信。同时防火墙与路由器连接，由路由器完成 NAT 功能，从而实现内部网络与外部网络的通信。

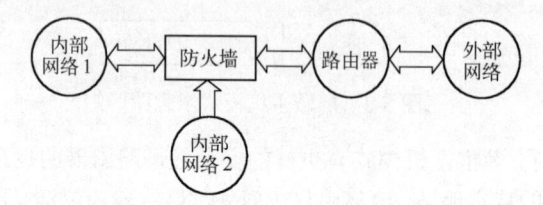

图 5-5　防火墙路由模式工作示意图

- 防火墙工作方式相当于 3 层交换机。
- 防火墙接口设有地址。
- 不使用地址翻译功能。

但是，路由模式下的防火墙正如图 5-5 所示，存在两个局限：当防火墙的不同端口所接的局域网都位于同一网段时，传统的工作于网络层的防火墙是无法完成这种方式的包转发的。被防火墙保护的网络内的主机要将原来指向路由器的网关设置修改为指向防火墙，同时，被保护网络原来的路由器应该修改路由表以便转发防火墙的 IP 报文。如果用户的网络非常复杂，就会给防火墙用户带来设置上的麻烦。

工作在透明模式下的防火墙可以克服上述路由模式下防火墙的弱点，它不但可以完成同一网段的包转发，同时不需要修改周边网络设备的设置，提供很好的透明性。透明模式的特点就是对用户是透明的，即用户意识不到防火墙的存在。要想实现透明模式，防火墙必须在没有 IP 地址的情况下工作，不需要对其设置 IP 地址，用户也不知道防火墙的 IP 地址。

透明模式的防火墙就好像是一台网桥（非透明的防火墙好像一台路由器），网络设备（包括主机、路由器、工作站等）和所有计算机的设置（包括 IP 地址和网关）无须改变，同时解析所有通过它的数据包，既增加了网络的安全性，又降低了用户管理的复杂程度。

- 防火墙工作方式相当于二层交换机。
- 防火墙接口不设地址。

如图 5-6 所示是一个最简单的工作于透明模式下的防火墙的应用。内网网关指向路由器的靠内接口，防火墙的接口不设地址时相当于一台交换机。

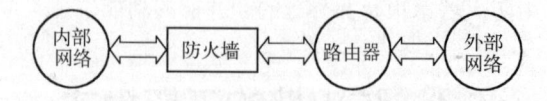

图 5-6　防火墙透明模式工作示意图

工作于透明模式的防火墙可以实现透明接入，工作于路由模式的防火墙可以实现不同网段的连接。但路由模式的优点和透明模式的优点是不能同时并存的。所以，大多数的防火墙一般同时保留了透明模式和路由模式，根据用户网络情况及用户需求，在使用时由用户进行选择，让防火墙在透明模式和路由模式下进行切换或采取混合模式，同时有透明模式和路由模式，但与物理接口是相关的，各接口只能工作在路由模式或透明模式，而不能同时使用这两种模式。

防火墙的另外一个工作模式就是 NAT 模式，它适用于内网中存在一般用户区域和 DMZ，在 DMZ 中存在对外可以访问的服务器，同时该服务器具备经 InterNIC 注册过的 IP 地址。如图 5-7 所示，内部网络一般用户网关设为相邻防火墙接口，在防火墙上实现 NAT 来访问外部网络，同时防火墙另外一个接口连接 DMZ，DMZ 内的服务器直接设置公有地址，这样可以保证外部网络用户访问内部网络服务器。它解决了服务器内的应用程序在开发时使用了对源地址的静态链接问题。

- 防火墙工作方式相当于 3/4 层交换机。
- 防火墙的网口设有地址。
- 使用地址翻译功能。

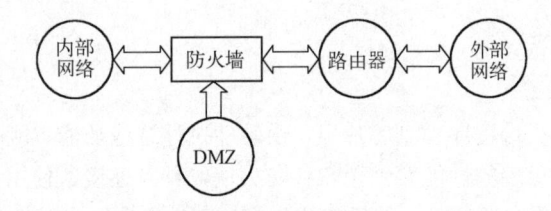

图 5-7 防火墙 NAT 模式工作示意图

在网络中使用哪种工作模式的防火墙取决于网络环境以及安全的要求，综合考虑内部网络服务、网络设备要求和网络拓扑，灵活地采取不同的模式来获得最大的安全性能和网络性能。

5.5 防火墙的实施方式

5.5.1 基于单个主机的防火墙

这种防火墙通常是安装在单个系统上的一种软件，它只保护这个系统不受侵害。如果只有一两台主机连接到不受信任的网络（如 Internet）上的话，那么在主机上安装这种防火墙就很经济。在一个公司中，如果有成百上千甚至成千上万的主机需要保护，这种基于单个主机的防火墙就不能提供任何集中式的管理和测量。在家庭网络中，最终用户所使用的基于单个主机的防火墙现在正由一些公司进行标准化，对于宽带连接来说，这一点很重要。

5.5.2 基于网络主机的防火墙

防火墙销售商在现有的服务器硬件平台上使用两种方法来部署防火墙软件。从严格意义上讲，上一种部署方法只是一种应用程序，而这种部署防火墙的方法以用户现有的平台为基础。典型的部署方法就是防火墙作为一个在商业操作系统之上运行的应用程序。虽然大多数的操作系统都至少支持一个防火墙应用程序，但最常见的支持防火墙的操作系统还是 Windows NT/2000、Sun Solaris 和 Linux，这几种操作系统都支持包过滤、应用级网关、状态包检查（如本章前面所述）。

在操作系统上运行防火墙的先决条件就是要保证操作系统本身是安全的，这一过程叫做操作系统的"加固"，它能够对任何暴露于不受信任网络前的系统进行"加固"。虽然对每一种操作系统进行"加固"超过了本书的讲述范围，但是在这个话题上还是有很多书可以参考的。正如本书前面所述，在所有情况下，防火墙主机都应该遵循公司的标准和安全策略。这些文件包括对所有资源都有效的安全原则（如最小优先级的概念）。

绝大多数运行在商业操作系统之上的防火墙程序都采取了一些额外的步骤来增强主机的安全性。这些步骤包括使用专有的或加固的守护进程代替操作系统的某些网络守护进程、取代或者修改TCP/IP协议栈，以及修改启动文件、配置文件和注册表条目，还包括添加新的处理功能等。

这种部署方法不是在现有的操作系统之上进行的，而是整合成操作系统的一部分。对操作系统（通常是UNIX操作系统的一种变体）进行定制和加固，并将防火墙应用程序整合到操作系统中。

5.5.3 硬件防火墙

硬件防火墙是指把防火墙程序做到芯片里，由硬件执行这些功能，能减少CPLI的负担，使路由更稳定。通常，硬件防火墙的性能要强于软件防火墙，并且连接、使用比较方便。

硬件防火墙采用专用的硬件设备，然后集成生产厂商的专用防火墙软件。从功能上看，硬件防火墙内建安全软件，使用专属或强化的操作系统，管理方便，更换容易，软硬件搭配较固定。硬件防火墙效率高，解决了防火墙效率、性能之间的矛盾，可以达到线性。

防火墙产品的性能应该说是选购硬件防火墙时最被重视的一个方面，而性能差距的核心主要是防火墙处理数据包的能力，主要的衡量指标包括吞吐率、转发率、丢包率、缓冲能力和延迟等，通过这些参数的对比可以了解一款硬件防火墙产品的硬件性能，这方面的数据不能完全比较厂商所标称的数据，应该同时多参照一些第三方的防火墙性能评测报告；另外，防火墙在包处理时采用的算法等因素也会在很大程度上影响防火墙在实际使用中的性能表现，例如，关注在配置了大量访问规则之后防火墙的性能是否有较大下降，就可以从侧面分析出该产品的算法设计是否优秀。

硬件防火墙是保障内部网络安全的一道重要屏障。它本身的安全和稳定，直接关系到整个内部网络的安全。因此，日常例行的检查对于保证硬件防火墙的安全是非常重要的。

5.6 瑞星个人防火墙的应用

个人版的防火墙安装在个人用户的PC系统上，用于保护个人系统，在不妨碍用户正常上网的同时，能够阻止Internet上的其他用户对计算机系统进行非法访问。不同品牌的防火墙功能大致相同，下面以瑞星个人防火墙2010版（下面简称瑞星个人防火墙）为例进行介绍。

瑞星个人防火墙针对目前流行的黑客攻击、钓鱼网站等做了针对性的优化，采用未知木马识别、家长保护、反网络钓鱼、多账号管理、上网保护、模块检查、可疑文件定位、网络可信区域设置、IP攻击追踪等技术，可以帮助用户有效抵御黑客攻击、网络诈骗等安全风险。

5.6.1 界面与功能布局

瑞星个人防火墙的主界面包含了产品名称、菜单栏、操作按钮、选项卡以及升级信息等，对防火墙所做的操作与设置都可以通过主界面来实现，如图5-8所示。

（1）菜单栏：用于进行菜单操作的窗口，包括"设置"、"更改外观"、"上报可疑文件"、"帮助"4个菜单。

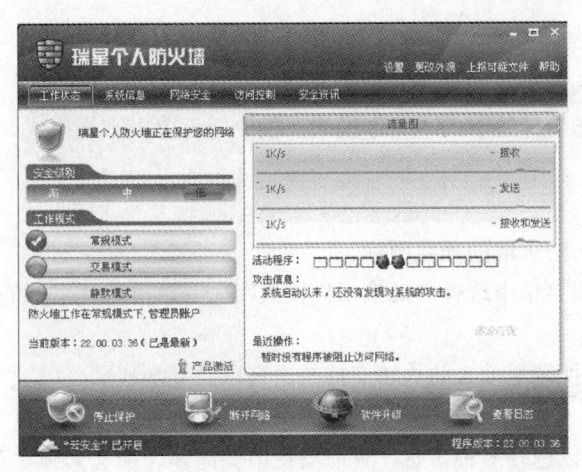

图 5-8 瑞星个人防火墙主界面

（2）操作按钮：位于主界面下部，包括"启动/停止保护"、"连接/断开网络"、"软件升级"、"查看日志"。

（3）选项卡：位于主界面上部，包括"工作状态"、"系统信息"、"网络安全"、"访问控制"、"安全资讯"5 个选项卡。

（4）升级信息：位于主界面下方，显示防火墙当前版本。

5.6.2 常用功能

以下为瑞星个人防火墙的主界面及菜单、按钮、托盘中经常会用到的功能：
- 设置安全级别。
- 切换工作模式。
- 切换语言/皮肤。
- 显示日志。
- 账户管理。
- 启动/停止保护。
- 连接/断开网络。

1. 设置安全级别

此部分介绍如何设置瑞星个人防火墙在网络中的安全级别。

操作方法如下：

（1）打开瑞星个人防火墙主程序。

（2）在"工作状态"标签下的"安全级别"栏中，单击高、中、低进行级别设置。

以下为关于安全级别的定义及规则：

（1）高：系统直接连接 Internet，除非规则放行，否则全部拦截。

（2）中：系统在局域网中，默认允许共享，但是禁止一些较危险的端口。

（3）低：系统在信任的网络中，除非规则禁止的，否则全部放过。

2. 切换工作模式

此部分介绍如何对瑞星个人防火墙的工作模式进行设置。

操作方法一如下：

（1）打开瑞星个人防火墙主程序。

（2）在"工作状态"标签下的"工作模式"栏中，可单击常规模式、交易模式、静默模式进行防火墙模式设置。

操作方法二如下：

（1）右击瑞星个人防火墙的托盘图标。

（2）在弹出的快捷菜单中选择"切换工作模式"命令，再选择需要的模式。

3．切换语言/皮肤

此部分介绍如何切换瑞星个人防火墙支持的语言以及界面皮肤。

（1）切换语言。

瑞星个人防火墙可以选择多种语言，目前支持中文简体、中文繁体、英文3种语言。

操作方法如下：

1）打开瑞星个人防火墙主程序。

2）在主界面中依次选择"设置"→"高级设置"→"切换语言"。

3）在弹出的窗口中选择一种需要的语言，并单击"确定"按钮。

（2）切换皮肤。

可以选择多种皮肤，目前支持怀旧情调、海阔天空、香草熏衣3种皮肤。

操作方法如下：

1）打开瑞星个人防火墙主程序。

2）在主界面中单击"更改外观"按钮。

3）在弹出的窗口中选择一种皮肤，并单击"确定"按钮。

4．显示日志

此功能可以显示防火墙在发生7类事件下的日志，可以通过"显示日志"功能了解到相关事件的详细信息并可以对日志进行清除、备份等操作，如图5-9所示。

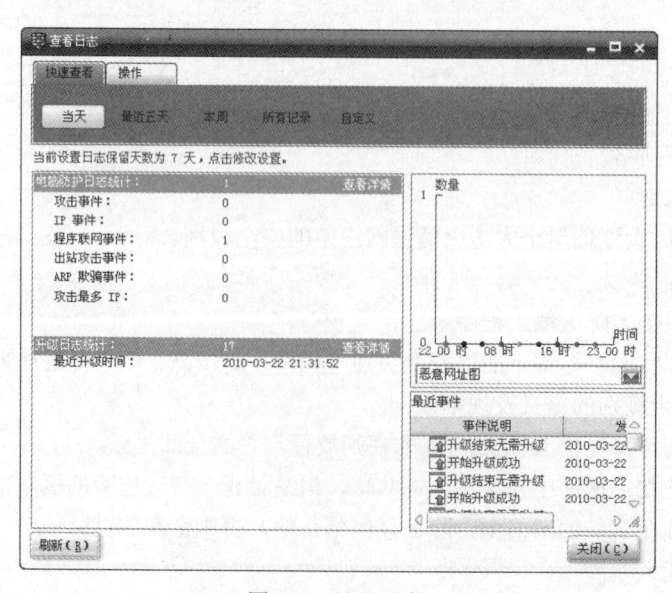

图5-9　显示日志

查看方法如下：

方法一：在主界面上单击"查看日志"按钮。

方法二：右击防火墙托盘图标，在弹出的快捷菜单上选择"查看日志"命令。

日志的说明如下：

防火墙会自动统计计算机的防护日志，即攻击事件、IP 事件、应用程序联网事件、出站攻击事件、ARP 欺骗事件、攻击最多的 IP 等信息，以及防火墙的升级。

单击"操作"选项卡，如图 5-10 所示，其中的相关操作菜单说明如下：

备份数据：可以使用此功能备份所有的日志信息。

导出数据：可以使用此功能导出所有的日志信息，以便进一步分析。

清空数据：清除当前已经存在的日志信息。

查看日志：查看日志信息。

5. 账户管理

瑞星个人防火墙提供了两种账户：管理员账户和普通账户。

有两种方法可以切换账户。

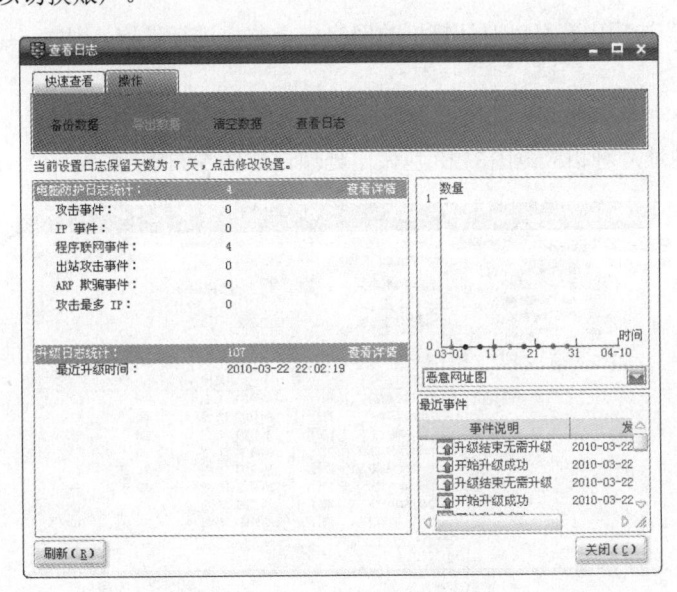

图 5-10 查看日志之操作菜单

操作方法一如下：

（1）右击瑞星个人防火墙的托盘图标。

（2）在弹出快捷菜单中选择"切换账户"命令，再选择需要的账户。

操作方法二如下：

打开瑞星个人防火墙主程序，依次单击"设置"→"高级设置"→"软件安全"，在"系统启动时账户模式"中选择其需要设置的账户。

6. 启动/停止保护

本部分介绍瑞星个人防火墙的启用或停止保护操作方法。

操作方法一如下：

（1）打开瑞星个人防火墙主程序。

（2）单击主界面中的"启动保护"/"停止保护"按钮。

操作方法二如下：

右击防火墙托盘图标，在弹出的快捷菜单中选择"启动/停止保护"命令。

7. 连接/断开网络

此部分介绍如何使用瑞星个人防火墙来连接或断开网络。

操作方法一如下：

（1）打开瑞星个人防火墙主程序。

（2）单击主界面中的"连接/断开网络"按钮。

操作方法二如下：

右击防火墙托盘图标，在弹出的快捷菜单中选择"连接/断开网络"命令。

5.6.3 网络监控

在"网络监控"选项中，可以对计算机的网络安全监控进行设置。同时，可以选择规则匹配的顺序。

1. IP 包过滤

可以针对 IP 地址，对相应范围的 IP 包做出处理，如图 5-11 所示。

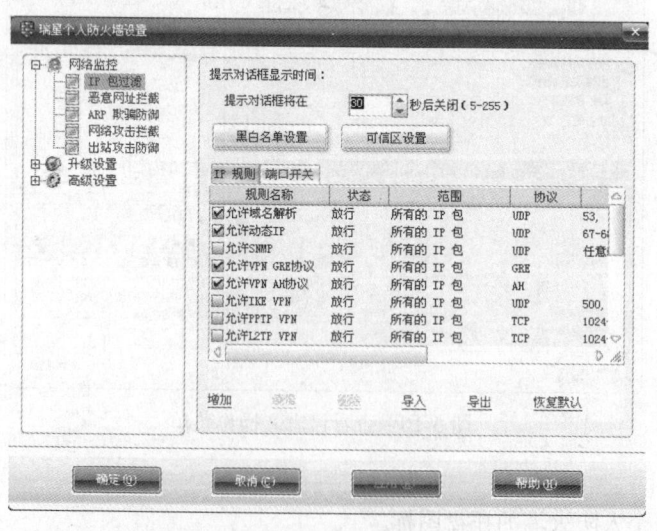

图 5-11 IP 包过滤

在瑞星个人防火墙的主界面中，依次选择"设置"→"网络监控"→"IP 包过滤"，可对 IP 包过滤规则进行设置与管理。

注意：规则设置越多，性能越低；不需要增加与应用相关的规则，系统在应用需要时打开端口；也不需要增加防范性规则，系统已经内置并且自动升级。

列表中显示当前使用的 IP 包过滤规则，具体列项目为规则名称、状态、范围、协议、远程端口、本地端口、报警方式。

（1）增加规则。

单击"增加"按钮或通过在使用右键单击后弹出的快捷菜单中选择"增加"命令，打开"IP 规则设置"窗口，输入规则名称，选择规则应用类型和如何处理触发本规则的 IP 包。单击"下一步"按钮，输入通信的本地计算机 IP 地址和远程计算机 IP 地址。单击"下一步"按钮继续，选择协议和端口号，并指定内容特征或 TCP 标志、设置是否指定内容特征等。单击"下一步"按钮继续，选择规则匹配成功后的报警方式，并单击"完成"按钮。

注意：指定协议号范围是 0～255。

最后选择的匹配成功后的报警方式分别为：托盘动画、气泡通知、弹出窗口、声音报警和记录日志。

（2）编辑规则。

选中待修改的规则，规则加亮显示，单击"编辑"按钮，打开"IP 规则设置"窗口，修改对应项目，修改方法与"增加规则"相同。

（3）删除规则。

选中待删除的规则，规则加亮显示，单击"删除"按钮，确认删除后即可删除选中的规则。

注意：在选中规则时可配合键盘中的 Ctrl 键或 Shift 键进行多选。

（4）导入规则。

单击"导入"按钮，在弹出的文件选择窗口中选中已有的规则文件（*.fwr），再单击"打开"按钮，如果列表中已有规则，导入时会询问是否删除现有规则。单击"是"按钮会先删除现有规则后再导入规则文件中的规则；单击"否"按钮，会保留现有规则，同时导入规则文件中的规则。

（5）导出规则。

单击"导出"按钮，在弹出的保存窗口中输入文件名，再单击"保存"按钮。

（6）黑白名单设置。

打开"黑白名单设置"界面后，单击"增加"按钮，在此用户可以为新规则命名，并指定 IP 地址或 IP 范围。同样，用户可以单击"导入"按钮，导入已保存过的黑白名单规则文件。

（7）可信区设置。

打开"可信区设置"界面后，单击"增加"按钮，在此用户可以为新规则命名，并指定本地以及远程的 IP 地址或 IP 范围。单击"删除"按钮，可以删除不需要的规则。

2．恶意网址拦截

恶意网址拦截依托瑞星"云安全"计划，每日随时更新恶意网址库，阻断网页木马、钓鱼网站等对计算机的侵害。可以通过这个功能屏蔽不适合青少年浏览的网站，给孩子创建一个绿色健康的上网环境。恶意网址拦截中包含了"网站黑白名单设置"，可以根据自己的要求添加网址到网站黑白名单当中，如图 5-12 所示。

可以选中"启用家长保护"复选框来启用恶意网址拦截，这样可以防止受到钓鱼和病毒等恶意网站的侵害。在设置网站黑白名单后，也同样需要选中"启用家长保护"复选框才能生效。

启用恶意网址拦截后，可以单击"增加"、"删除"按钮，来选择增加或删除代理服务器的 IP 地址与端口号。

另外，还可以对程序进行设置，防止程序访问网络时受到恶意网站的攻击。可选择"排除程序"或"监控程序"标签，前者用于用户添加不进行监控的程序，后者用于用户添加需要监控的程序。

3．ARP 欺骗防御

ARP 欺骗是通过发送虚假的 ARP 包给局域网内的其他计算机或网关，通过冒充别人的身份来欺骗局域网中的其他计算机，使得其他计算机无法正常通信，或者监听被欺骗者的通信内容。可通过设置 ARP 欺骗防御，保护计算机的正常通信。

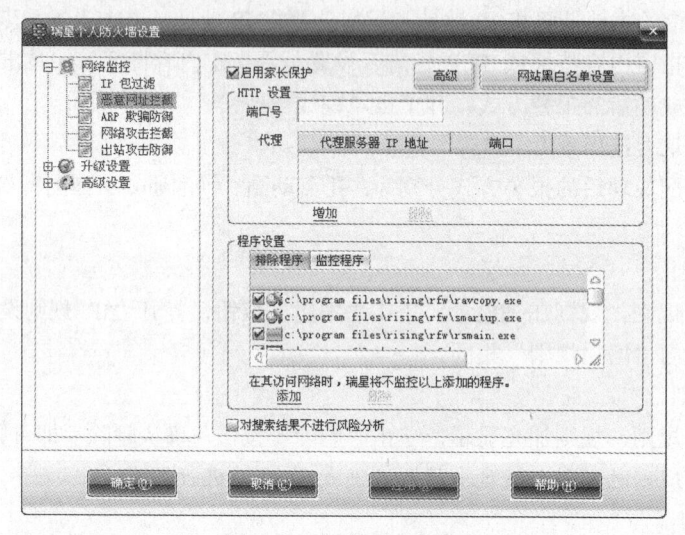

图 5-12　恶意网址拦截

如图 5-13 所示，在瑞星个人防火墙主程序界面中，依次单击"设置"→"网络监控"→"ARP 欺骗防御"，在出现的页面中进行 ARP 欺骗防御设置。

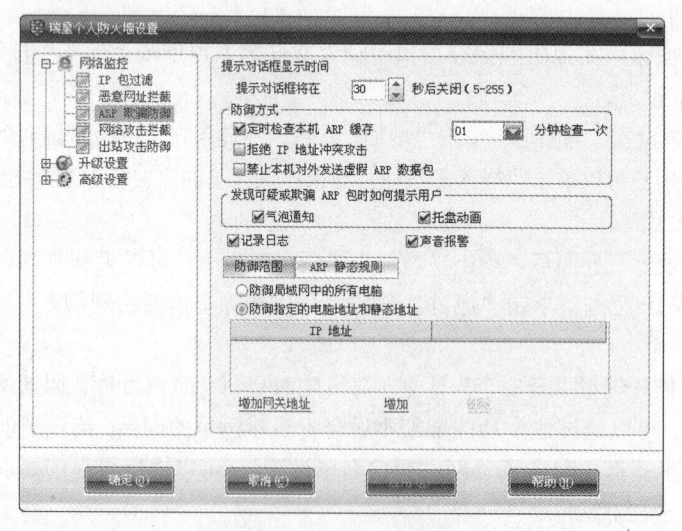

图 5-13　ARP 欺骗防御设置

"提示对话框显示时间"：设置提示对话框的显示时间。

"防御方式"：可以选择"定时检查本机 ARP 缓存"、"拒绝 IP 地址冲突攻击"、"禁止本机对外发送虚假 ARP 数据包"。

"发现可疑或欺骗 APR 包时如何提示用户"：在此选择发现攻击时弹出提示的两种方式，分别是"气泡通知"和"托盘动画"。

同时，可以选择"记录日志"、"声音报警"。

"防御范围"中有两个单选按钮可供选择。

"防御局域网中的所有电脑":选中此单选按钮,ARP 欺骗防御功能将对所有局域网中的计算机进行保护。

"防御指定的电脑地址和静态地址":选中此单选按钮,ARP 欺骗防御功能将对局域网中指定的计算机进行保护。单击"增加网关地址"按钮,添加网关地址到防护列表中。通过单击"增加"按钮增加需要保护的 IP 地址,也可以单击"删除"按钮删除某个 IP 地址。当检测到收到的 ARP 数据包中的 IP/MAC 地址和本机的 IP/MAC 地址产生冲突时,会提示用户,并在提示的对话框中显示冲突的 IP 地址和 MAC 地址,此时需要选择一个信任的地址到 ARP 静态表中,从而保证计算机的正常通信。

4. 网络攻击拦截

入侵检测规则库每日随时更新,以拦截来自互联网的黑客、病毒攻击,包括木马攻击、后门攻击、远程溢出攻击、浏览器攻击、僵尸网络攻击等。

网络攻击拦截作为一种积极主动的安全防护技术,在系统受到侵害之前拦截入侵,在不影响网络性能的情况下能对网络进行监控。网络攻击拦截能够防止黑客/病毒利用本地系统或程序的漏洞,对本地计算机进行控制。通过使用此功能,可以最大限度地避免因为系统漏洞等问题而遭受黑客/病毒的入侵攻击。

5. 网络攻击拦截设置

在瑞星个人防火墙主程序菜单中,依次单击"设置"→"网络监控"→"网络攻击拦截",选中需要进行拦截的项目后,单击"确定"按钮进行保存,如图 5-14 所示。

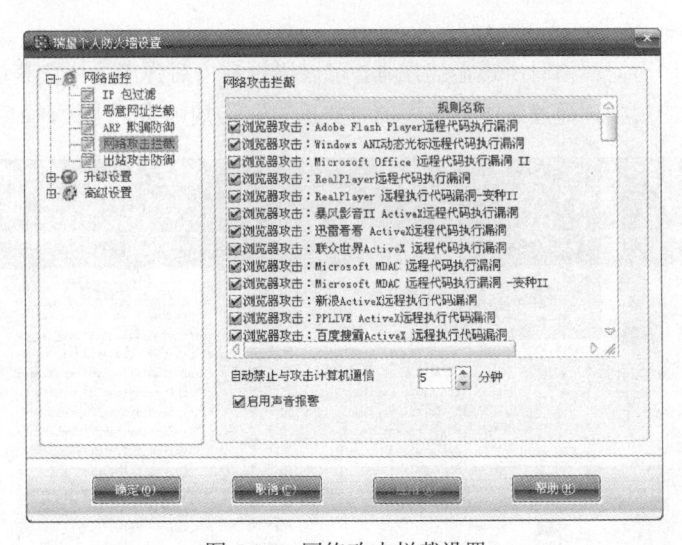

图 5-14 网络攻击拦截设置

6. 出站攻击防御

出站攻击防御阻止计算机被黑客操纵,防止变为攻击互联网的"肉鸡",保护带宽和系统资源不被恶意占用,避免成为"僵尸网络"成员。

通过使用"出站攻击防御"功能,可以对本地与外部连接所收发的 SYN、ICMP、UDP 报文进行检测。在"出站攻击防御"设置界面,可对网络协议数据包的类型做设置,最后单击"确定"按钮进行保存,如图 5-15 所示。

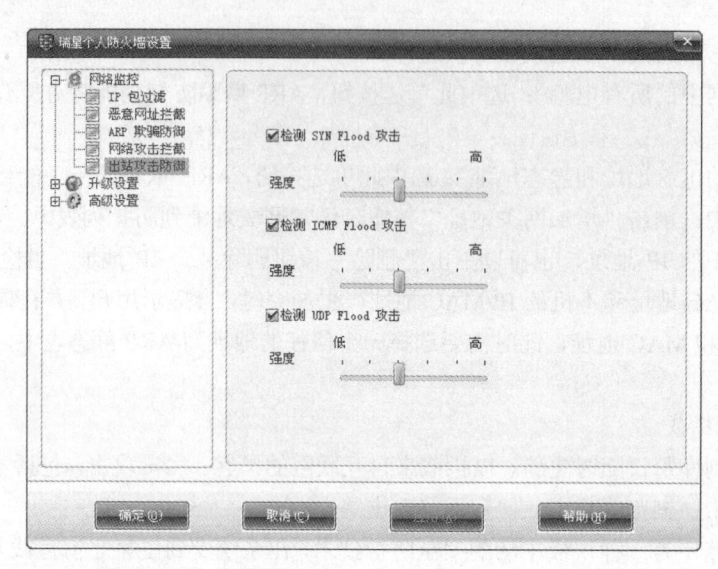

图 5-15　出站攻击防御

5.6.4　访问控制

通过自定义应用程序规则、模块规则和修改选项中的内容，可以对程序、模块访问网络的行为进行监控。

1. 程序规则

程序规则即程序访问网络时所遵循的规则，可以通过右击后弹出的快捷菜单中选择"编辑"功能来设置相应程序的规则，通过选中复选框的方式确定，该规则是否生效，如图 5-16 所示。

图 5-16　访问控制之程序规则

"程序规则"设置界面显示的项目主要有程序名称、状态、程序路径等。

相关操作如下：

（1）增加。

单击"增加"按钮或在右键快捷菜单中选择"增加"命令，打开"选择文件"窗口添加文件即可。

（2）修改。

选中待修改的规则，规则加亮显示，在右键快捷菜单中选择"编辑"命令，打开"应用程序访问规则设置"窗口。修改对应项目，单击"确定"按钮完成修改，或单击"取消"按钮放弃此次修改。单击"高级"按钮对规则可以进行高级设置。

（3）删除。

选中待删除的规则，规则加亮显示，单击"删除"按钮或在右键快捷菜单中选择"删除"命令。也可以选中项目然后按 Delete 键来删除规则。

选择规则时可配合 Ctrl 键与 Shift 键进行多选。

（4）导入与导出。

可以分别单击"导入"与"导出"按钮来为本功能添加或从本功能导出另存为指定的规则。

（5）清理无效规则。

在右键快捷菜单中选择"清理无效规则"命令，可以清空程序规则中无用的规则。

2. 模块规则

模块规则即模块访问网络时所遵循的规则，可以通过该功能设置特定模块访问网络动作的规则，如图 5-17 所示。

"模块规则"设置界面显示的项目主要有模块名称、状态、模块路径等。

相关操作如下：

图 5-17　访问控制之模块规则

（1）增加。

单击"增加"按钮或在右键快捷菜单中选择"增加"命令，打开"选择文件"窗口添加文件即可。

（2）修改。

选中待修改的规则，规则加亮显示，在右键快捷菜单中选择"编辑"命令，打开"模块规则编辑"窗口修改对应项目，单击"确定"按钮完成修改，或单击"取消"按钮放弃此次修改。

(3)删除。

选中待删除的规则,规则加亮显示,单击"删除"按钮或在右键快捷菜单中选择"删除"命令也可以选中项目然后按 Delete 键来删除规则。

选择规则时可配合 Ctrl 键与 Shift 键进行多选。

(4)导入与导出。

可以分别单击"导入"与"导出"按钮来为本功能添加或从本功能导出另存为指定的规则。

(5)清理无效规则。

在右键快捷菜单中选择"清理无效规则"命令,可以清空模块规则中无用的规则。

3. 选项

选项中包含了对程序或模块的功能设置,以及对访问网络默认动作的设置,如图 5-18 所示。

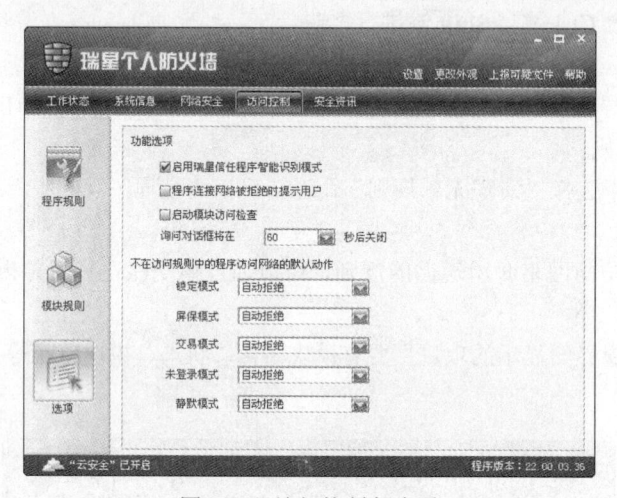

图 5-18 访问控制之选项

"选项"界面显示的项目主要有如下几个:

(1)功能选项。

有"启用瑞星信任程序智能识别模式"、"程序连接网络被拒绝时提示用户"、"启动模块访问检查"等复选框可供选择。

(2)不在访问规则中的程序访问网络的默认动作。

- 屏保模式:在屏保模式下对于应用程序网络访问请求的策略,默认是自动拒绝。
- 锁定模式:在屏幕锁定状态下对于应用程序网络访问请求的策略,默认是自动拒绝。
- 交易模式:在交易模式下对于应用程序网络访问请求的策略,默认是自动拒绝。
- 未登录模式:在未登录模式下对于应用程序网络访问请求的策略,默认是自动放行。
- 静默模式:不与用户交互的模式。在静默模式下对于应用程序网络访问请求的策略,默认是自动拒绝。

用户可根据自身情况进行设置,如图 5-18 所示。

(3)程序访问网络的 3 种默认动作。

- 自动拒绝:不提示用户,自动拒绝应用程序对网络的访问请求。
- 自动放行:不提示用户,自动放行应用程序对网络的访问请求。
- 询问我:提示用户,由用户选择处理方式。

5.6.5 高级设置

通过"高级设置"页面,可以对瑞星个人防火墙的一些辅助功能及日志记录进行设置及更改。用户可以选择是否"显示网页信息",以及是否"显示登录图标"。此外,用户还可以对瑞星防火墙的日志记录做相应修改,包括日志保留时间、记录规则修改,以及记录系统动作等。用户也可在该页面中选择切换不同语言,即"中文简体"、"中文繁体"、"English"。

1. 软件安全

(1)瑞星密码。

瑞星密码功能可防止他人修改瑞星个人防火墙当前配置或工作状态,同时可防止病毒的恶意行为对计算机构成威胁。

依次选择"网络安全"→"设置"→"高级设置"→"软件安全",进入软件安全设置页面,如图 5-19 所示,可以设置瑞星密码及其应用范围,还可以设置系统启动时的账户模式。

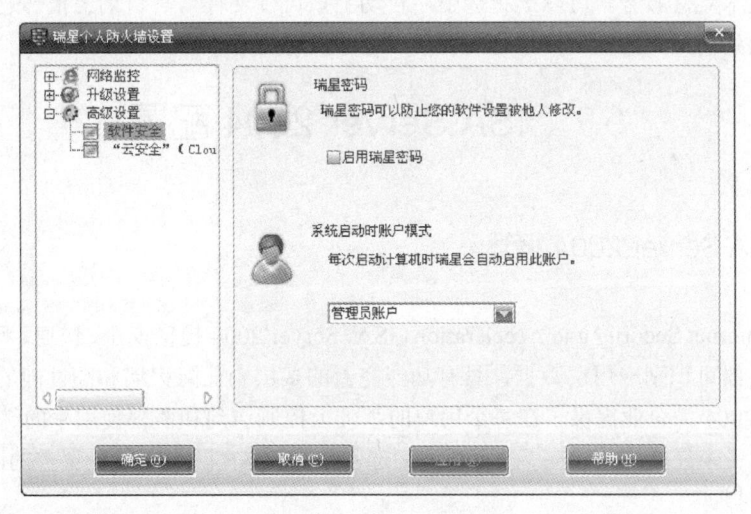

图 5-19 软件安全设置

(2)系统启动的账户模式。

依次选择"设置"→"高级设置"→"软件安全",进入软件安全设置页面,可以设置系统启动时的账户模式,账户模式有两种:管理员账户和普通账户。选择账户模式后,单击"应用"按钮,账户模式设置完毕。

2. "云安全"(Cloud Security)计划

"云安全"(Cloud Security)计划通过互联网,将瑞星用户的计算机和瑞星"云安全"平台进行实时联系,组成覆盖互联网的木马、恶意网址监测网络,能够在最短时间内发现、截获、处理海量的最新木马病毒和恶意网址,并将解决方案送达所有用户,提前防范各种新生网络威胁。每一位"瑞星全功能安全软件"的用户,都可以共享其他瑞星用户的"云安全"成果。

依次选择"设置"→"高级设置"→"'云安全'(Cloud Security)计划",进入设置页面,通过选中"加入瑞星'云安全'(Cloud Security)计划"复选框即可加入瑞星的"云安全"(Cloud Security)计划,如图 5-20 所示。

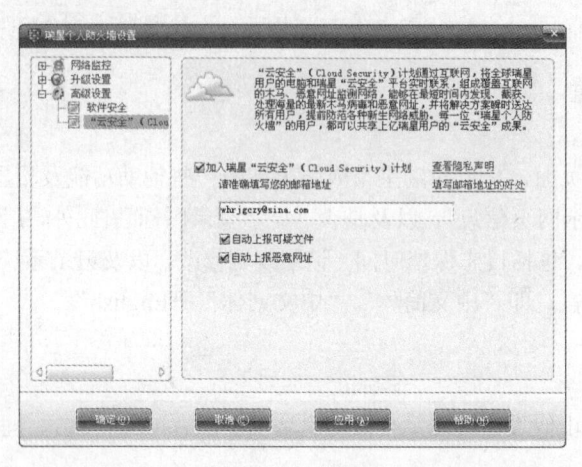

图 5-20　云安全

还可以继续输入个人电子邮箱地址，"云安全"平台将基于此地址识别用户的身份，为用户提供有针对性的技术支持服务。可以选择选中"自动上报可疑文件"、"自动上报恶意网址"复选框，将上述信息反馈到瑞星"云安全"平台，以便工程师及时处理。

5.7　ISA Server 2004 配置

5.7.1　ISA Server 2004 概述

Microsoft Internet Security and Acceleration（ISA）Server 2004 提供安全、快速、可管理的 Internet 连接。ISA 服务器可识别应用层数据，具有功能完善的多层企业防火墙和高性能的 Web 缓存。

ISA Server 2004 为企业提供了在每个用户的基础上控制访问和监视使用率的综合能力。ISA 服务器保护网络免受未经授权的访问、执行状态筛选和检查，并在防火墙或受保护的网络受到攻击时向管理员发出警报。

ISA 服务器是防火墙，可以实现数据包级别、电路级别和应用程序级别的通信筛选、状态筛选和检查等类型的防火墙功能。ISA Server 2004 支持各种网络应用程序，同时支持虚拟专用网络（VPN）、入侵检测和智能的第 7 层应用程序筛选器，对所有客户端透明，支持高级身份验证，可以安全的服务器发布。ISA Server 2004 可实现下列功能：

- 保护网络免受未经授权的访问。
- 保护 Web 和电子邮件服务器防御外来攻击。
- 检查传入和传出的网络通信以确保安全性。
- 接收可疑活动警报。

5.7.2　ISA Server 2004 的安装

1. 系统及网络需求

要使用 ISA Server 2004 服务器，需要具备以下条件：

CPU：至少 550 MHz，最多支持 4 个 CPU。

内存：至少 256 MB（不过在实际情况中，64MB 的内存下都可以运行 ISA Server 2004，只是性能没有那么好）。

硬盘空间：150 MB，不含缓存使用的磁盘空间。

操作系统：Windows Server 2003 或 Windows 2000 Server 操作系统，推荐在 Windows Server 2003 上安装。如果在运行 Windows 2000 Server 的计算机上安装 ISA Server 2004 服务器，那么必须达到以下要求：

（1）必须安装 Windows 2000 Service Pack 4 或更高版本。

（2）必须安装 Internet Explorer 6 或更高版本。

（3）如果使用的是 Windows 2000 SP4 整合安装，还要求打 KB821887 补丁。

网络适配器：必须为连接到 ISA Server 2004 服务器的每个网络单独准备一个网络适配器，至少需要一个网络适配器。

DNS 服务器：ISA Server 2004 服务器不具备转发 DNS 请求的功能，必须使用额外的 DNS 服务器。可以在内部网络中建立一个 DNS 服务器，或者使用外网（Internet）的 DNS 服务器。

网络：在安装 ISA Server 2004 服务器以前，应保证网络正常工作，这样可以避免一些未知的问题。

2. ISA Server 2004 的安装

使用如图 5-21 所示的网络拓扑。

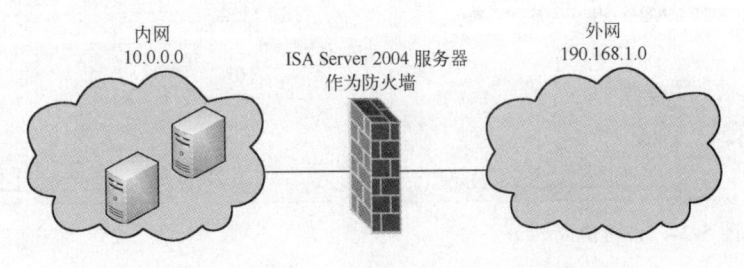

图 5-21　ISA 网络拓扑

安装步骤如下：

（1）运行 ISA Server 2004 安装光盘根目录下的 ISAAutorun.exe，开始 ISA Server 2004 的安装，如图 5-22 所示。

（2）单击"安装 ISA Server 2004"，出现安装界面，如图 5-23 所示。单击"下一步"按钮，在授权页面上单击"我接受许可协议中的条款"单选按钮，如图 5-24 所示，然后单击"下一步"按钮。在"客户信息"界面，如图 5-25 所示，输入个人信息和产品序列号，单击"下一步"按钮继续。在"安装类型"界面，如图 5-26 所示，如果需要改变 ISA Server 的默认安装选项，可以单击"自定义"单选按钮，然后单击"下一步"按钮。

（3）在"自定义安装"界面，如图 5-27 所示，可以选择安装的组件，默认情况下，会安装防火墙服务器和 ISA 服务器管理，而防火墙客户端安装共享和用于控制垃圾邮件和邮件附件的消息筛选程序不会安装。如果想安装消息筛选程序，需要先在 ISA Server 2004 服务器上安装 IIS 6.0

SMTP 服务，单击"下一步"按钮继续。在"内部网络"界面，如图 5-28 所示，单击"添加"按钮，出现如图 5-29 所示的对话框，添加相应地址。

图 5-22　ISA Server 2004 安装程序

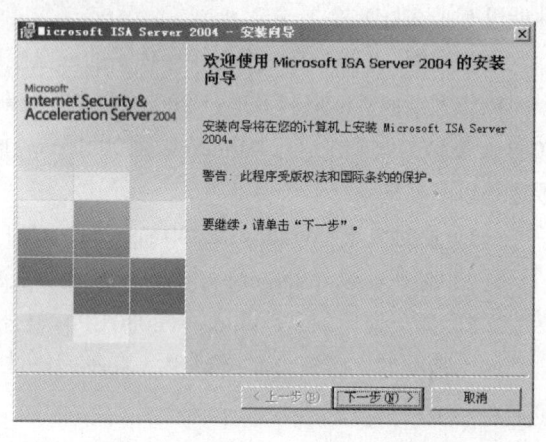

图 5-23　ISA Server 2004 安装向导

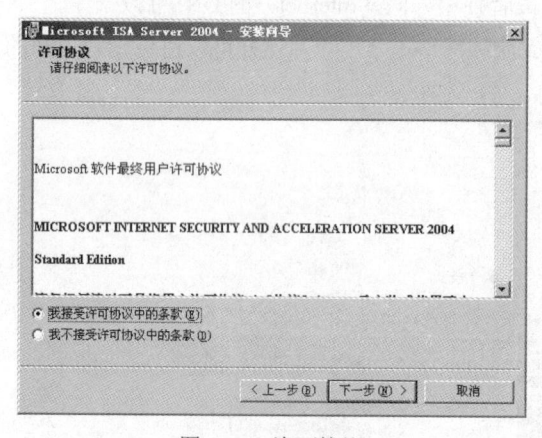

图 5-24　许可协议

图 5-25　客户信息

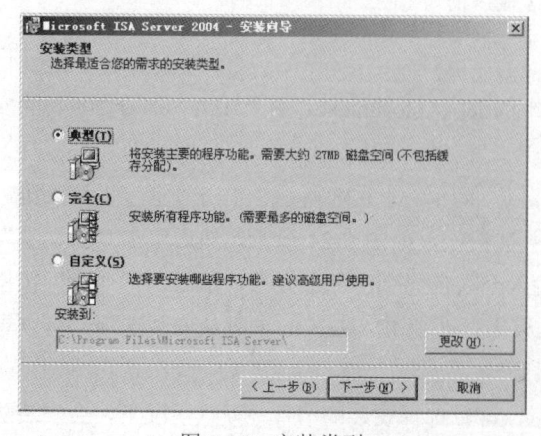

图 5-26　安装类型

图 5-27　自定义安装

(4) 内部网络和在 ISA Server 2000 中使用的 LAT（本地地址表）已经大大不同了。在 ISA Server 2004 中，内部网络定义为 ISA Server 2004 必须进行数据通信的信任网络。防火墙的系统策略会自动允许 ISA Server 2004 到内部网络的部分通信。在地址添加对话框中，如图 5-29 所示，单击"选择网卡"按钮，出现"选择网卡"对话框，如图 5-30 所示，取消选中"添加下列专用范围..."复选框，保留选中"基于 Windows 路由表添加地址范围"复选框，选择连接内部网络的适配器，单击"确定"按钮。在弹出的提示对话框中单击"确定"按钮。在"内部网络"地址界面中，如图 5-31 所示，单击"下一步"按钮。

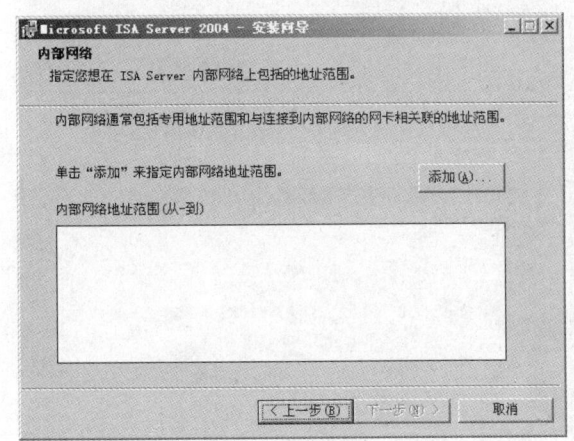

图 5-28　内部网络

图 5-29　添加地址

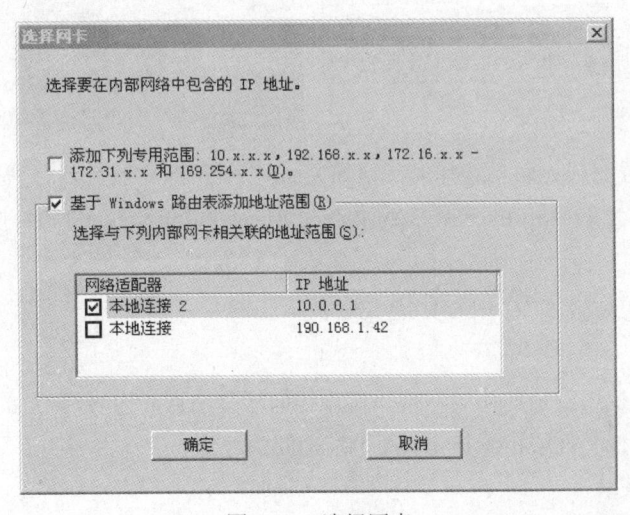

图 5-30　选择网卡

(5) 在"防火墙客户端连接设置"界面，如图 5-32 所示，如果客户机上使用了 ISA Server 2000 的防火墙客户端，则可以选中"允许运行早期版本的防火墙客户端软件的计算机连接"复选框，然后单击"下一步"按钮。在"服务"界面，如图 5-33 所示，单击"下一步"按钮。在"可以安装程序了"界面，如图 5-34 所示，单击"安装"按钮。

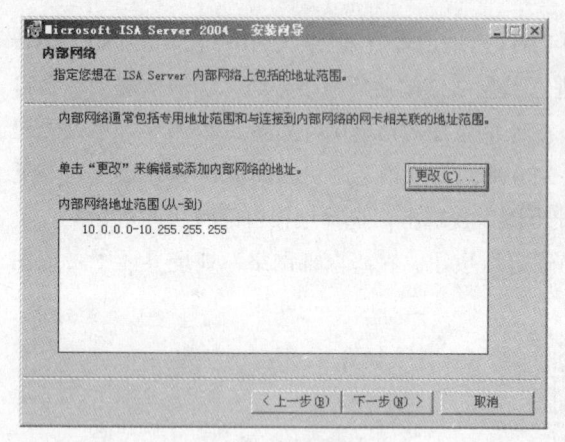

图 5-31　内部网络

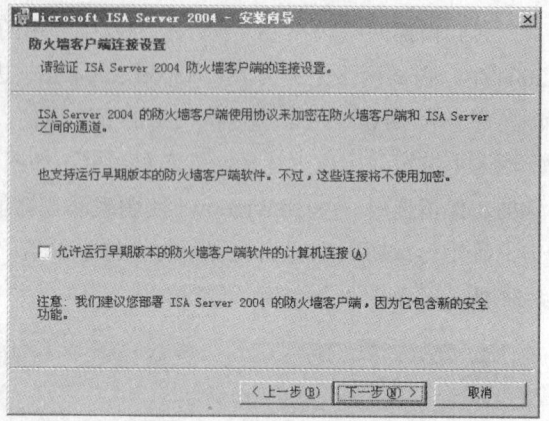

图 5-32　防火墙客户端连接设置

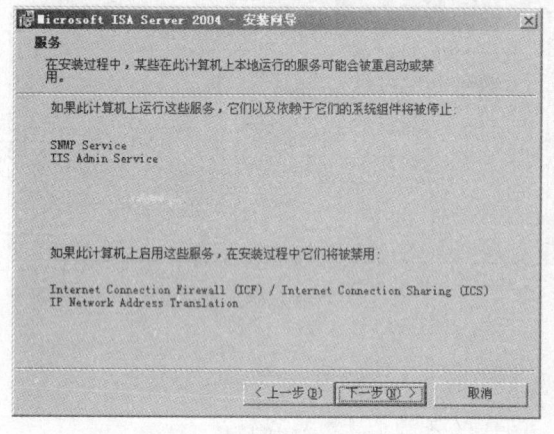

图 5-33　服务

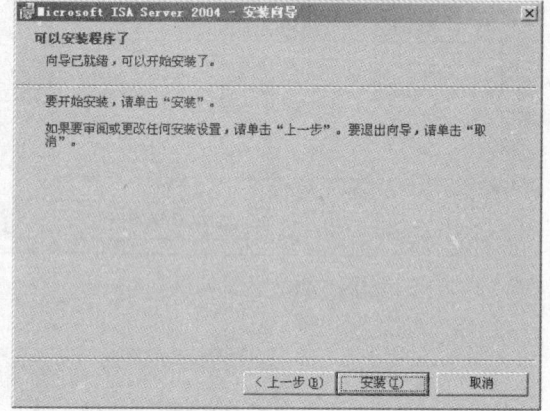

图 5-34　开始安装程序

（6）在安装向导完成界面，选择"在向导关闭时运行 ISA 服务器管理"，然后单击"完成"按钮。此时，会出现 Microsoft Internet Security and Acceleration Server 2004 控制台。

5.7.3　ISA Server 2004 防火墙策略

防火墙策略指定使用特定的协议和端口可以访问哪些站点和内容，特定的协议是否可访问入站和出站通信，以及是否允许或拒绝指定 IP 地址之间的通信。

1. 防火墙系统策略

在安装 ISA Server 2004 服务器时，会创建默认的系统策略。系统策略允许 ISA Server 2004 服务器访问它连接到的网络的特定服务。

操作步骤如下：

（1）在"防火墙策略"上右击，选择"查看"命令。

（2）单击"显示系统策略规则"命令，如图 5-35 所示，或者单击图标栏上最右边的快捷图标，窗口右边出现了系统防火墙策略，如图 5-36 所示。系统防火墙策略如图 5-37 所示。

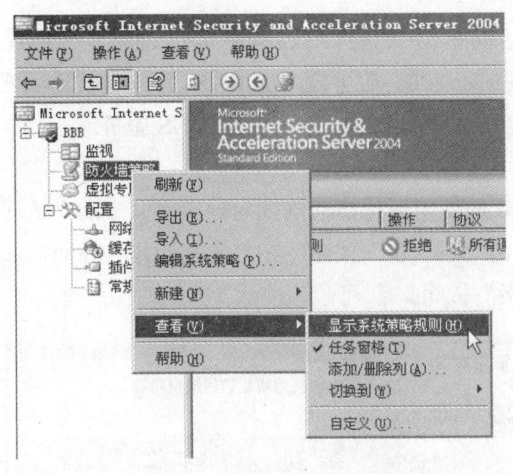

图 5-35　显示系统防火墙策略 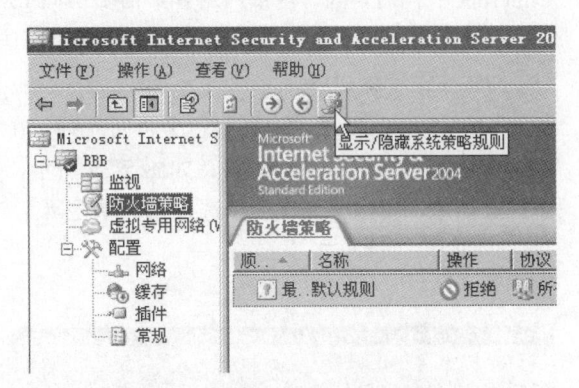　　　　　　图 5-36　显示/隐藏系统防火墙策略

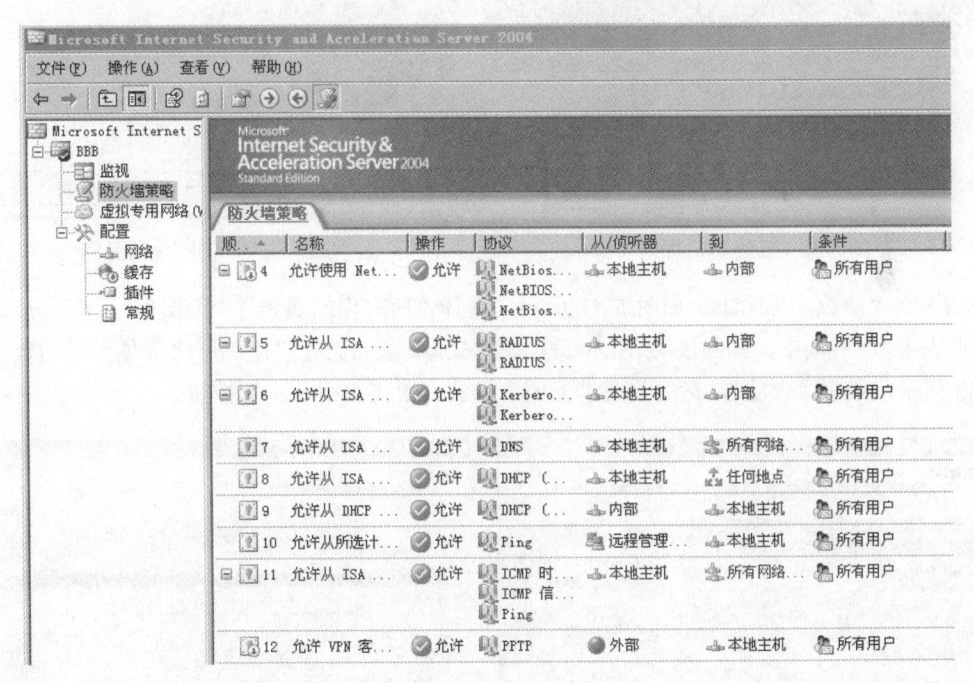

图 5-37　系统防火墙策略

注意：所有系统策略类别都是在安装 ISA 服务器时默认启用的，建议根据自己的需求来禁用不需要的系统策略类别。

2. 建立访问策略

安装好 ISA Server 2004 后，需要建立访问策略以允许内部客户访问 Internet。现就以允许所有的内部客户访问 Internet 上的所有服务为例来建立策略。在 ISA Server 2004 为了方便使用，附带了网络模板的功能，使用也很简单。但是在这里，由于只是简单地允许内部客户访问 Internet 的所有服务，所以，使用模板还略显烦琐，可以通过 ISA Server 2004 方便快捷的规则向导，轻松地建立访问策略。新建一条允许内部客户访问外部网络的所有服务的访问规则，在防火墙策略上右击，选择"新建"→"访问规则"命令，如图 5-38 所示。

根据目前的网络环境，需要两条策略：一条访问策略以允许内部网络客户访问外部网络（Internet）；同时，因为内部网络客户需要访问 ISA Server 2004 服务器上的 DNS 服务器以解析域名，这就需要建立一条策略以允许内部网络客户访问 ISA Server 2004 服务器的 DNS 服务。

具体操作步骤如下：

（1）如图 5-38 所示，新建一个访问规则。在"欢迎使用新建访问规则向导"界面中的"访问规则名称"文本框中，输入 tx1，如图 5-39 所示，单击"下一步"按钮。在"规则操作"界面，如图 5-40 所示，单击"允许"单选按钮，单击"下一步"按钮。

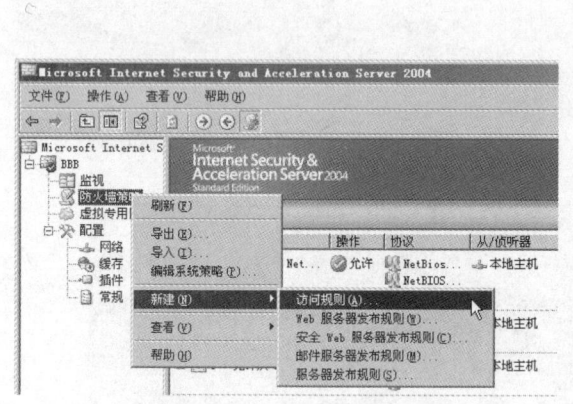

图 5-38　新建访问规则　　　　　　　图 5-39　访问规则名称

（2）在"协议"界面中，如图 5-41 所示，选择"所有出站通讯"，单击"下一步"按钮；在"访问规则源"界面中，如图 5-42 所示，单击"添加"按钮。在"添加网络实体"对话框中，如图 5-43 所示，双击"内部"，然后单击"关闭"按钮，单击"下一步"按钮。

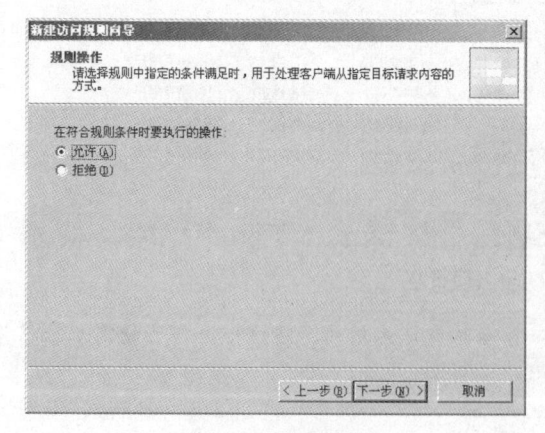

图 5-40　规则操作　　　　　　　　　图 5-41　协议

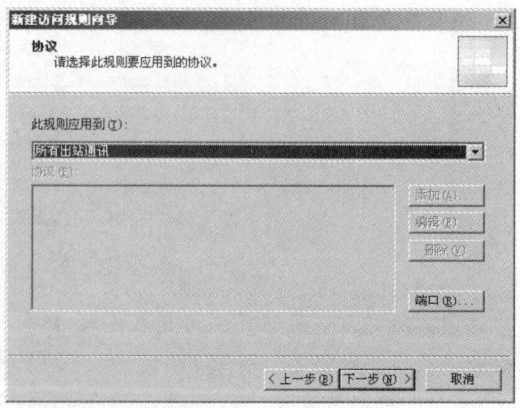

（3）在"访问规则目标"界面中，如图 5-44 所示，单击"添加"按钮，在弹出的"添加网络实体"对话框中，如图 5-45 所示，双击"外部"，然后单击"关闭"按钮，单击"下一步"按钮。在"用户集"界面中，如图 5-46 所示，接受默认的"所有用户"，然后单击"下一步"按钮。或者单击"添加"按钮，出现如图 5-47 所示的"添加用户"对话框，选择需要的用户。

项目 5 防火墙技术的应用

图 5-42 访问规则源

图 5-43 添加网络实体

图 5-44 访问规则目标

图 5-45 添加网络实体

图 5-46 用户集

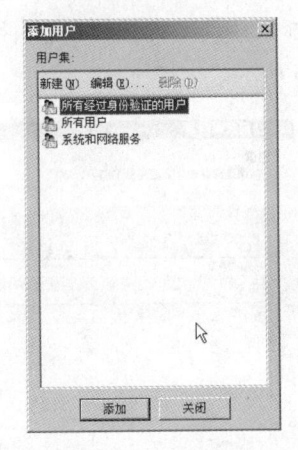

图 5-47 添加用户

（4）在"正在完成新建访问规则向导"界面，单击"完成"按钮，如图 5-48 所示。在如图 5-49 所示的主窗口中单击"应用"按钮来应用规则。

图 5-48　完成访问规则

图 5-49　应用规则

新建一条允许内部客户访问 ISA Server 2004 服务器上的 DNS 服务的访问规则，这条规则的创建步骤和上面一条大体一样，不同的地方在：选择不同的规则名，在"协议"界面中选择"所选的协议"，如图 5-50 所示，然后单击"添加"按钮，在弹出的"添加协议"对话框中选择"通用协议"下的"DNS"，如图 5-51 所示。在"访问规则目标"界面中选择访问规则目标为"本地主机"，如图 5-52 所示，单击"添加"按钮，在弹出的"添加网络实体"对话框中选择"本地主机"，如图 5-53 所示。

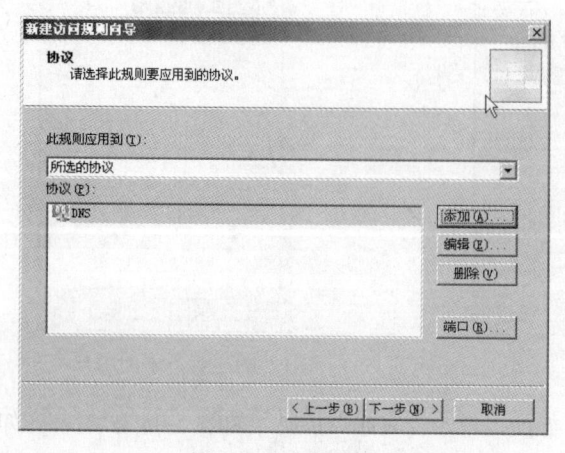

图 5-50　选择协议

图 5-51　通用协议

图 5-52　访问规则目标　　　　　　　　图 5-53　添加本地主机

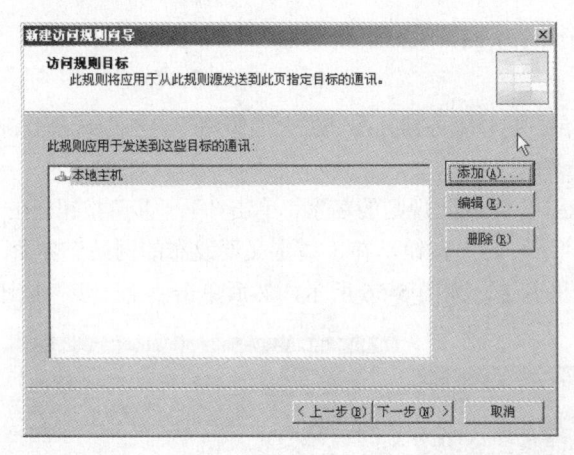

单击图 5-54 中的"应用"按钮，此时，ISA Server 2004 服务器的初步配置已经完成，内部客户可以访问外部网络的所有服务，也可以访问 ISA Server 2004 服务器上的 DNS 服务。

注意：只能访问 ISA Server 2004 服务器上的 DNS 服务，其他的服务都会被禁止（如 ping 等），因为没有在策略中明确允许这一点。最后，可单击"应用"按钮保存修改并更新防火墙策略，这样，一条 Web 服务器发布策略就已经生效了。

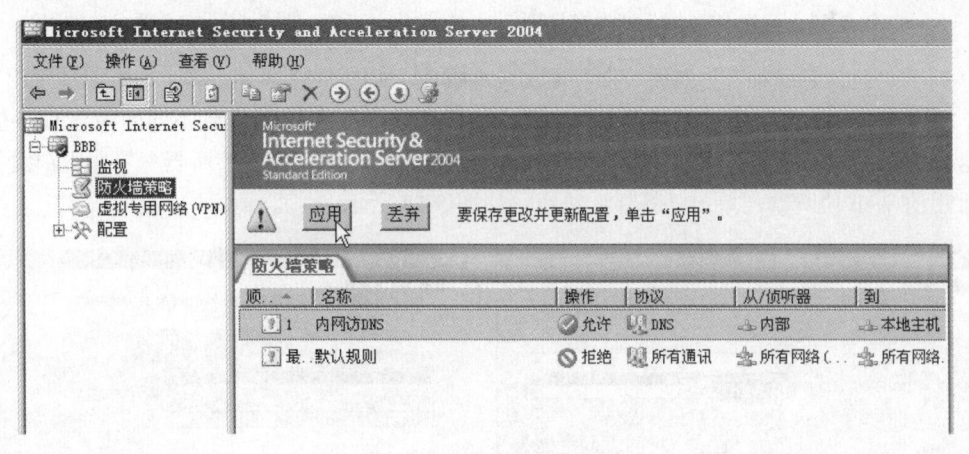

图 5-54　应用访问规则

5.7.4　发布内部网络中的服务器

ISA Server 2004 支持动态 IP 后的服务器发布，然后对不同的服务器发布情况进行进一步细分，通过使用不同的发布向导，可以轻松地发布内部网络中的服务器，同时对应的应用层过滤系统也提高了被发布的内部服务器的安全性。

1. 使用 Web 发布向导发布内部的 Web 站点

ISA Server 2004 对过去在 ISA Server 2000 使用的 Web 服务器发布进行了很大的改进，除了支持动态公网 IP 地址的 Web 发布外，还可以根据域名的不同，将进入的 Web 访问请求转发到内部不同的 Web 服务器上。在此例中，将发布位于内网 IP 地址为 10.0.0.2/24 的 Web 服务器上的站点，其中 ISA Server 2004 服务器的内部接口为 10.0.0.1/24。

操作步骤如下：

（1）打开 ISA Server 2004 的管理控制台，展开服务器，在"防火墙策略"上右击选择"新建"→"Web 服务器发布规则"命令，如图 5-55 所示。

（2）在"新建 Web 发布规则向导"界面中，输入此规则的名字，单击"下一步"按钮。在"请选择规则操作"界面，选择"允许"，单击"下一步"按钮。在"请定义要发布的网站"界面，输入想发布的 Web 服务器的 IP 地址或者计算机名字，如图 5-56 所示，然后单击"下一步"按钮。

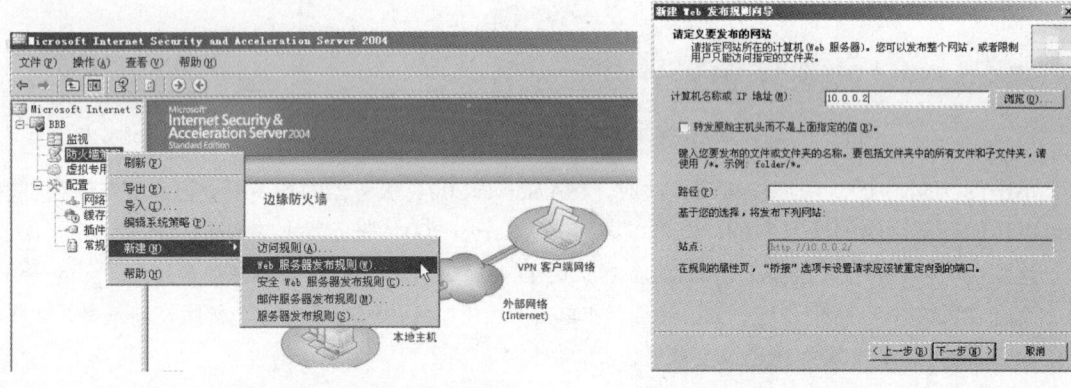

图 5-55　新建 Web 服务器发布规则　　　　图 5-56　定义要发布的网站

（3）在"公共名称细节"界面，输入要发布的域名，如图 5-57 所示。这个地方就体现出了 ISA Server 2004 的强大，可以通过建立多条 Web 发布规则把不同的域名转发到不同的内部 Web 服务器上。这里选择"任何域名"，然后单击"下一步"按钮。在"选择 Web 侦听器"界面中，由于当前没有可用的 Web 侦听器，单击"新建"按钮，如图 5-58 所示。

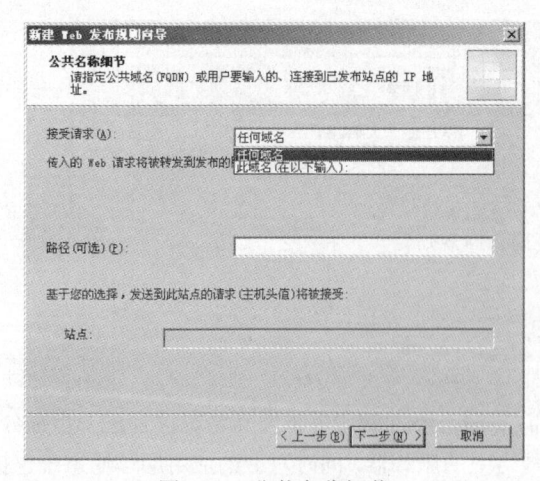

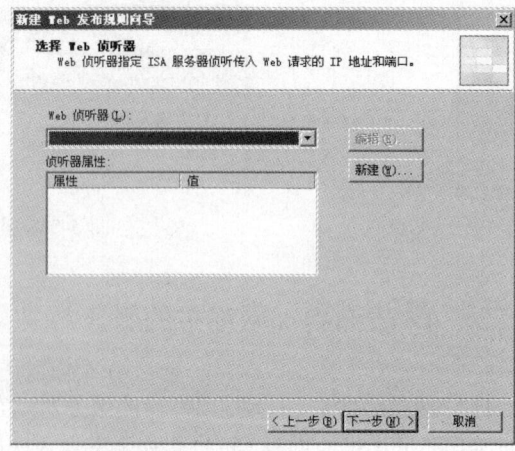

图 5-57　公共名称细节　　　　图 5-58　选择 Web 侦听器

（4）在弹出的"新建 Web 侦听器定义向导"的"欢迎使用新建 Web 侦听器向导"界面中，输入 Web 侦听器的名字，如图 5-59 所示。单击"下一步"按钮。在"IP 地址"界面，选择需要侦听 Web 请求的网络，选中"外部"复选框，然后单击"下一步"按钮，如图 5-60 所示。

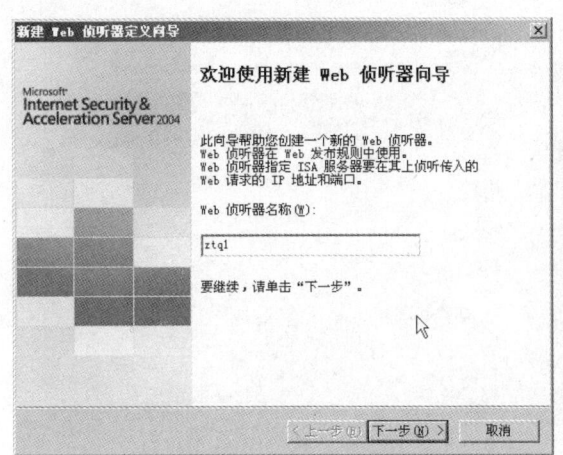

图 5-59 侦听器向导 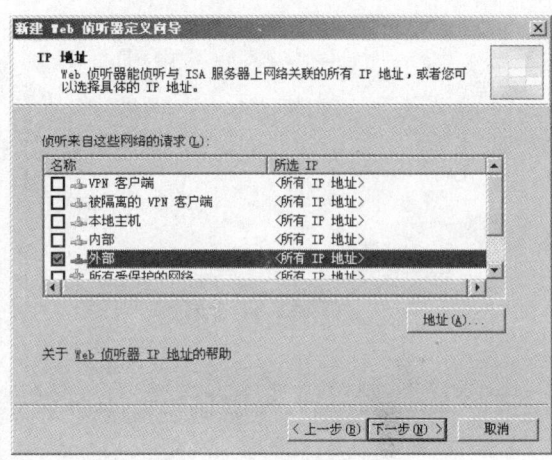　　　　　　　　　　　图 5-60　IP 地址

（5）在"端口指定"界面，选择需要侦听的端口。接受默认的 80 端口设置，单击"下一步"按钮，出现如图 5-62 所示界面，选择相应侦听器。单击"下一步"按钮，在"正在完成新建 Web 侦听器向导"界面中，单击"完成"按钮，如图 5-63 所示。此时，Web 侦听器已经建好了，单击"下一步"按钮继续。

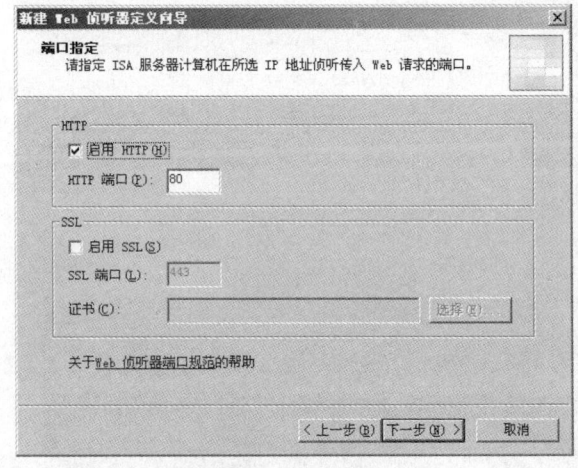

图 5-61　端口指定 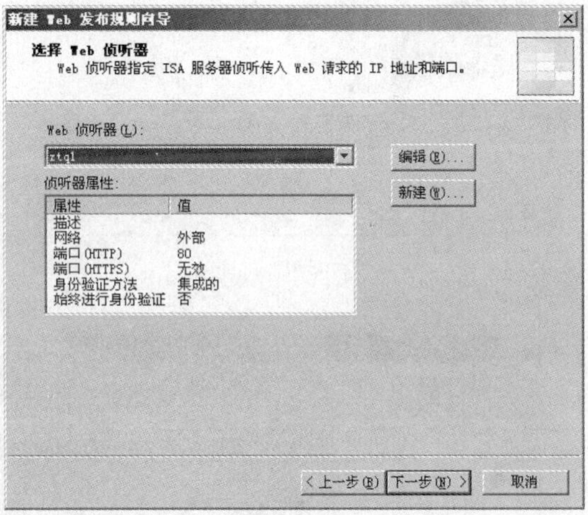　　　　　　　　　　　图 5-62　侦听器选择

（6）在"用户集"界面中，如图 5-64 所示，接受默认的"所有用户"，单击"下一步"按钮。在"正在完成新建 Web 发布规则向导"界面，单击"完成"按钮，如图 5-65 所示，然后单击图 5-66 中的"应用"按钮即可。

2. 使用服务器发布内部 ftp 站点

另外在此发布一个内部 ftp 服务器，它的 IP 地址是 10.0.0.2。操作步骤如下：

（1）首先，打开 ISA Server 2004 的管理控制台，展开服务器，在防火墙策略上右击，选择"新建"→"服务器发布规则"命令，如图 5-67 所示。

（2）在"欢迎使用新建服务器发布规则向导"界面，输入规则的名字，单击"下一步"按钮。在"选择服务器"界面，输入内部服务器的 IP 地址，然后单击"下一步"按钮，如图 5-68 所示。

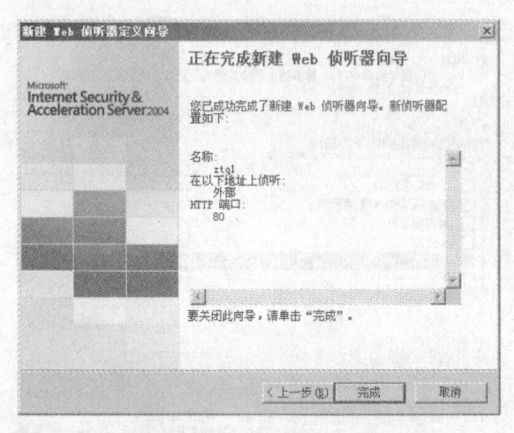

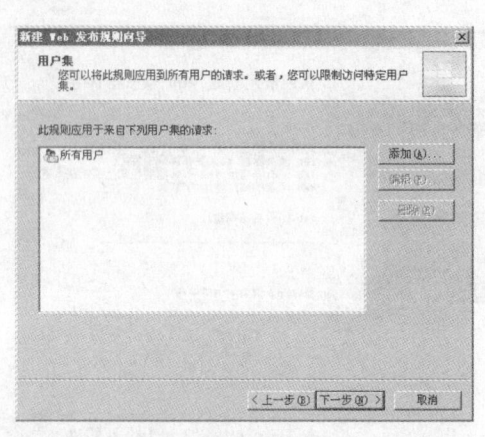

图 5-63 完成侦听器向导　　　　　　　　　图 5-64 选择 Web 用户集

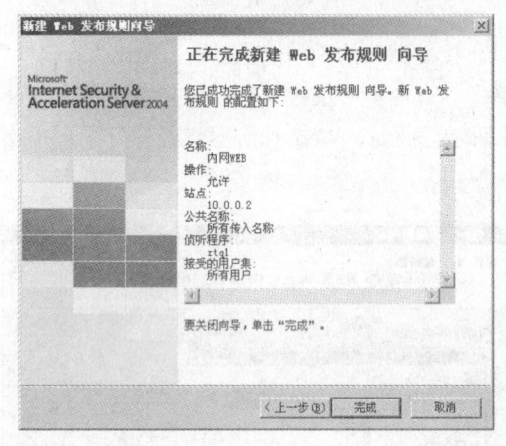

图 5-65 完成 Web 发布规则向导　　　　　　图 5-66 应用 Web 规则

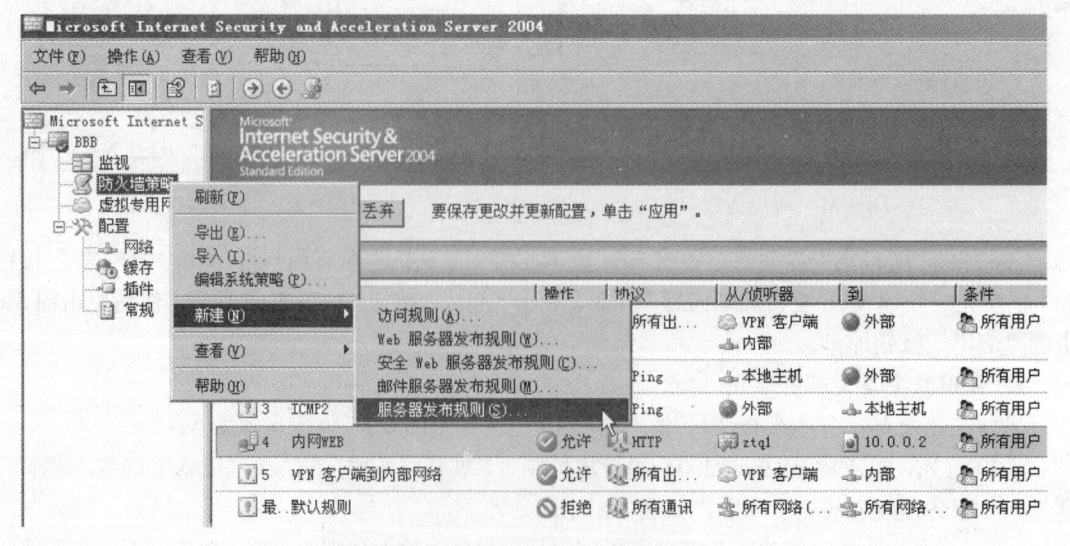

图 5-67 新建服务器发布规则

（3）在"选择协议"界面中，选择"FTP 服务器"，如图 5-69 所示，单击"下一步"按钮继续。在"IP 地址"界面中,选中"外部"复选框,如图 5-70 所示,单击"下一步"按钮。在"正在完成新建服务器发布规则向导"界面中单击"完成"按钮即可,如图 5-71 所示。最后,如图 5-72 所示,单击"应用"按钮,保存修改和更新防火墙策略,内部网络 FTP 服务器的发布就完成了。

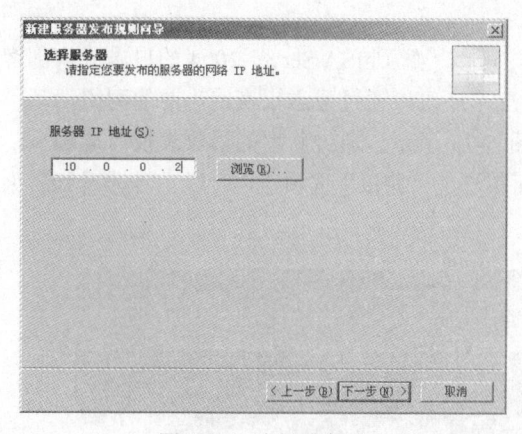

图 5-68 选择服务器

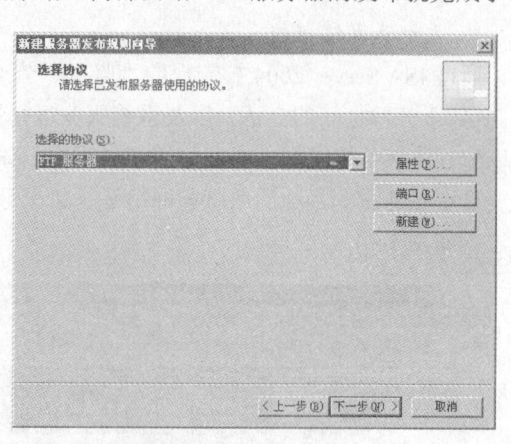

图 5-69 选择协议

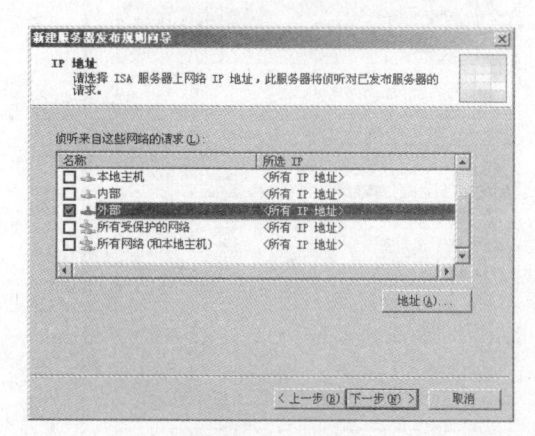

图 5-70 IP 地址

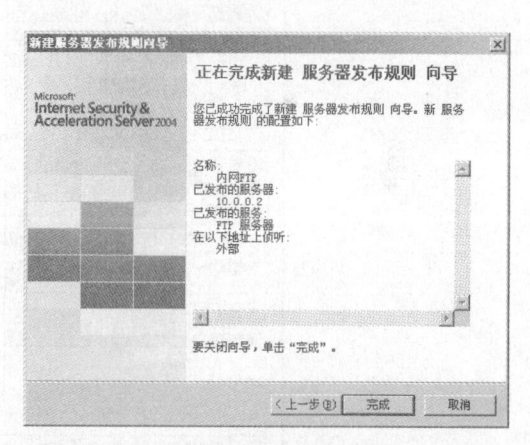

图 5-71 正在完成新建服务器发布规则向导

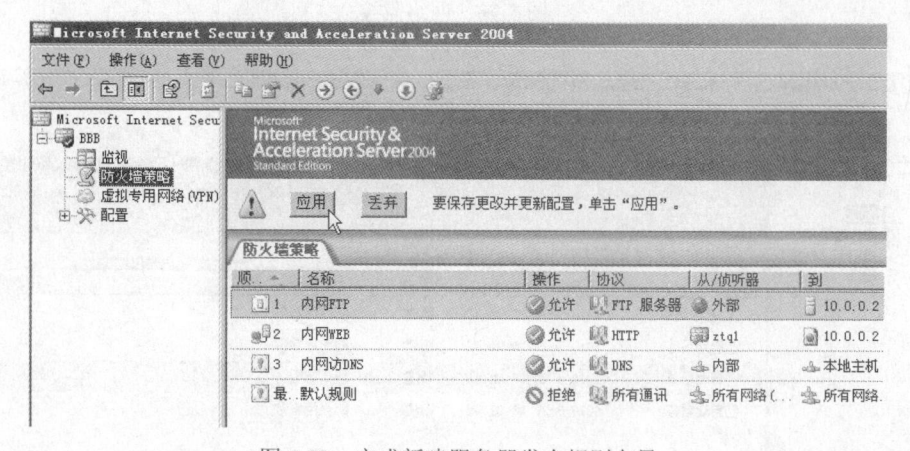

图 5-72 完成新建服务器发布规则向导

5.7.5 ISA Server 2004 的系统和网络监控及报告

1. 系统和网络监控

通过 ISA Server 2004 控制台的"监视"节点，可以了解到 ISA Server 2004 的日志、内部客户和 ISA 服务器之间的会话，以及系统服务运行情况，还可以通过日志来查询当前的网络活动，也可以配置连接性检查和生成网络活动的报告，如图 5-73 所示。通过新增的"仪表板"选项卡，可以一目了然地看到当前的系统和网络运行状况。而新增的"警报"选项卡，可以实时地看到防火墙日志，如图 5-74 所示。

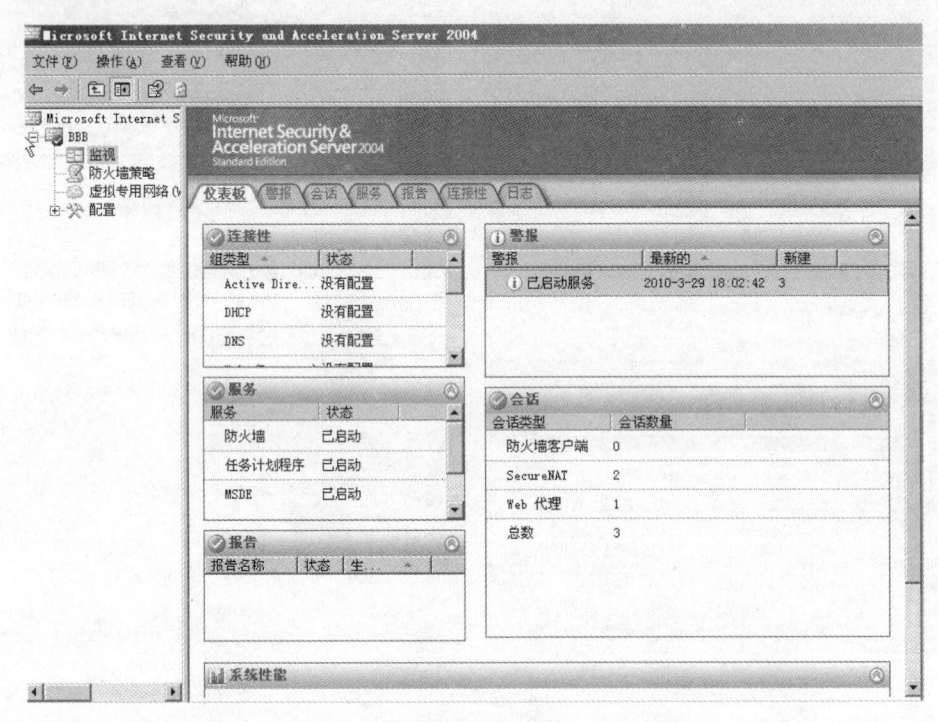

图 5-73 网络监控

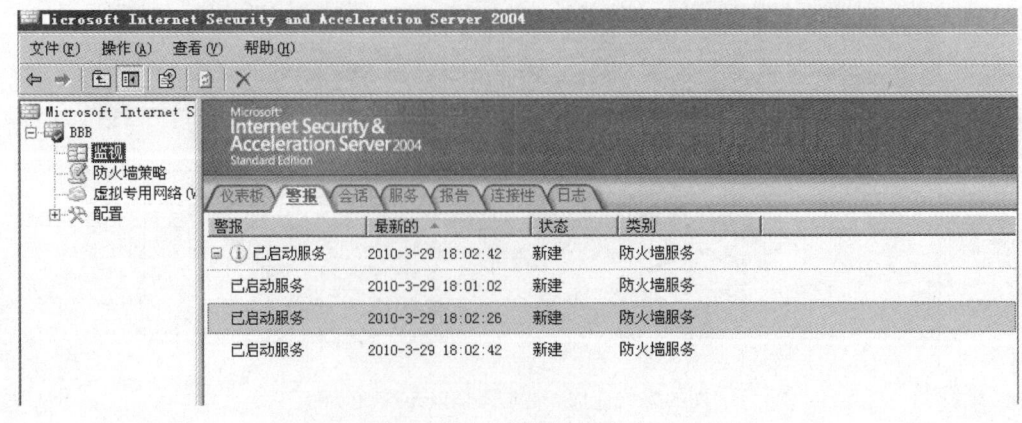

图 5-74 "警报"选项卡

通过"会话"选项卡，可以很清楚地了解当前和 ISA Server 2004 进行通信的客户及其详细资料，如图 5-75 所示。

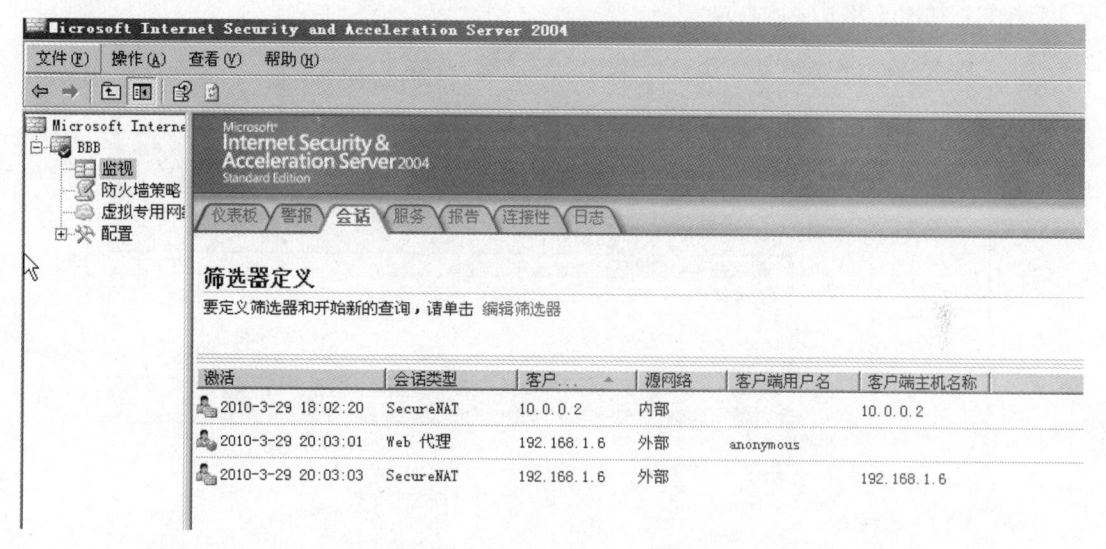

图 5-75 "会话"选项卡

ISA Server 2004 的日志系统采用 SQL Server 的简化版进行存储，不但高效，而且性能较好，在日志中可用于查询的条件达到了几十项，如 Client IP、连接状态等。例如，现在需要了解内部网络中 IP 地址为 10.0.0.2 的客户当前的网络活动，则单击"日志"选项卡，然后单击"编辑筛选器"。在"编辑筛选器"对话框中，"筛选依据"选择"客户端 IP"，"条件"选择"等于"，"值"输入"10.0.0.2"，如图 5-76 所示，单击"添加到列表"按钮。在上面的"只显示满足这些条件的项目"列表框中选择刚才建立好的条件，然后单击"启动查询"按钮进行查询。

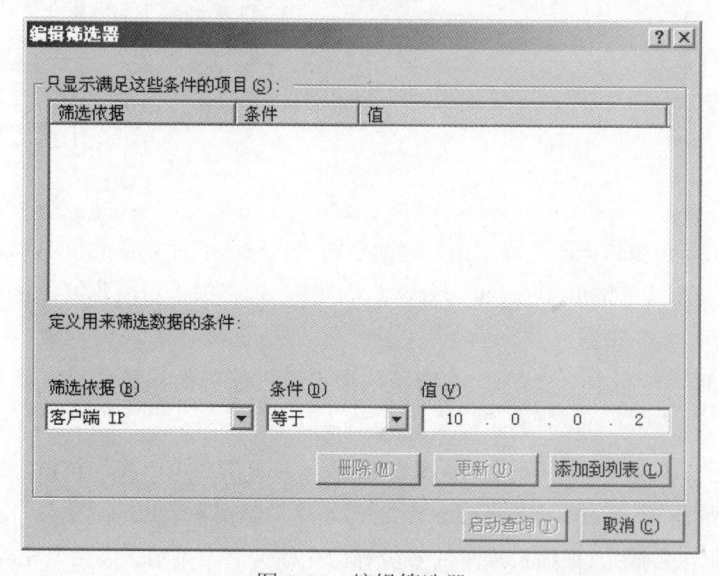

图 5-76 编辑筛选器

如图 5-77 所示，ISA Server 2004 很快就返回了该客户所有的网络活动信息。

2. 报告

在 ISA Server 2004 中单击"报告"选项卡,然后单击右边"任务"选项卡里面的"生成新的报告"按钮,如图 5-78 所示。

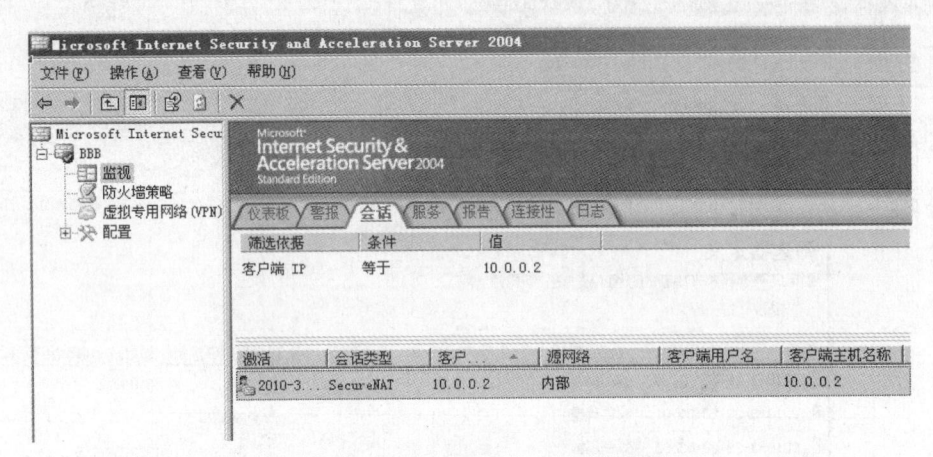

图 5-77 "会话"选项卡中的查询结果

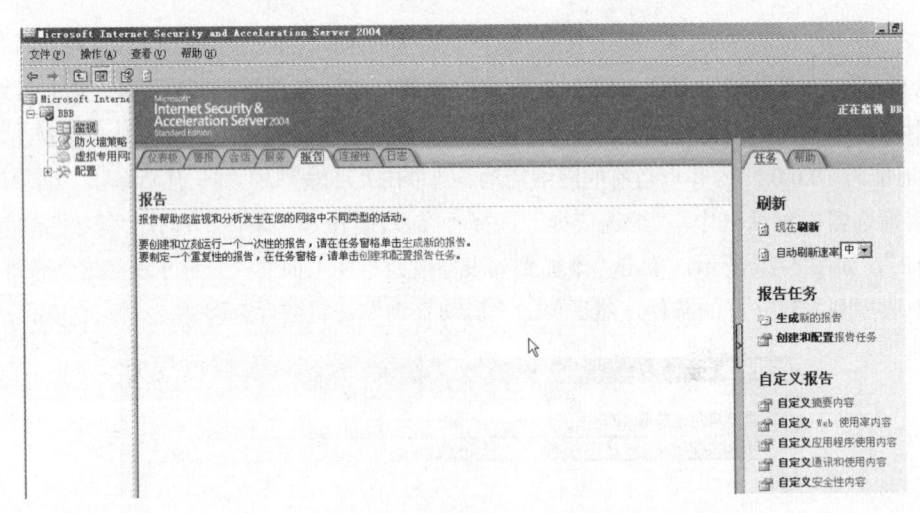

图 5-78 "报告"选项卡

在"欢迎使用新建报告向导"界面中,给新建的报告输入名字,在此以 WLzk 命名,如图 5-79 所示,然后单击"下一步"按钮。在"报告内容"界面中,选择报告中需要包含的内容,如图 5-80 所示,然后单击"下一步"按钮。

在"报告期间"界面中,如图 5-81 所示,指定报告任务的报告周期,然后单击"下一步"按钮。

在"发送电子邮件通知"界面中,如图 5-82 所示,单击"下一步"按钮,然后在"正在完成新建报告向导"界面中,单击"完成"按钮。此时,在"监视"节点的"报告"选项卡中,显示此报告的状态为"正在生成",根据日志量的多少等待几秒钟后,显示状态为"完成"。此时,双击此报告就可以打开,如图 5-83 所示。

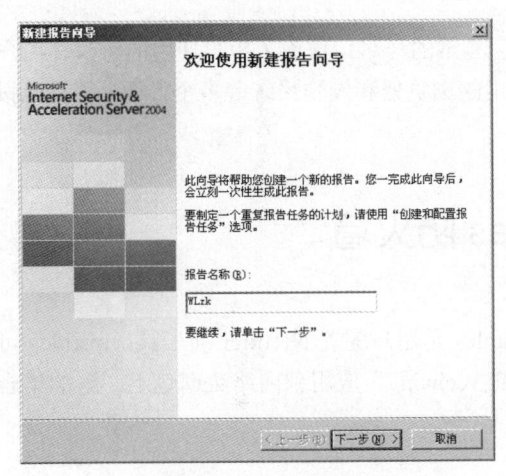

图 5-79 报告名称

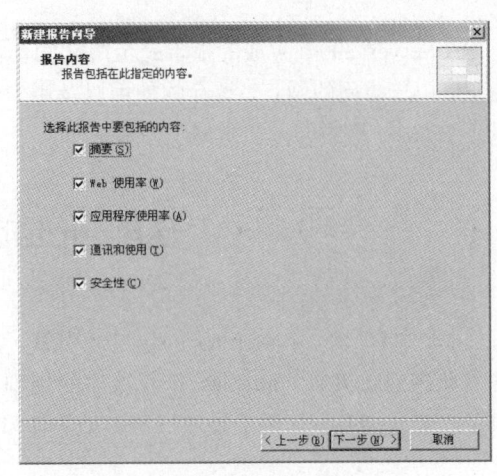

图 5-80 报告内容

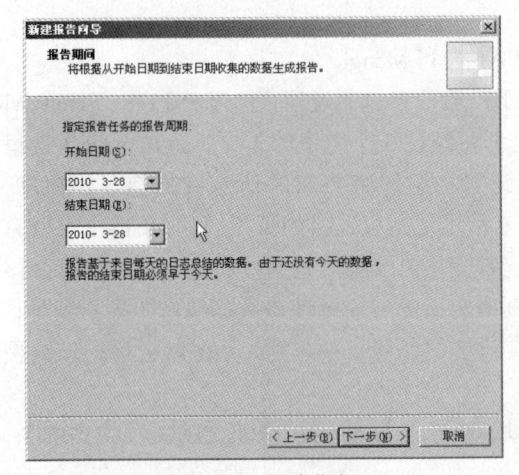

图 5-81 报告期间

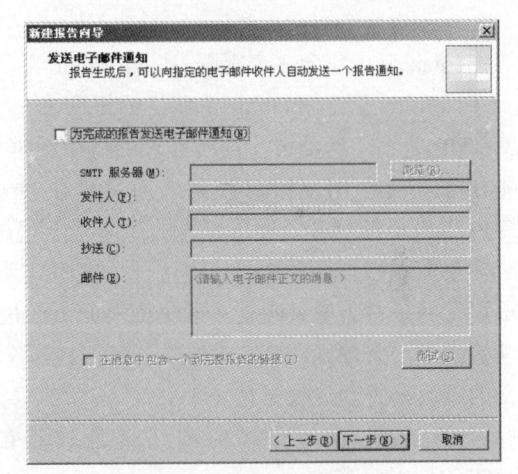

图 5-82 发送电子邮件通知

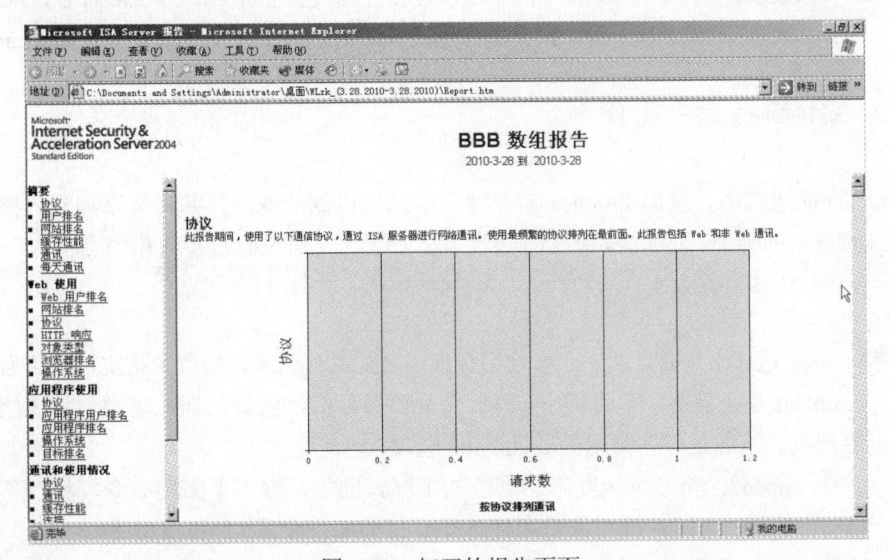

图 5-83 打开的报告页面

ISA Server 2004 生成的报告是全中文的，内容非常的详尽，覆盖了用户使用的协议、用户访问流量、用户访问的站点、缓存的使用以及用户使用的浏览器和操作系统等多个方面。并且此报告是基于 HTML 格式的，非常便于修改。

5.8 iptables 防火墙

Linux 中有一个叫 Netfilter 的包过滤引擎。iptables 是用户配置 Netfilter 的工具。iptables 可以配置有状态的防火墙。iptables 把有次序的规则"链（chain）"应用到网络数据包上，链的集合就构成了"表（table）"，用于处理特殊类型的流量。

5.8.1 iptables 中的规则表

在 iptables 中包含 3 个规则表，即 Filter 表、NAT 表和 Mangle 表。

（1）Filter 表是 iptables 中默认的规则表，用于一般信息包的过滤，包含 INPUT、FORWARD 和 OUTPUT 三个标准链，内核处理的每个数据包都要经过 3 个链中的 1 个。FORWARD 链里的规则用于在一个网络接口收到的而且需要转发到另一个网络接口的所有数据包，INPUT 和 OUTPUT 链里的规则分别用于目的是本地主机或者从本地主机发出的流量。每一条链中可以有一条或数条规则。当一个数据包到达一个链时，系统就会从第一条规则开始检查，看是否符合该规则所定义的条件。如果满足，系统将根据该条规则所定义的方法处理该数据包；如果不满足，则继续检查下一条规则。最后，如果该数据包不符合该链中任何一条规则，系统就会根据该链预先定义的策略来处理该数据包。

（2）NAT 表包含控制网络地址转换的规则链，包含 PREROUTING、OUTPUT 和 POSTROUTING 链。

（3）Mangle 表包含一些规则来标记用于高级路由的信息包，包含 INPUT、OUTPUT、FORWARD、PREROUTING 和 POSTROUTING 链。如果信息包及其头内进行了任何更改，则使用 Mangle 表。

5.8.2 iptables 命令简介

在 iptables 防火墙中，使用 iptables 命令建立信息包过滤的规则，并将其添加到内核空间的特定信息包过滤表内的链中。iptables 命令的一般语法如下（详细说明请参阅相关资料）。

```
#iptables[-t table]command[match][target]
```

其中：

（1）[-t table] 选项不是必需的，允许使用标准表之外的任何表，如果未指定，默认为 Filter 表。

（2）command 是必需的，它告诉 iptables 命令要做什么，例如，插入规则、将规则添加到链的末尾或删除规则。下面是一些常用的 command 选项。

- -A 或--append：将一条规则附加到链的末尾。例如，输入下面的命令，将一条规则附加到 INPUT 链的末尾，确定来自源地址 200.116.64.1 的信息包可以接受。

```
#iptables -A INPUT -s 200.116.64.1 -j ACCEPT
```

- -D 或--delete：从某个规则链中删除一条规则，可以输入完整规则，或者直接指定编号加以删除。例如，下面的第1条命令表示从 INPUT 链删除规则，该规则指定 DROP 前往端口80的信息包；第2条命令表示从 OUTPUT 链删除编号为3的规则。

```
#iptables -D INPUT --dport 80 -j DROP
#iptables -D OUTPUT 3
```

- -P 或--policy：设置链的默认目标，即策略。所有与链中任何规则都不匹配的信息包都将被强制使用此链的策略。例如，下面的命令将 INPUT 链的默认目标指定为 DROP，意味着将丢弃所有与 INPUT 链中任何规则都不匹配的信息包。

```
#iptables --P INPUT DROP
```

- -N 或--new-chain：用命令中所指定的名称创建一个新链，例如，下面的命令将创建一个 allowed-chain 链。

```
# iptables -N allowed-chain
```

- -F 或--flush：用于快速清除。如果指定链名，该命令删除链中的所有规则；如果未指定链名，该命令删除所有链中的所有规则。举例如下：

```
#iptables -F FORWARD
#iptables -F
```

- -L 或--list：列出指定链中的所有规则。举例如下：

```
#iptables –L allowed-chain
```

（3）[match]选项也不是必需的，它用于指定信息包与规则匹配所应具有的特征（如源和目的地址、协议等）。匹配分为通用匹配和特定于协议的匹配。下面是一些常用的通用匹配。

- -p 或--protocol：用于检查某些特定协议。协议示例有 TCP、UDP、ICMP、用逗号分隔的任何前3种协议的组合列表以及 ALL（用于所有协议）。ALL 是默认匹配，可以使用"！"符号，表示不与该项匹配。例如，下面的两条命令都执行同一个任务，即指定所有 TCP 和 UDP 信息包都将与该规则匹配。

```
#iptables -A INPUT -p TCP, UDP
#iptables -A INPUT -p!ICMP
```

- -s 或--source：用于根据信息包的源 IP 地址来与它们匹配，也允许对某一范围内的 IP 地址进行匹配。可以使用"！"符号，表示不与该项匹配。默认源 IP 与所有 IP 地址匹配。

```
# iptables -A OUTPUT -s 192.168.1.1
#iptables -A OUTPUT -s 192.168.0.0/24
#iptables -A OUTPUT -s ! 202.116.64.89
```

- -d 或--destination：用于根据信息包的目的 IP 地址来与它们匹配，也允许对某一范围内 IP 地址进行匹配。可以使用！符号，表示不与该项匹配。

```
#iptables -A INPUT -d 192.168.1.1
#iptables -A INPUT -d 192.168.0.0/24
#iptables -A OUTPUT -d ! 202.116.64.89
```

（4）[target]选项也不是必需的。目标是由规则指定的操作，对于那些规则匹配的信息包执行这些操作。除了允许用户定义的目标之外，还有许多可用的目标选项。下面是一些常用目标。

- ACCEPT：当信息包与具有 ACCEPT 目标的规则完全匹配时，会被接受（允许它前往目的地），并且它将停止遍历链（虽然该信息包可能遍历另一个表中的其他链，并且有可能在那里被丢弃）。该目标被指定为-j ACCEPT。

- DROP：当信息包与具有 DROP 目标的规则完全匹配时，会阻塞该信息包，并且不对它做进一步处理。该目标被指定为-j DROP。
- REJECT：该目标的工作方式与 DROP 目标相同，当信息包与具有 REJECT 目标的规则完全匹配时，会阻塞该信息包，并将错误消息发回给信息包的发送方。该目标被指定为-j REJECT。

```
# iptables -A FORWARD -p TCP --dport 22 -j REJECT
```

- RETURN：在规则中设置的 RETURN 目标让与该规则匹配的信息包停止遍历包含该规则的链。如果链是如 INPUT 之类的主链，则使用该链的默认策略处理信息包。该目标被指定为-jump RETURN。

```
#iptables A FORWARD -d 203.16.1.89 -jump RETURN
```

还有许多用于建立高级规则的其他目标，如 LOG、REDIRECT、MARK、MIRROR 和 MASQUERADE 等。

5.8.3 Linux 防火墙配置

一台具有双网卡的 Linux 服务器作为网关和防火墙。连接外部网络（外网）网卡 eth0 的 IP 地址为 202.116.76.190，连接内部网络（内网）的网卡的 IP 地址为 192.168.1.0，两个接口的子网掩码都是 255.255.255.0，并且内部网络中有一台 Web 服务器和一台 FTP 服务器，如图 5-84 所示。

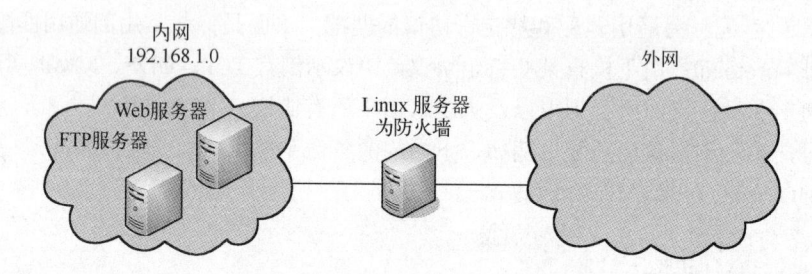

图 5-84 防火墙实验环境的网络拓扑

配置如下：

（1）启动 iptables。一般情况下，iptables 已经包含在 Linux 发行版中。要查看系统是否安装了 iptables，输入如下命令：

```
#iptables --version
```

如果系统没有安装 iptables，可先安装它。

（2）查看规则集。在使用过程中，如果需要查看所有命令和选项的完整介绍，可以输入如下命令：

```
#man iptables
```

或者输入如下命令来查看一个快速帮助：

```
#iptables --help
```

如果需要查看系统中现有的 iptables 规则集，可输入如下命令：

```
#iptables -L
```

命令运行结果如图 5-85 所示。

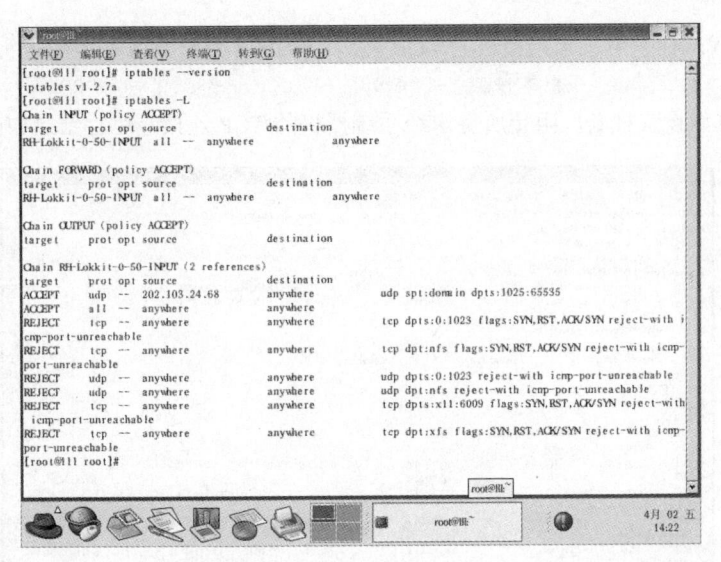

图 5-85 iptables 的规则集

（3）增加规则。如果需要阻止来自特定 IP 地址范围内的数据包，可进行如下设置：
`#iptables -t filter -A INPUT -S 202.116.76.0/24 -J DROP`
反向阻止可以使用如下命令：
`#iptables -t filter -A OUTPUT -d 202.116.76.0/24 -J DROP`
（4）删除规则。使用如下命令：
`#iptables -t filter -D OUTPUT -d 202.116.76.0/24 -J DROP`
（5）设置默认的策略。创建过滤规则最基本的原则是："先拒绝所有的数据包，然后再允许需要的"。下面把 Filter 表的 3 个标准链的默认目标设置为 DROP。
`#iptables -P INPUT DROP`
`#iptables -P FORWARD DROP`
`#iptables -P OUTPUT DROP`
命令运行界面如图 5-86 所示。

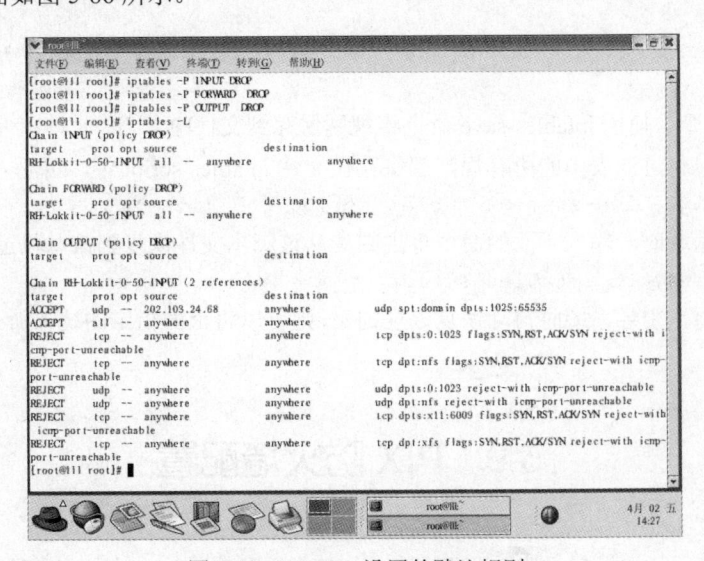

图 5-86 iptables 设置的默认规则

（6）使用 SYN 标识阻止未经授权的 TCP 连接。iptables 只检测数据包的报头，输入如下命令：

`#iptables -t filter -A INPUT -i eth0 -P tcp -- syn -j DROP`

利用 SYN 标识设置规则，阻止所有未经系统授权的 TCP 连接，运行结果如图 5-87 所示。

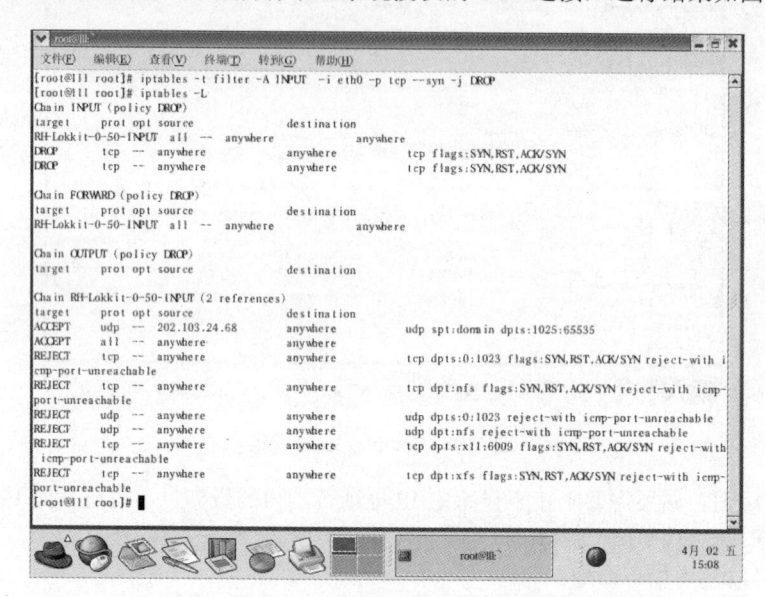

图 5-87 使用 SYN 标识阻止未经授权的 TCP 连接

其中-i 表示网卡，-P 表示协议，-syn 表示带有 SYN 标识设置的 TCP 数据包。

（7）当需要在防火墙后放置服务器时，例如，将所有从外部网络来的、到防火墙的 80 端口去的数据包都转发到局域网中的 Web 服务器，需要在 NAT 表中的 PREROUTING 链中添加如下规则：

`#iptables -t nat -A PREROUTING -i eth0 -p tcp --dport 80 -j DNAT --to 192.168.1.6:80`

（8）开放 HTTP。为了开放 HTTP，需要在 TCP 下打开相应的 80 端口，用 IPN 代表本机 IP 地址，分别在 OUTPUT 链和 INPUT 链中添加如下规则：

`#iptables -A OUTPUT -o eth0 -p tcp -s IPN --sport 1024:65535 -d any/0 --dport 80 -j ACCEPT`

`#iptables -A INPUT -i eth0 -p tcp -s any/0 --sport 80 -d IPN --dport 1024:65535 -j ACCEPT`

（9）保存规则。使用 iptables-save 命令将规则保存到文件中。

例如，将信息包过滤表中的所有规则都保存在文件 iptables-script 中，可输入如下命令：

`#iptables iptables-save >iptables-script`

当再次引导系统时，输入下面的命令将规则集从该脚本文件恢复到信息包过滤表中：

`$iptables-restore iptables-script`

如果希望在每次引导系统时自动恢复该规则集，则可以将上面指定的这条命令放到任何一个初始化 Shell 脚本中。

5.9　PIX 防火墙配置

PIX 防火墙使用了数据包过滤、代理过滤以及状态检测包过滤在内的多种防火墙技术，同时它也提高了应用代理的功能，是一种混合型的防火墙。

PIX 防火墙通过采取安全级别方式，来表明一个接口相对另一个接口是可信（较高的安全级别）还是不可信（较低的安全级别）。如果一个接口的安全级别高于另一个接口的安全级别，这个接口就被认为是可信任的，当然安全级别越高，所以需要的保护措施也越复杂；如果一个接口的安全级别低于另一个接口的安全级别，这个接口就被认为是不可信任的，即需较少保护。

安全级别的基本规则是：具有较高安全级别的接口可以访问具有较低安全级别的接口。反过来，在没有设置管道（conduit）和访问控制列表（ACL）的情况下，具有较低安全级别的接口不能访问具有较高安全级别的接口。安全级别的范围为 0~100，下面是针对这些安全级别给出的更加具体的规则。

（1）安全级别 100：PIX 防火墙的最高安全级别，用于内部接口，是 PIX 防火墙的默认设置，且不能改变。因为 100 是最值得信任的接口安全级别，应该把公司网络建立在这个接口的后面。这样，除非经过特定的允许，其他的接口都不能访问这个接口，而这个接口后面的每台设备都可以访问公司网络外面的接口。

（2）安全级别 0：PIX 防火墙的最低安全级别，用于外部接口，是 PIX 防火墙的默认设置，且不能更改。因为 0 是值得信赖的最低级别，所以应该把不值得信赖的网络连接到这个接口的后面。这样，除非经过特定的许可，它不能访问其他的接口。这个接口通常用于连接 Internet。

（3）安全级别 1~99 是分配给与 PIX 防火墙相连的边界接口的安全级别，通常边界接口连接的网络被用做 DMZ。可以根据每台设备的访问情况来给它们分配相应的安全级别。

特别需要注意的是，相同安全级别的接口之间没有数据流即无法实现相互通信，因此不能将两个或多个接口安全级别设成一样。

PIX 防火墙支持基于 Cisco IOS 的命令集，但在语法上不完全相同。当使用某一特定命令时，必须处于适当的模式，PIX 提供了 4 种管理访问模式。

（1）非特权模式（Unprivilege mode）：这种模式也被称为用户模式。第一次访问 PIX 防火墙时进入此模式，它的提示符是"＞"。这种模式是一种非特权的访问方式，不能对配置进行修改，只能查看防火墙有限的当前配置。

（2）特权模式（Privilege mode）：这种模式的提示符是"#"，此模式下可以改变当前的设置，还可以使用各种在非特权模式下不能使用的命令。

（3）配置模式（Configuration mode）：这种模式的提示符是"#(config)"，此模式下可以改变系统的配置。所有的特权、非特权和配置命令在此模式下都能使用。

（4）监控模式（Monitor mode）：这是一个特殊模式，此模式下可以通过网络更新系统映像，通过输入命令，指定简易文件传输协议（TFTP）服务器的位置，并下载二进制映像。

PIX 防火墙的这 4 种访问模式见表 5-1。

表 5-1　PIX 防火墙访问模式

名称	提示符	进入命令	退出命令
非特权模式	Pixfirewall>	Enable 命令进入特权模式	logout
特权模式	Pixfirewall#	Conf terminal 命令进入配置模式	disable
配置模式	Pixfirewall#(config)		exit
监控模式	Monitor>	中断启动过程按 Break 键	重新启动

PIX 是 Cisco 的硬件防火墙。硬件防火墙有工作速度快、使用方便等特点。PIX 有很多型号，并发连接数是 PIX 防火墙的重要参数。PIX25 是典型的设备。PIX 防火墙常见接口有：console、Failover、Ethernet、USB。

PIX 防火墙包括以下几个网络区域：

内部网络：inside。

外部网络：outside。

中间区域：称为 DMZ，放置对外开放的服务器。

5.9.1 PIX 的基本配置命令

常用配置命令有：nameif、interface、ipaddress、global、nat、route、static、conduit 等。

1. nameif

设置接口名称，并指定安全级别，安全级别取值范围为 1～100，数字越大安全级别越高。

例如，要求设置：

ethernet0 命名为外部接口 outside，安全级别是 0。

ethernet1 命名为内部接口 inside，安全级别是 100。

ethernet2 命名为中间接口 dmz，安全级别为 50。

使用命令：

```
PIX525(config)#nameif ethernet0 outside security0
PIX525(config)#nameif ethernet1 inside security100
PIX525(config)#nameif ethernet2 dmz security50
```

2. interface

配置以太网口工作状态，常见状态有：auto、100full、shutdown。

auto：设置接口工作在自适应状态。

100full：设置接口工作在 100Mbit/s，全双工状态。

shutdown：设置接口关闭，否则为激活。

命令为：

```
PIX525(config)#interface ethernet0 auto
PIX525(config)#interface ethernet1 100full
PIX525(config)#interface ethernet1 100full shutdown
```

3. ipaddress

配置网络接口的 IP 地址，举例如下：

```
PIX525(config)#ip address outside 123.0.0.1 255.255.255.252
PIX525(config)#ip address inside 192.168.0.1 255.255.255.0
```

内网 inside 接口使用私有地址 192.168.0.1，外网 outside 接口使用公有地址 123.0.0.1。

4. global

指定公网地址范围，即定义地址池。

global 命令的配置语法为：

```
global(if_name) nat_id ip_address-ip_address [netmarkglobal_mask]
```

其中：

(if_name)：表示外网接口名称，一般为 outside。
nat_id：建立的地址池标识（nat 要引用）。
ip_address-ip_address：表示一段 IP 地址范围。
[netmarkglobal_mask]：表示全局 IP 地址的网络掩码。
例如：
```
PIX525(config)#global(outside)   1  123.0.0.1-123.0.0.15
```
地址池 1 对应的 IP 地址是：123.0.0.1～123.0.0.15。
```
PIX525(config)#global(outside)   1  123.0.0.1
```
地址池 1 只有一个 IP 地址：123.0.0.1。
```
PIX525(config)#noglobal(outside)  1  123.0.0.1
```
表示删除这个全局表项。

5. nat

地址转换命令，将内网的私有 IP 地址转换为外网的公有 IP 地址。

nat 命令的配置语法为：
```
nat(if_name)  nat_id   local_ip[netmark]
```
其中：
(if_name)：表示接口名称，一般为 inside。
nat_id：表示地址池，由 global 命令定义。
local_ip：表示内网的 IP 地址。对于 0.0.0.0，表示内网所有主机。
[netmark]：表示内网 IP 地址的子网掩码。
在实际配置中，nat 命令总是与 global 命令配合使用。
global 指定外部网络，nat 指定内部网络，通过 net_id 联系在一起。
例如：
```
PIX525(config)#nat(inside)  1  0  0
```
表示内网的所有主机都可以访问由 global 指定的外网。
```
PIX525(config)#nat(inside)  1  172.16.5.0  255.255.0.0
```
表示只有 172.16.5.0/16 网段的主机可以访问 global 指定的外网。

6. route

route 命令定义静态路由。

route 命令的配置语法为：
```
route(if_name)  0  0  gateway_ip[metric]
```
其中：
(if_name)：表示接口名称。
0 0：表示所有主机
gateway_ip：表示网关路由器的 IP 地址或下一跳。
[metric]：路由花费。默认值是 1。
例如：
```
PIX525(config)#route  outside  0  0  123.0.0.11
```
设置默认路由从 outside 口送出，下一跳是 123.0.0.1。
0 0 代表 0.0.0.0 0.0.0.0，表示任意网络。

```
PIX525(config)#route inside 10.1.0.0 255.255.0.0 10.8.0.1 1
```
设置到 10.1.0.0 网络的下一跳是 10.8.0.1。最后的 "1" 是路由花费。

7. static

配置静态 IP 地址翻译，使内部地址与外部地址一一对应。

static 命令的配置语法为：

```
static(internal_if_name,external_if_name) outside_ip_address inside_ip_address
```

其中：

internal_if_name：表示内部网络接口，安全级别较高，如 inside。

external_if_name：表示外部网络接口，安全级别较低，如 outside。

outside_ip_address：表示外部网络的公有 IP 地址。

inside_ip_address：表示内部网络的私有 IP 地址。

例如：

```
PIX525(config)#static(inside,outside) 123.0.0.1 192.168.0.8
```

表示内部私有 IP 地址 192.168.0.8 在访问外部时被翻译成 123.0.0.1 的公有 IP 地址。

```
PIX525(config)#static(dmz,outside) 123.0.0.1 172.16.0.2
```

DMZ 中的 IP 地址 172.16.0.2 在访问外部时被翻译成 123.0.0.1 的公有 IP 地址。

8. conduit

conduit 命令用来设置允许数据从低安全级别的接口流向具有较高安全级别的接口。例如，允许从 outside 到 DMZ 或 inside 方向的会话（作用同访问控制列表）。

conduit 命令的配置语法为：

```
conduit permit|deny protocol global_ip 或 port[-port] foreign_ip[netmask]
```

其中：

permit|deny：允许数据包通过防火墙或拒绝数据包通过防火墙。

protocol：连接协议，如 TCP、UDP、ICMP 等。

global_ip：若是一台主机，前面用 host 参数，若是所有主机，用 any 参数表示。

foreign_ip：表示外部 IP 地址。

[netmask]：表示可以是一台主机或一个网络。

例如：

```
PIX525(config)#static(inside,outside) 123.0.0.1 192.168.0.3
PIX525(config)#conduit permit tcp host 123.0.0.1 eq www any
```

这个例子说明 static 和 conduit 的关系。192.168.0.3 是内网中的一台 Web 服务器，现在希望外网的用户能够通过 PIX 防火墙访问 Web 服务。所以，先做 static 静态映射：192.168.0.3→123.0.0.1，然后利用 conduit 命令允许任何外部主机对 IP 地址 123.0.0.1 进行 HTTP 访问。

9. 访问控制列表（ACL）

访问控制列表的命令与 couduit 命令类似。

语法为：

```
access-list acl_ID[line line_num] permit|deny protocol source_ip source_mask
[operator port[-port]] destination_ip destination_mask[operator port[-port]]
```

其中：

acl_ID：ACL 名称。

line：用于指定该条语句在访问列表执行过程的顺序。只有 PIX 6.3 及以上版本才支持。

operator：比较运算符，指定一个端口的范围。eq 为等于，neq 为不等于，lt 为小于，gt 为大于，range 表示从一个端口号到另一个端口号的一段连续端口。

port[-port]：服务所作用的端口，例如，WWW 使用端口 80、SMTP 使用端口 25 等。

例如：
```
PIX525(config)#access-list 100 permit ip any host 123.0.0.1 eq www
PIX525(config)#access-list 100 deny ip any any
PIX525(config)#access-group 100 in interface outside
```

10. 显示命令

Showinterface：查看端口状态。

Showstatic：查看静态地址映射。

Showip：查看接口 IP 地址。

Showconfig：查看配置信息。

Showrun：显示当前配置信息。

Writeterminal：将当前配置信息写到终端。

Showcpuusage：显示 CPU 利用率，排查故障时常用。

Showtraffic：查看流量。

Showblocks：显示拦截的数据包。

Showmem：显示内存。

5.9.2 PIX 防火墙配置实例

配置实例要求：

（1）当内部主机访问外部主机时，通过 nat 命令转换成公有 IP 地址 123.1.0.2，从而访问 Internet。

（2）当外部主机访问 DMZ 的 FTP 和 Web 服务器时，把 123.1.0.3 映射成 10.65.1.101，static 命令是双向的。

（3）PIX 的所有端口默认是关闭的，进入 PIX 时要经过 ACL 入口过滤。

PIX 防火墙配置拓扑如图 5-88 所示。

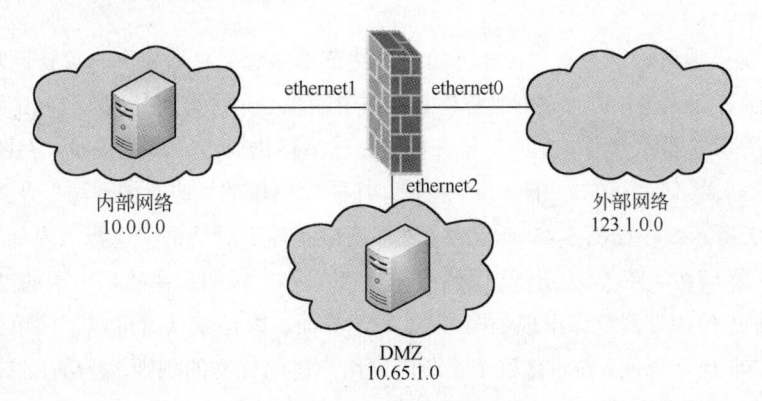

图 5-88　PIX 防火墙配置拓扑

具体设置如下。

ethernet0 被命名为外部接口 outside，安全级别是 0。

ethernet1 被命名为内部接口 inside，安全级别是 100。

ethernet2 被命名为中间接口 dmz，安全级别是 50。

```
PIX525#conf t
PIX525(config)#nameif ethernet0 outside security0
PIX525(config)#nameif ethernet1 inside security100
PIX525(config)#nameif ethernet2 dmz security50
PIX525(config)#interface ethernet0 auto
PIX525(config)#interface ethernet1 100full
PIX525(config)#interface ethernet2 100full
PIX525(config)#ip address outside 123.1.0.1 255.255.255.252  ;设置接口IP地址
PIX525(config)#ip address inside 10.0.0.200 255.255.0.0      ;设置接口IP地址
PIX525(config)#ip address dmz 10.65.1.200 255.255.0.0        ;设置接口IP地址
PIX525(config)#global(outside) 1 123.1.0.1-123.1.0.14        ;定义的地址池
PIX525(config)#nat(inside) 1 0 0                             ;0 0 表示所有
PIX525(config)#route outside 0 0 123.1.0.2                   ;设置默认路由
PIX525(config)#static(dmz,outside) 123.1.0.3 10.65.1.101     ;静态NAT
PIX525(config)#access-list 101 permit ip any host 123.1.0.1 eq www  ;设置ACL
PIX525(config)#access-list 101 permit ip any host 123.1.0.2 eq ftp  ;设置ACL
PIX525(config)#access-list 101 deny ip any any               ;设置ACL
PIX525(config)#access-group 101 interface outside            ;将ACL应用在outside端口
```

第二部分　典型项目实训任务

5.10　典型任务　ISA Server 2004 的使用

【任务目的】使用 ISA Server 2004，了解并掌握专业级别的防火墙设置规则。

【任务实施步骤】

（1）在"防火墙策略"上右击，在弹出的快捷菜单中选择"新建"→"访问规则"命令，出现如图 5-89 所示界面，在"访问规则名称"文本框中输入"允许访问外网"，单击"下一步"按钮，出现如图 5-90 所示界面，单击"允许"单选按钮，然后单击"下一步"按钮。在图 5-91 所示界面中选择"所有出站通讯"并单击"下一步"按钮。在随后出现的"访问规则源"界面中单击"添加"按钮，如图 5-92 所示。在如图 5-93 所示的"添加网络实体"对话框中选择"内部"网络，并单击"添加"按钮，然后在如图 5-92 所示界面中单击"下一步"按钮。在随后出现的"访问规则目标"界面中选择添加"外部"网络，出现如图 5-94 所示界面，保留默认就可以了，单击"下一步"按钮，出现如图 5-95 所示界面，表示建好了一条内网用户访问外网的规则，最后在图 5-96 上单击"应用"按钮来应用规则就可以了。

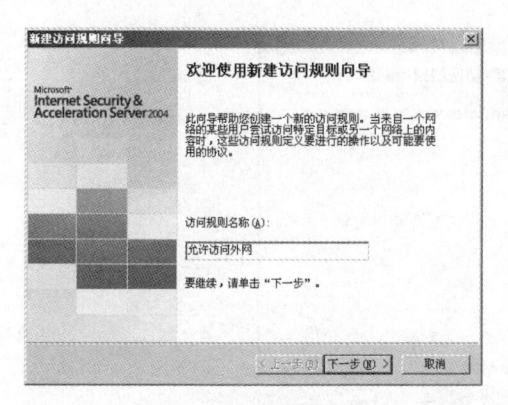

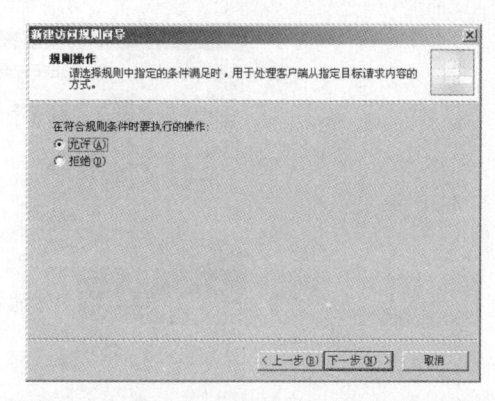

图 5-89　输入访问规则名称　　　　　　　　图 5-90　选择符合规则条件时要执行的操作

（2）现在需要创建一条规则来组织内网用户访问 IP 地址为 11.0.0.11 这个网站的网页，可以先创建一个计算机集。在如图 5-97 所示的"工具箱"选项卡中右击"计算机集"，在弹出的快捷菜单中选择"新建计算机集"命令，创建如图 5-98 所示的计算机集，需要"应用"该集合，使该集合生效。

（3）再创建一个新的访问规则，如图 5-99 所示，然后单击"下一步"按钮，在"规则操作"界面中单击"拒绝"单选按钮，如图 5-100 所示，然后单击"下一步"按钮。

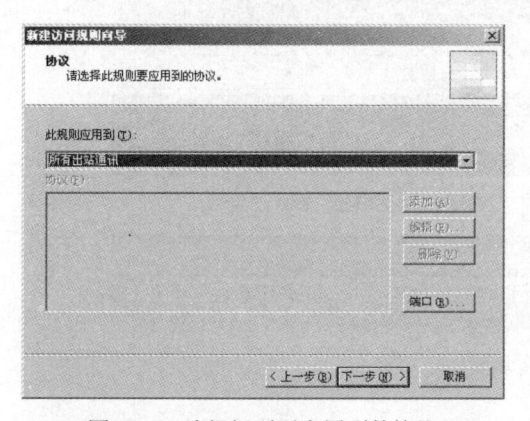

图 5-91　选择规则要应用到的协议　　　　　　图 5-92　访问规则源

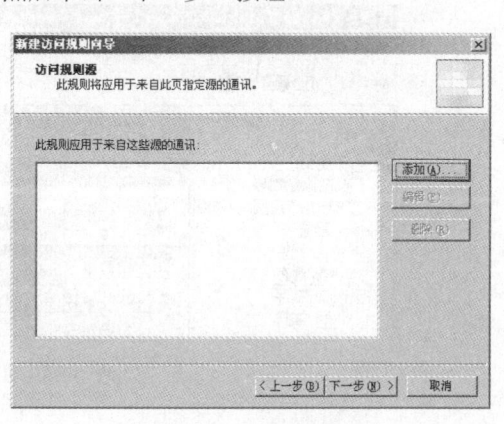

图 5-93　添加网络实体　　　　　　　　　　　图 5-94　添加用户集

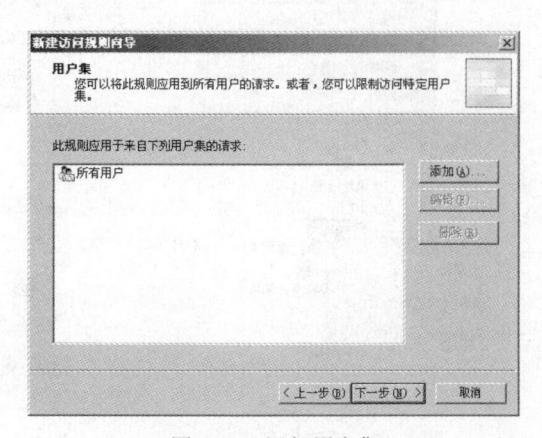

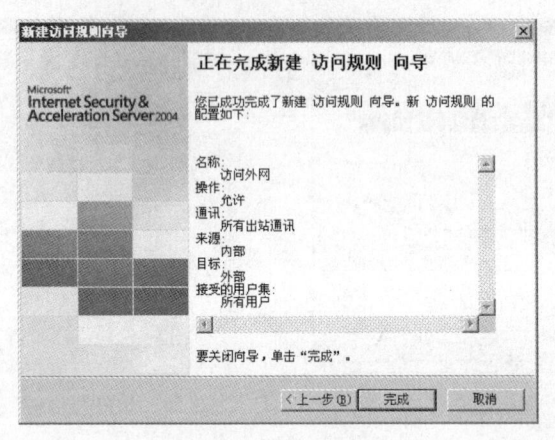

图 5-95 完成向导界面

（4）在"协议"界面中，在"此规则应用到"下拉列表框中"所选的协议"，在"协议"列表框中添加 HTTP，如图 5-101 所示，在"访问规则源"界面中选择在"内部"网络，在"访问规则目标"界面中选择添加"禁止访问的站点"这一计算机集，如图 5-102 所示。

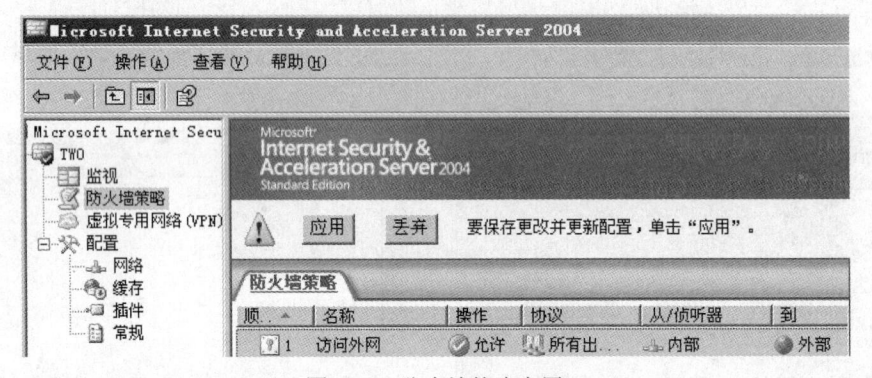

图 5-96 防火墙策略应用

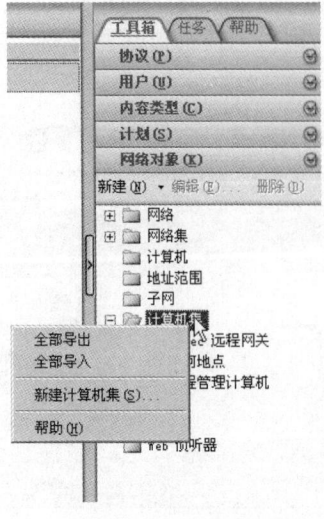

图 5-97 计算机集

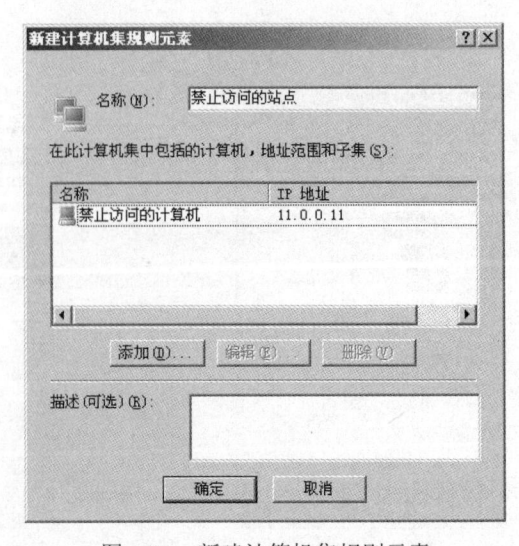

图 5-98 新建计算机集规则元素

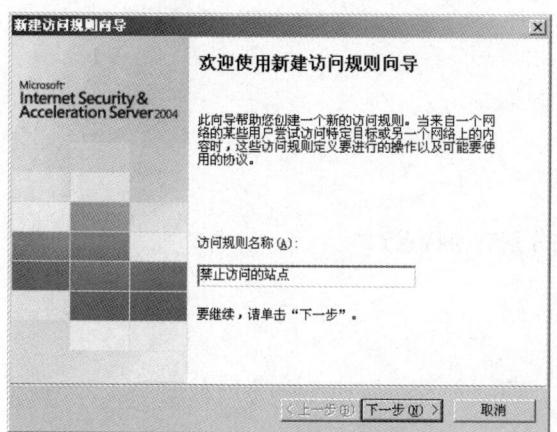

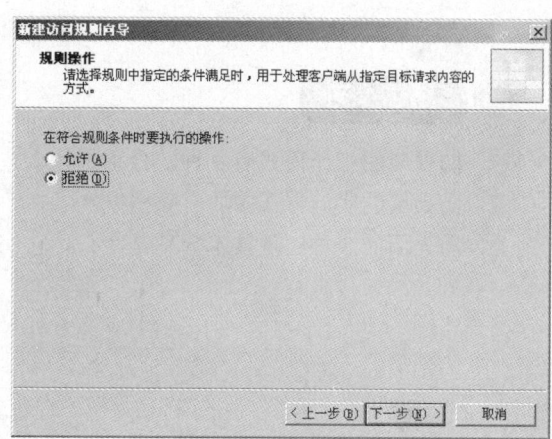

图 5-99 输入访问规则名称

图 5-100 规则操作

（5）接下来步骤保留默认即可，最后在如图 5-103 所示的界面中单击"应用"按钮来应用规则策略。

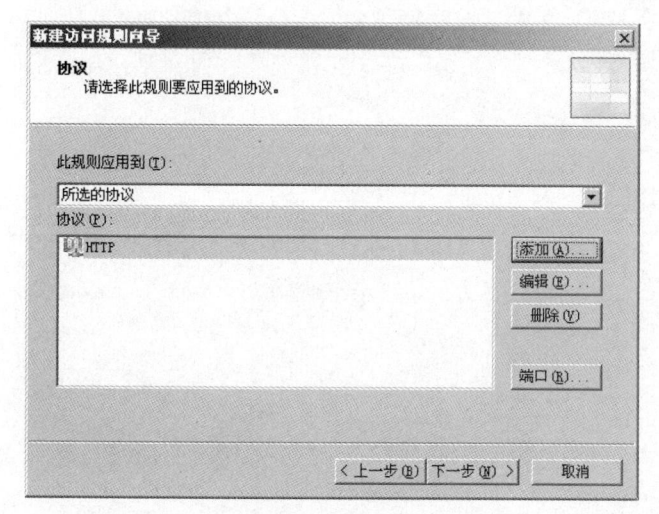

图 5-101 协议

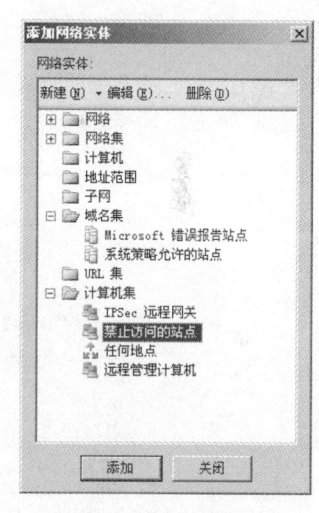

图 5-102 添加网络实体

图 5-103 完成界面

练 习

1. 防火墙的工作模式有 3 种，分别是什么？
2. 防火墙的实施方式主要有哪些？
3. 防火墙的 3 种实现技术分别是什么？它们分别有何特点？

项目 6 Windows Server 2003 的网络安全

学习要点

- 了解 Windows Server 2003 操作系统的网络安全构成。
- 掌握账户策略的配置。
- 掌握访问控制配置。
- 掌握安全模板的应用。

学习情境

某公司的企业网拥有数百台计算机，该网络提供连入 Internet 的服务。近日该公司购置了一批新的台式机用于公司的日常办公，公司发现以前的一些老的台式机由于操作系统的版本较旧，或多或少地存在着安全漏洞，很多员工缺乏计算机安全常识，不知道在自己的计算机上配置访问密码，更不知道要针对操作系统的漏洞及时打上补丁。另外，公司对外提供服务的各种服务器都面临着安全设置的缺失和系统安全漏洞，这对整个网络环境都构成威胁。公司现在需要作为网络管理人员的你针对公司目前网络情况提出有效的改进方案。

第一部分 项目学习引导

6.1 Windows Server 2003 的安全特性

Windows Server 2003 安全性主要体现在用户身份验证和基于对象的访问控制。

6.1.1 用户身份验证

Windows Server 2003 的用户身份验证主要用在两个地方，一个是用户登录到计算机；另外一个就是用户对特定资源访问的身份验证。为了实现身份验证，Windows Server 2003 提供了 3 种身份验证方式，它们分别是 NTLM、Kerberos v5 和公钥证书。

对于第一种"用户登录到计算机"验证，有本地登录和域账号登录两种形式的验证。

（1）使用域账户时，需要一个客户端和一个域控制器，用户输入账户名和密码，然后比对存储在 Active Directory 服务中的单一登录凭据登录到网络。通过域账户登录，用户可以访问本域及信任域中的资源,而且不需要再次输入账户名及密码从而实现单点登录。

(2) 使用本地登录时,主要是通过存储在安全账户管理器(SAM-本地安全账户数据库)中的凭据来管理用户的登录。

对于第二种用户对特定资源访问的身份验证,Windows Server 2003 提供了 Kerberos v5、安全套接字层/传输层安全性(SSL/TLS)以及 NTLM 等几种验证方式。

网络身份验证对于使用域账户的用户来说不可见。使用本地计算机账户的用户每次访问网络资源时,必须提供凭据(如用户名和密码)。通过使用域账户,用户就具有了可用于单一登录的凭据。

6.1.2 基于对象的访问控制

Windows Server 2003 会为几乎每个对象分配一个安全标识符(SID),在 Windows Server 2003 中可以使用 WHOAMI 命令查看对象的安全标识符。每个对象都会有一个安全标识符,在安全标识符中有不同的对象对应的访问控制表(ACL),通过这一组访问控制列表来控制其他用户对此对象的访问权限。

6.2 Windows Server 2003 系统安全的常规配置

Windows Server 2003 提供了很多安全措施,在默认的情况下这些安全措施没有被启用。出于安全的需要,管理员可以对系统进行配置,经过合理配置,Windows Server 2003 可以提供非常高的安全性,能应用在各种安全性能要求较高的通信过程中。

下面介绍 Windows Server 2003 系统的安全配置过程中应该遵循的原则。

6.2.1 安装过程注意事项

(1) 有选择性地安装组件。安装操作系统时可用 NTFS 格式,同时不需要按 Windows Server 2003 的默认选项安装组件,本着"最少的服务+最小的权限=最大的安全"原则,只选择安装需要的服务即可。例如,不作为 Web 服务器或 FTP 服务器时就不安装 IIS。常用 Web 服务器需要的最小组件是:Internet 服务管理器、WWW 服务器和与其有关的辅助服务。如果是默认安装了 IIS 却又不需要的话就将其卸载。卸载办法:依次选择"开始"→"设置"→"控制面板"→"添加删除程序"→"添加/删除 Windows 组件",在"Windows 组件向导"中将"Internet 信息服务(IIS)"前面复选框取消中,然后单击"下一步"按钮就卸载了 IIS。

(2) 网络连接。在安装完成系统后,不要立即连入网络,因为这时系统上的各种程序还没有打上补丁,存在各种漏洞,非常容易感染病毒和被入侵,此时应该安装杀毒软件和防火墙。

6.2.2 设置和管理账户

(1) 停止 Guest 账户的使用,否则给 Guest 账户添加一个复杂的密码。所谓的复杂密码就是密码中包含大小写字母、数字、特殊字符(~、!、@等),如"123@abC!"。

（2）账户要尽可能少，并且要经常用一些扫描工具查看一下系统账户、账户权限使用及密码，删除停用的账户。正确配置账户的权限，密码应不少于 8 位。

（3）增加登录及密码被破解的难度，在"账户策略→密码策略"中设定："密码复杂性要求启用"、"密码长度最小值 8 位"、"强制密码历史 5 次"、"最长存留期 30 天"；在"账户策略→账户锁定策略"中设定："账户锁定 3 次错误登录"、"锁定时间 30 分钟"、"复位锁定计数 30 分钟"等，增加登录时的难度对系统的安全大有好处。

（4）不要直接使用 Administrator 账户，最好将其改名或者删除，删除后可再创建一个具有 Administrator 权限的账户；可再创建一个陷阱账户，如创建一个名为"Administrator"的本地账户，把权限设置成最低，什么事也干不了，并且加上一个超过 10 位的复杂密码。

6.2.3 设置目录和文件权限

为了控制好服务器上用户的权限，同时也为了预防以后可能的入侵和溢出，还必须非常小心地设置目录和文件的访问权限。Windows Server 2003 的访问权限分为：读取、写入、读取及执行、修改、列目录、完全控制。在默认的情况下，大多数的文件夹对所有用户（Everyone 组）是完全控制的（Full Control），用户需要根据应用时的需求重新设置权限。在进行权限控制时，有以下几个原则：

（1）权限是累计的，如果一个用户同时属于两个组，那么该用户就有了这两个组所允许的所有权限。

（2）拒绝的权限要比允许的权限高（拒绝策略会先执行）。如果一个用户属于一个被拒绝访问某个资源的组，那么不管其他的权限设置给该用户开放了多少权限，该用户也不能访问这个资源。

（3）文件权限比文件夹权限高。

（4）利用用户组来进行权限控制是一个成熟的系统管理员必须具有的好习惯。

（5）只给用户真正需要的权限，权限的最小化原则是安全的重要保障。

6.2.4 管理网络服务的安全

（1）关闭不需要的服务。只留必需的服务，多余的一些服务可能会给系统带来更多的安全隐患。如 Windows Server 2003 中的 Terminal Services（终端服务）、IIS、RAS（远程访问服务）等，这些服务都有产生隐患的可能。

（2）关闭不用的端口。

（3）只开放服务需要的端口与协议。

具体方法为：依次选择"网上邻居"→"属性"→"本地连接"→"属性"→"Internet 协议"→"属性"→"高级"→"选项"→"TCP/IP 筛选"→"属性"，添加需要的 TCP、UDP 端口以及 IP 协议即可。根据服务开设端口，常用的 TCP 端口有：80 端口用于 Web 服务；21 端口用于 FTP 服务；25 端口用于 SMTP；23 端口用于 Telnet 服务；110 端口用于 POP3。常用的 UDP 端口有：53 端口用于 DNS（域名解析服务）；161 端口用于 SNMP（简单的网络管理协议）。如果没有上面这些服务就没有必要打开这些端口。

（4）禁止建立空连接。Windows Server 2003 的默认安装允许任何用户可通过空连接连上服务器，枚举账号并猜测密码。空连接用的端口是 139，通过空连接，可以复制文件到远端服务器，计划执行一个任务，这就是一个漏洞。可以通过以下两种方法禁止建立空连接：

- 修改注册表 Local_Machine\System\CurrentControlSet\Control\LSA-RestrictAnonymous 的值为 1。
- 修改 Windows Server 2003 的本地安全策略。选择"本地安全策略"→"本地策略"→"选项"，设置 RestrictAnonymous（匿名连接的额外限制）为"不容许枚举 SAM 账号和共享"。Windows Server 2003 的默认安装允许任何用户通过空连接得到系统所有账号和共享列表，这本来是为了方便局域网用户共享资源和文件的，但是，任何一个远程用户也可以通过同样的方法得到用户列表，并可能使用暴力法破解用户密码给整个网络带来破坏。很多用户都只知道更改注册表的方法来禁止空连接，实际上，Windows Server 2003 的本地安全策略里（如果是域服务器就在域服务器安全和域安全策略里）就有 RestrictAnonymous 选项，其中有 3 个值："0"这个值是系统默认的，没有任何限制，远程用户可以知道本地机器上所有的账号、组信息、共享目录、网络传输列表（NetServerTransportEnum）等；"1"这个值是只允许非 NULL 用户存取 SAM 账号信息和共享信息；"2"这个值只有 Windows Server 2003 才支持，需要注意的是，如果使用了这个值，就不能再共享资源了，所以还是推荐把数值设为"1"比较好。

6.2.5 关闭闲置端口

Windows 的每一项服务都对应相应的端口，如 WWW 服务的端口是 80，SMTP 的端口是 25，FTP 的端口是 21，Windows Server 2003 中这些服务都是默认开启的。对于个人用户来说确实没有必要，关掉这些端口也就是关闭了这些服务。

关闭这些服务的方法是通过"控制面板"的"管理工具"中的"服务"。

（1）关闭 3389 端口：在"我的电脑"上右击，在弹出的快捷菜单中选择"属性"命令，弹出"系统属性"对话框，选择"远程"选项卡，取消选中"选程协助"和"远程桌面"复选框即可。

（2）关闭 80 端口：关掉 WWW 服务。在"服务"中显示名称为"World Wide Web Publishing Service"，通过 Internet 信息服务的管理单元提供 Web 连接和管理。

（3）关闭 25 端口：关闭 Simple Mail Transport Protocol（SMTP）服务，此服务提供的功能是跨网传送电子邮件。

（4）关闭 21 端口：关闭 FTP Publishing Service，它提供的服务是通过 Internet 信息服务的管理单元提供 FTP 连接和管理。

（5）关闭 23 端口：关闭 Telnet 服务，它允许远程用户登录到系统并且使用命令行运行控制台程序。

（6）关闭 server 服务，此服务提供 RPC 支持、文件、打印以及命名管道共享。关掉它就关掉了默认共享，此服务关闭不影响用户的其他操作。

（7）还有一个就是 139 端口，139 端口是 NetBIOS 的会话端口，用来实现文件和打印共享，注意的是运行 samba 的 UNIX 机器也开放了 139 端口，功能一样。关闭 139 端口方法是在"网上邻居"上右击，在弹出的快捷菜单中选择"属性"命令，在弹出窗口中的"本地连接"上右击，在弹出的快捷菜单中选择"属性"命令，接着选取"Internet 协议（TCP/IP）"属性，进入"高级 TCP/IP

设置","WINS 设置"里面有一项"禁用 TCP/IP 的 NetBIOS",打勾就关闭了 139 端口。对于个人用户来说,可以在以上各项服务属性设置中设为"禁用",以免下次重启后端口再次打开。

6.2.6 配置本地安全策略

通过建立 IP 策略来阻止对端口 80、21、53、135、136、137、138、139、443、445、1028、1433 等的访问实现安全的防护,从而避免入侵者通过这些端口对操作系统进行攻击。

方法如下:

(1)选择"开始"→"运行"在弹出的对话框中输入 mmc。

(2)在"控制台 1"界面中选择"文件"→"添加/删除管理单元",单击"添加"按钮,添加"IP 安全策略管理"。

(3)在"控制台 1"界面中,单击"IP 安全策略,在本地计算机",如图 6-1 所示,在界面右边可以看到默认的 3 个策略。

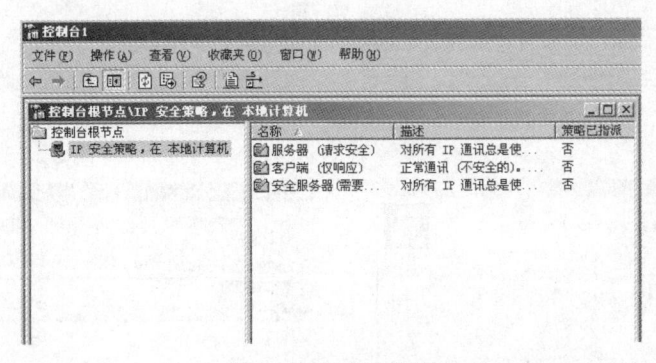

图 6-1 IP 安全策略

(4)右击"IP 安全策略,在本地计算机",在弹出的快捷菜单中选择"管理 IP 筛选器表和筛选器操作"命令,如图 6-2 所示。

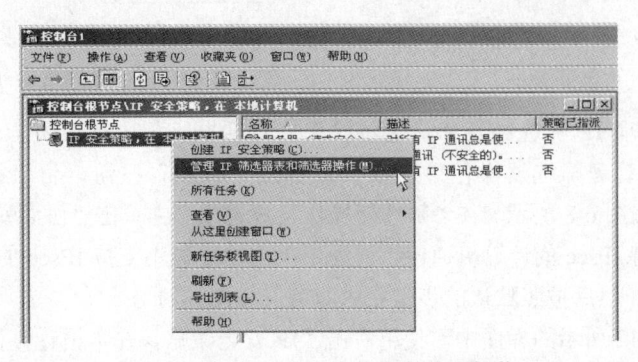

图 6-2 管理 IP 筛选器表和筛选器操作

在"管理 IP 筛选器表和筛选器操作"对话框中单击"管理 IP 筛选器列表"选项卡,然后添加 IP 筛选器列表,如图 6-3 所示。

(5)输入 IP 筛选器列表名称后,单击"添加"按钮,如图 6-4 所示;单击"添加"按钮,将出现的源地址设置为"任何 IP",目标地址设置为"我的 IP",协议类型选"TCP";如图 6-5 所示,在"IP 协议端口"界面中,源端口可单击"从任意端口"单选按钮,目标端口可单击"到此端口"单选按钮,并在下面的文本框中输入 445,单击"下一步"按钮。在如图 6-6 所示的对话框中单击"确定"按钮。

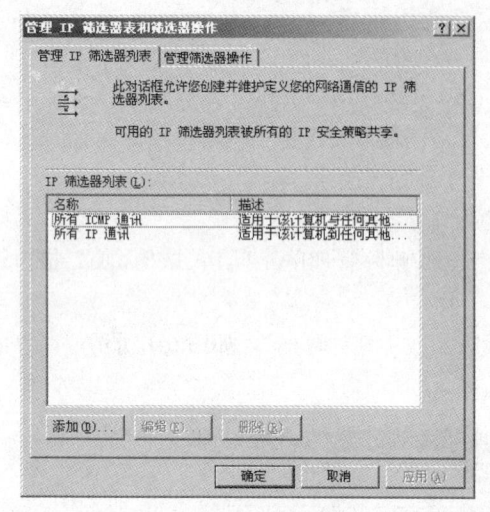

图 6-3 管理 IP 筛选器表

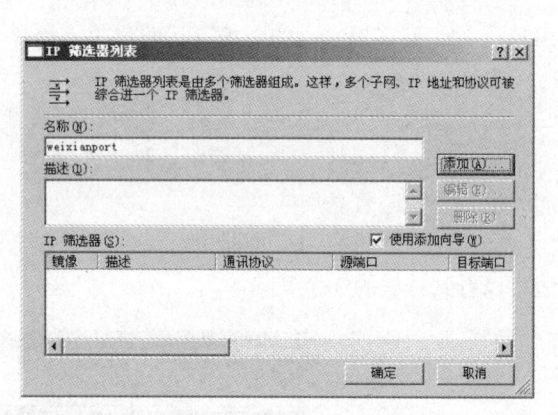

图 6-4 IP 筛选器列表

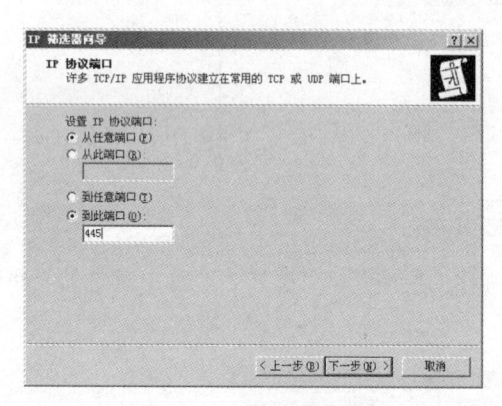

图 6-5 IP 筛选器向导

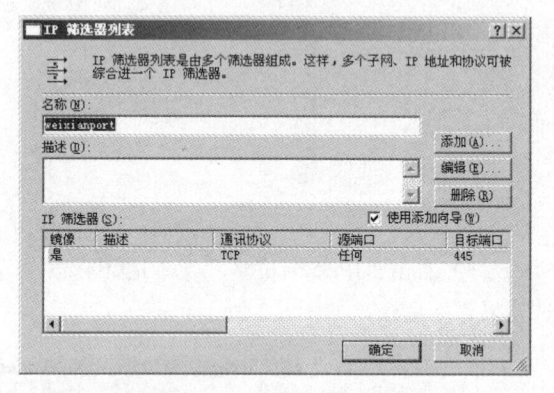

图 6-6 IP 筛选器列表(二)

(6)返回"管理 IP 筛选器表和筛选器操作"对话框,如图 6-7 所示。在如图 6-7 所示的对话框中,单击"管理筛选器操作"选项卡,单击"添加"按钮,将"筛选器操作"命名为"weixianaction",如图 6-8 所示。在"筛选器操作常规选项"中单击"协商安全"单选按钮,如图 6-9 所示。"与不支持 IPsec 的计算机通信"界面中单击"不与不支持 IPsec 的计算机通信"单选按钮,如图 6-10 所示。然后按照默认的步骤完成即可,如图 6-11 所示。

(7)在如图 6-12 所示的界面中,使用右击"IP 安全策略,在本地计算机",在弹出的快捷菜单中选择"创建 IP 安全策略"命令,并将策略命名为"pbwxdk",其他按默认配置一直单击"下一步"按钮,如图 6-13 至图 6-16 所示。选中"pbwxdk"策略,右击它并在弹出的快捷菜单中选择"属性"命令,在策略属性中选择"规则"选项卡,然后单击"添加"按钮,选择刚才添加过的"weixianport"筛选器列表,如图 6-17 所示。在"筛选器操作"中选择刚才添加过的"weixianaction",如图 6-18 所示。

图 6-7 管理 IP 筛选器表和筛选器操作（二）

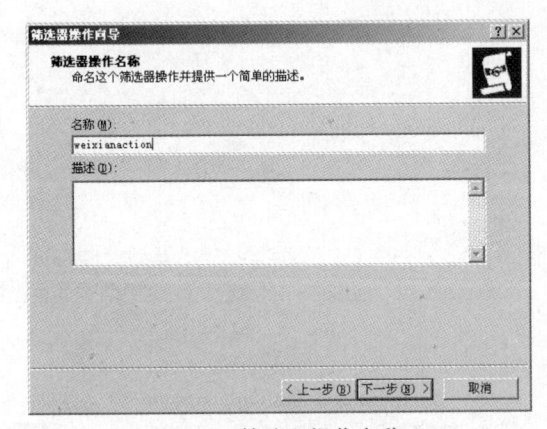

图 6-8 筛选器操作名称

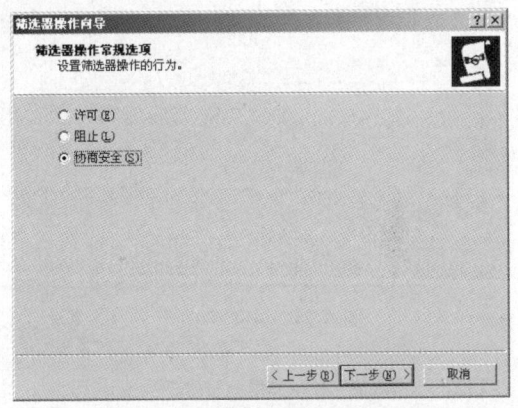

图 6-9 筛选器操作常规选项

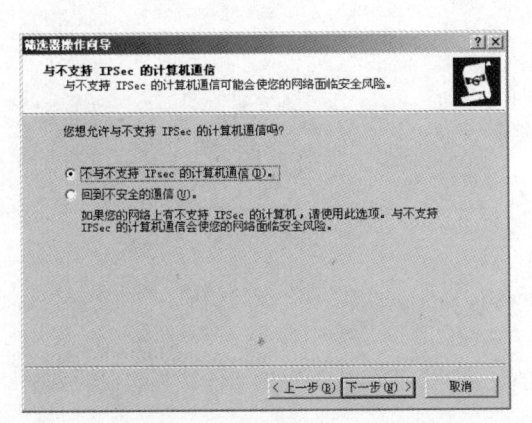

图 6-10 与不支持 IPSec 的计算机通信

图 6-11 管理筛选器操作

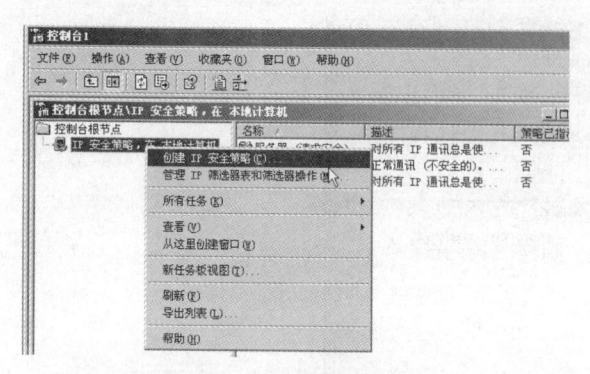

图 6-12 创建 IP 安全策略

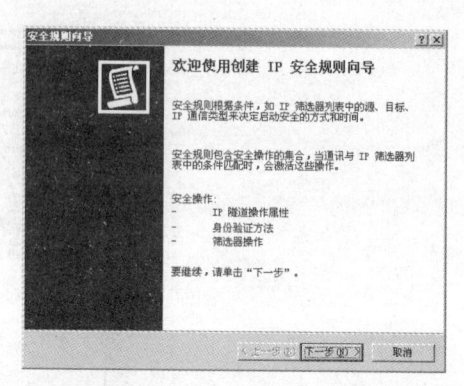

图 6-13 IP 安全规则向导

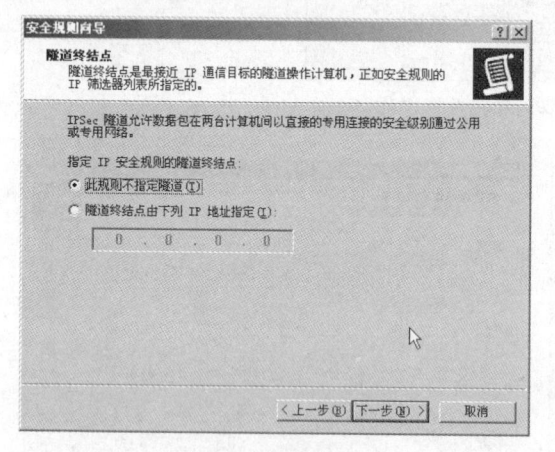

图 6-14 隧道终结点

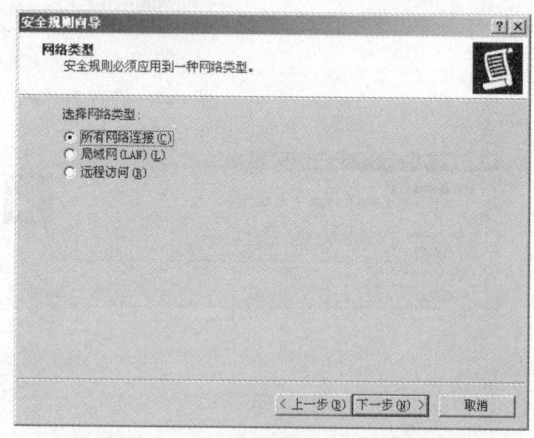

图 6-15 网络类型

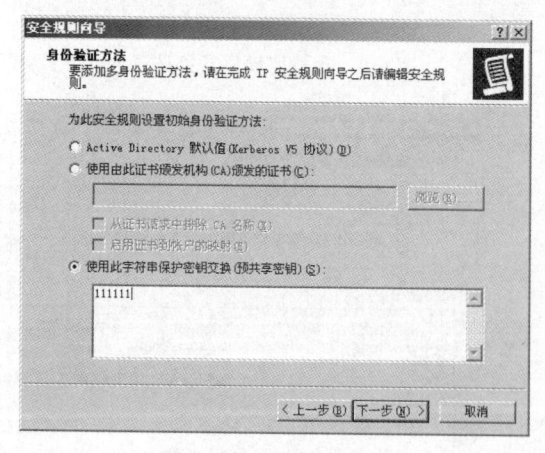

图 6-16 身份验证方法

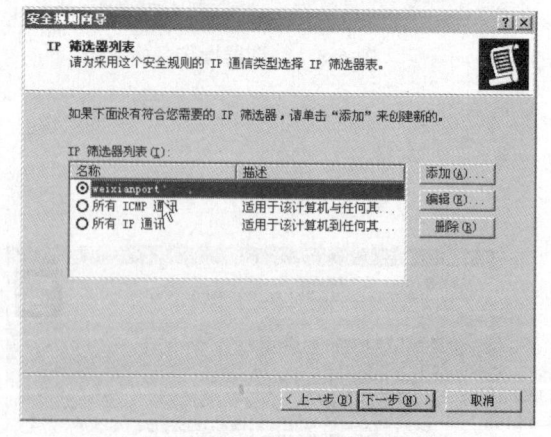

图 6-17 IP 筛选器列表

（8）指派。在"控制台 1"界面中右击"pbwxdk"，在弹出的快捷菜单中选择"指派"命令，如图 6-19 所示。

通过上述的处理后，这些端口与其他计算机的通信被屏蔽，从而保护了计算机端口的安全，避免通过这些端口发起对计算机的攻击行为。

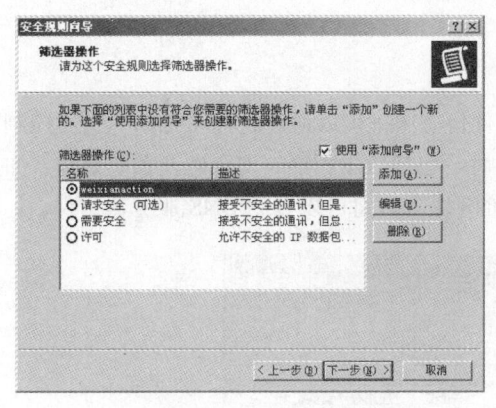

图 6-18 筛选器操作　　　　　　　　　　　　图 6-19 指派

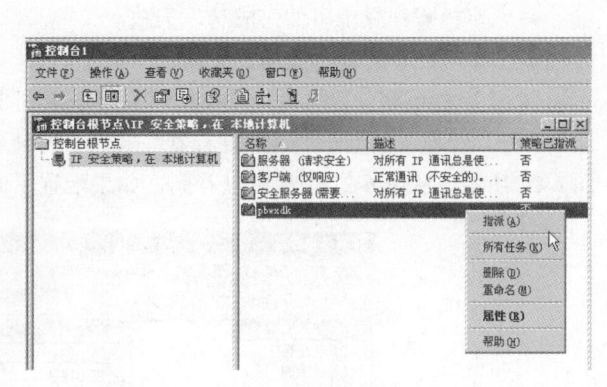

6.2.7 配置审核策略

具体方法如下：

（1）选择"控制面板"→"管理工具"→"本地安全策略"→"本地策略"→"审核策略"，然后右击窗口右边的各项策略，在弹出的快捷菜单中选择"安全性"命令来设置就可以了，如图 6-20 所示。

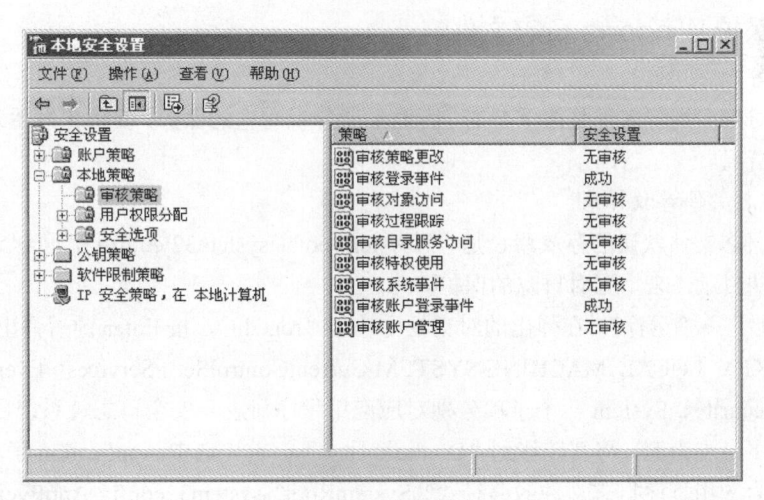

图 6-20 审核策略

审核的类型有如下几种：
- 审核策略更改：成功，失败。
- 审核登录事件：成功，失败。
- 审核对象访问：成功，失败。
- 审核过程跟踪：成功，失败。
- 审核目录服务访问：成功，失败。
- 审核特权使用：成功，失败。
- 审核系统事件：成功，失败。

- 审核账户登录事件：成功，失败。
- 审核账户管理：成功，失败。

（2）审核策略开启之后，审核的信息会记录到事件日志中，可以通过选择"开始"→"控制面板"→"管理工具"→"事件查看器"来查看各种事件，包括应用程序、安全性及系统事件，如图 6-21 所示。从图 6-21 中还可以看到，如果配置了 DNS 服务，将可以看到 DNS 服务器事件。

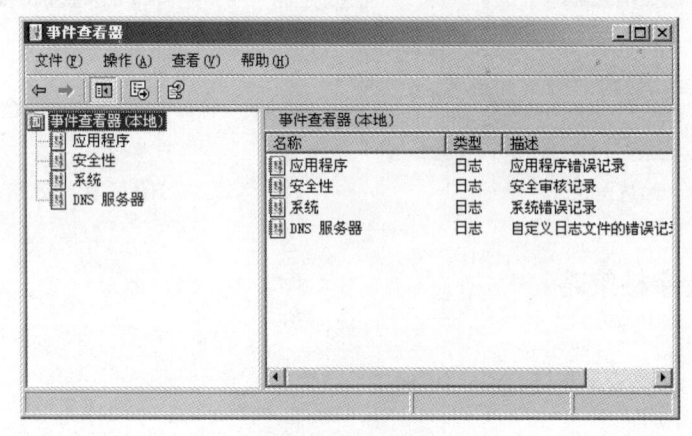

图 6-21　事件查看器

6.2.8　保护 Windows 日志文件

日志文件对很多用户来说是很重要的，因此不能忽视对它的保护，要防止发生入侵者将日志文件清洗一空的情况。

1. 修改日志文件存放目录

Windows 日志文件默认的存放路径是"%systemroot%\system32\config"，可以通过修改注册表来改变它的存储目录，来增强对日志的保护。

选择"开始"→"运行"，在弹出的对话框中输入"regedit"，按 Enter 键后弹出注册表编辑器，依次展开"HKEY_LOCAL_MACHINE\SYSTEM\CurrentControlSet\ Services\ Eventlog"，下面的 Application、Security、System 几个子项分别对应应用程序日志、安全日志、系统日志。

以应用程序日志为例，将其转移到"D:\abc"目录下。首先选中 Application 子项，在右栏中找到 File，其值为应用程序日志文件的路径"%SystemRoot%system32config-AppEvent.Evt"，将它修改为"D:\abc\AppEvent.Evt"。接着在 D 盘新建"abc"目录，将"AppEvent.Evt"复制到该目录下，重新启动系统，这样就完成了应用程序日志文件存放目录的修改。其他类型日志文件路径修改方法与此相同，只是在不同的子项下操作而已。

2. 设置文件访问权限

修改了日志文件的存放目录后，日志还是可以被清空的，下面通过修改日志文件访问权限，防止这种事情发生，前提是 Windows 系统要采用 NTFS 格式。

右击 D 盘的某个目录，在弹出的快捷菜单中选择"属性"，切换到"安全"标签页后，首先取消选中"允许将来自父系的可继承权限传播给该对象"复选框，接着就可以赋予对象相应的权限。

6.3　Windows Server 2003 访问控制技术

6.3.1　访问控制技术概述

访问控制技术在网络安全中使用较多，主要是为了实现对信息的安全管理和控制。该技术普遍使用在文件访问和网络访问中。

访问控制通常需要定义访问的主体和客体。主体通常是访问者，可以是用户计算机也可以是某个应用进程或者程序，客体通常指的是网络资源，包括计算机、文件等。

访问控制主要有强制访问控制和自主访问控制两种。

1. 强制访问控制

在这种访问模式中，主体和客体均被定义了。主体的访问权限一旦被系统定义，用户就不能随意更改，同样，客体的权限被系统定义之后也不能被无权限的用户更改。主体和客体通常会定义一个安全等级，通过比较主体和客体的安全等级可以判定访问者是否有权限访问。强制访问控制原理如图 6-22 所示。

图 6-22　强制访问控制

2. 自主访问控制

主要通过访问控制列表来实现，在这种模式中，每种资源都会有一个访问控制列表。如果某个资源隶属于某个用户，那么该用户可以通过该资源的访问控制列表定义其他的对该资源有访问权限的主体。

例如，在 Windows 网络操作系统中的访问控制中就可以进行自主访问控制的设定。在系统中可以定义文件夹属于某个用户，那么该用户就具有对该文件夹的完全控制权限，该用户可以通过访问控制列表去控制其他的用户对该文件的访问权限，如读或者写权限等。

通过访问控制可以实现信息访问的安全控制，即对于信息的访问可以很方便地进行控制。访问者需要获得被访问者的授权才可以获得对资源的合法访问。访问控制机制控制了用户能够访问的广度和深度。

6.3.2　配置 Windows Server 2003 访问控制

Windows Server 2003 要使用 NTFS 权限需要先对磁盘做 NTFS 格式的格式化操作，不能使用其他的诸如 FAT32 格式。NTFS 权限是指系统管理员或文件拥有者赋予用户和组访问某个文件和文件夹的权限，即允许或禁止某些用户或组访问文件或文件类，以实现对资源的保护。NTFS 权限可以应用在本地或域中。

NTFS 为卷上的对象在安全描述符中建立了一组访问控制列表（ACL），在 ACL 中列出了用户和组对象对该文件或文件夹所拥有的访问权限。当用户或组访问该资源时，ACL 首先查看该用户或组是否在 ACL 上，再比较该用户的访问类型与在 ACL 中的访问权限是否一致，如果一致就允许用户访问该资源，否则就无法访问。

1. NTFS 文件权限类型

NTFS 文件权限主要有下面几种：

- 读取（Read）：允许用户读取文件，查看文件的属性（只读、隐藏、存档、系统），查看文件的所有者及其权限。
- 写入（Write）：允许用户改写文件、改变文件的属性、查看文件的所有者及其权限。
- 读取与执行（Read&Execute）：允许用户运行应用程序，执行读取权限操作。
- 修改（Modify）：允许用户修改或删除文件，执行写入权限，执行读取与执行权限。
- 完全控制（Full Control）：允许用户修改文件 NTFS 权限并获得文件所有权，允许用户执行修改权限。

2. NTFS 文件夹权限类型

NTFS 文件夹权限用来控制对子文件夹和文件的访问。默认情况下子文件夹及文件继承该文件夹的 NTFS 权限，通过合理设置父文件夹 NTFS 权限的设置，可以简化整体 NTFS 权限的设置。NTFS 文件夹权限主要有下面几种：

- 读取（Read）：允许用户查看文件夹内的文件和子文件夹，查看文件夹的属性、所有者及其权限。
- 写入（Write）：允许用户在文件夹中创建新文件和子文件夹，改变文件夹的属性，查看文件夹的所有者及其权限。
- 列出文件夹内容（List Folder Contents）：允许用户查看文件夹内的文件和子文件夹的内容。
- 读取与执行（Read&Execute）：允许用户把文件夹移动到其他文件夹中，即使用户没有其他文件夹的权限，执行读取权限可以列出文件夹内容操作。
- 修改（Modify）：允许用户删除文件夹，并对文件夹有写入权限以及读取与执行权限。
- 完全控制（Full Control）：允许用户修改文件夹 NTFS 权限并获得文件夹所有权、删除子文件夹和文件的 NTFS 权限。允许用户执行其他所有权限。

3. NTFS 权限规则

如果用户账户属于多个不同的组，每个组对资源拥有不同的权限，最后该用户的实际权限应该遵循下面的规则。

（1）NTFS 权限的累积。

用户对某文件的有效权限是分配给该用户和该用户所属的所有组的 NTFS 权限的总和。例如，用户 User1 同时属于组 Group A 和组 Group B，它们对某文件的权限分配见表 6-1。

表 6-1　NTFS 权限的累积实例

用户和组	权限
User1	写入
Group A	读取
Group B	执行

则用户 User1 的有效权限为这 3 个权限的总和，即"写入+读取+执行"。

（2）文件权限优先于文件夹权限。

如果既对某文件设置了 NTFS 权限，又对该文件所在的文件夹设置了 NTFS 权限，则文件的权限高于文件夹的权限。例如，用户 User1 对文件夹 C:\data 有"读取"权限，但该用户又对文件 C:\data\exercise.txt 有"修改"权限，则该用户最后的有效权限为"修改"。

（3）拒绝权限优先于其他权限。

当用户对某资源拥有"拒绝权限"和其他权限时，拒绝权限优先于其他权限。"拒绝优先"提供了强大的手段来保证文件或文件夹被适当保护。例如，用户 User1 同时属于组 Group A 和组 Group B，它们对某文件的权限分配见表 6-2。

表 6-2　NTFS 拒绝权限优先于其他权限实例

用户和组	权限
User1	读取写入
Group A	拒绝写
Group B	写入

用户 User1 的有效权限为"读取"。因为 User1 是 Group A 的成员，Group A 对该文件的权限是"拒绝写"，根据拒绝权限优先于其他权限原则，GroupB 赋予 User1 写入的权限不生效。

（4）NTFS 权限的继承。

默认情况下，分配给父文件夹的权限可被子文件夹和包含在父文件夹中的其他文件继承。可以阻止这种权限的继承，这样该子文件夹和文件的权限将被重新设置。

4. NTFS 权限设置

NTFS 权限设置就是将某个文件或文件夹赋予给用户怎样的权限，包括设置文件与文件夹的权限、删除继承权限、设置 NTFS 特殊权限。

（1）设置文件夹的 NTFS 权限。

对于指定的文件夹，只有其拥有者（CREATOR OWNER）、管理员和有完全控制权限的用户才可以设置其 NTFS 权限。下面举例说明这样的用户如何将该文件夹的权限赋予其他用户。例如，要设置 Users 组的用户 User1 对 C:\data 文件夹拥有"修改"的权限，具体操作步骤如下：

1）在"我的电脑"中双击 C 盘，右击 data 文件夹，打开"data 属性"对话框，选择"安全"选项卡，如图 6-23 所示，文件夹已有默认的权限设置，这是从 C 盘继承的，如灰色选中的复选框表示的权限。

2）单击"添加"按钮，弹出"选择用户或组"对话框，如图 6-24 所示，在"输入对象名称来选择"文本框中输入 CCC\User1，单击"确定"按钮。在权限列表中选中"修改"项的"允许"复选框，如图 6-25 所示，单击"确定"按钮。

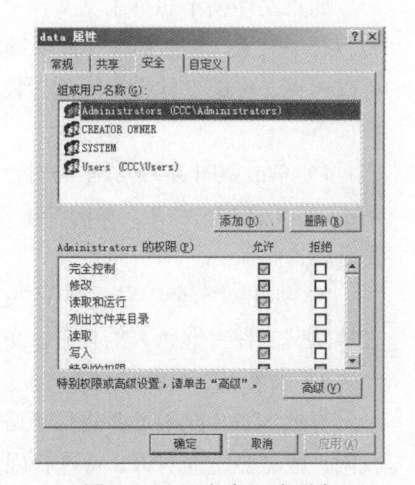

图 6-23　"安全"选项卡

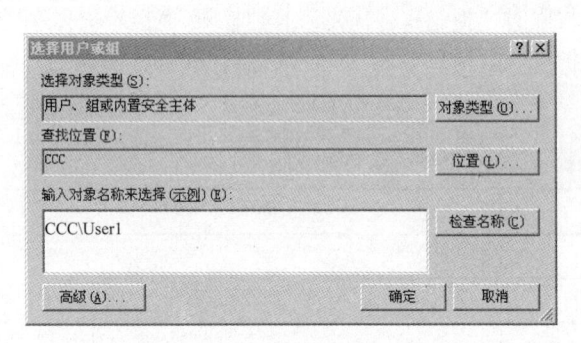

图 6-24 "选择用户或组"对话框　　　　图 6-25 添加用户修改权限

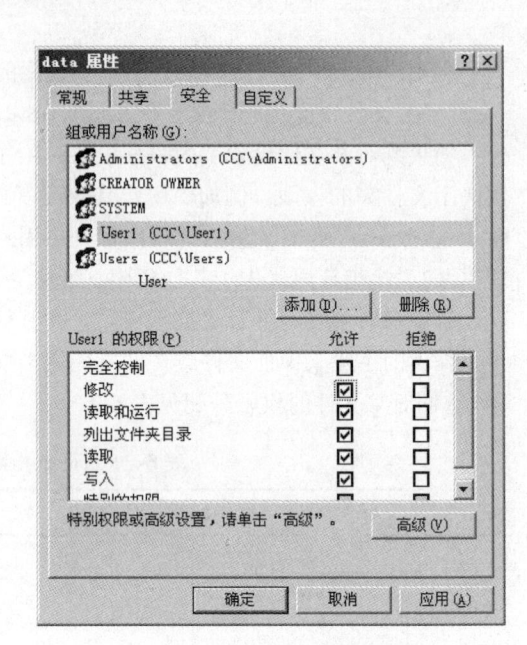

（2）设置文件的 NTFS 权限。

对于指定的文件，只有其拥有者、管理员和有完全控制权限的用户才可以设置其 NTFS 权限。例如，设置 Users 组的用户 AA 对 C:\data\EXAM.TXT 文件拥有"写入"的权限，具体操作步骤如下：

1）单击"开始"→"资源管理器"，右击 C:\data\EXAM.TXT 文件，在弹出的快捷菜单中选择"属性"命令，在弹出的对话框中选择"安全"标签。

2）单击"高级"按钮，弹出"EXAM.TXT 的高级安全设置"对话框，选择"权限"标签，单击"添加"按钮。

3）弹出"选择用户或组"对话框，在"输入对象名称来选择"文本框中输入用户 User1，单击"确定"按钮。在权限列表中选中"写入"权限项的"允许"复选框，单击"确定"按钮。

（3）删除继承权限。

如果文件夹不想继承父文件夹的权限，可以通过取消选中"允许父项的继承权限传播到该对象和所有子对象。包括那些在此明确定义的项目"复选框，来阻止来自父文件夹的权限继承，然后就可以对该文件或文件夹重新设置权限。例如，设置 D:\data\EXAM.TXT 不继承 D:\data 的权限，操作如下：

1）单击如图 6-25 所示的对话框中的"高级"按钮，弹出"EXAM.TXT 的高级安全设置"对话框，取消选中"允许父项的继承权限传播到该对象和所有子对象。包括那些在此明确定义的项目"复选框。

2）弹出"安全"对话框，"复制"按钮表示保留从父文件夹继承来的权限，"删除"按钮表示去掉从父文件夹继承来的权限，单击"删除"按钮。

5. 设置 NTFS 特殊权限

标准 NTFS 权限通常提供了必要的保证资源被安全访问的权限，如果要分配给用户特定的访问权限，就需要设置 NTFS 特殊权限。标准权限可以说是特殊 NTFS 权限的特定组合。特殊 NTFS 权限包含了各种情况下对资源的访问权限，它规定了用户访问资源的所有行为。为了简化管理，将一些常用的特殊 NTFS 权限组合起来并内置到操作系统形成标准 NTFS 权限。如表 6-3 所示为 NTFS 特殊权限和标准权限的关系。

表 6-3　NTFS 特殊权限和标准权限的关系

特殊 NTFS 权限＼标准 NTFS 权限	完全控制	修改	读取及执行	读取	写入	列出文件夹目录
完全控制	√					
遍历文件夹/执行文件	√	√	√			√
列出文件夹/读取数据	√	√	√	√		√
读取属性	√	√	√	√		√
读取扩展属性	√	√	√	√		√
创建文件/写入数据	√	√			√	
创建文件夹/附加数据	√	√			√	
写入属性	√	√			√	
写入扩展属性	√	√			√	
删除子文件夹及文件	√					
删除	√	√				
读取权限	√	√	√	√		√
更改权限	√					
取得所有权	√					

在特殊权限中，比较难以理解的是更改权限和取得所有权权限。

（1）更改权限。

在标准 NTFS 权限中，只有"完全控制"权限才允许用户更改文件或文件夹，但"完全控制"权限同时有删除文件夹或文件的权限。如果要赋予其他用户更改文件或文件夹的权限，而又不能删除或写文件及文件夹，就要用到更改权限功能。例如，赋予用户 User1 对文件 C:\data\exam.TXT 更改的权限，具体操作如下：

1）单击"开始"→"资源管理器"，右击 C:\data\exam.TXT 文件，在弹出的快捷菜单中选择"属性"命令，选择"安全"属性页，弹出文件的安全属性对话框。

2）单击"高级"按钮，选择"权限"选项卡，选择用户名 User1，如图 6-26 所示。

3）该用户出现在权限项目列表上。选择该用户后单击"编辑"按钮，打开更改权限界面，如图 6-27 所示，选中权限列表中所需权限项旁边"允许"复选框，单击"确定"按钮，然后再单击图 6-26 中的"确定"按钮。

（2）获得所有权权限。

通过指派和撤销权限的操作，可能会出现包括系统管理员在内的所有操作者都无法访问某个文件的情况。为了解决这个问题，Windows 引入了所有权的概念。Windows Server 2003 中任何一个对象都有所有者，所有者与其他权限是彻底分开的。对象的所有者拥有一项特殊的权限——能够指派权限。默认情况下，创建文件和文件夹的用户是该文件或文件夹的所有者，拥有所有权。除了用户自行新建的对象外，Windows Server 2003 中其他对象的所有者都是本地 Administrators 组的成员。系统中可以取得所有权的用户有以下几种：

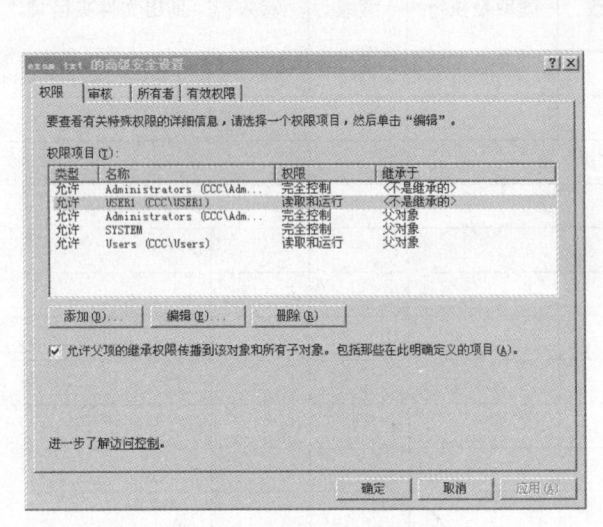

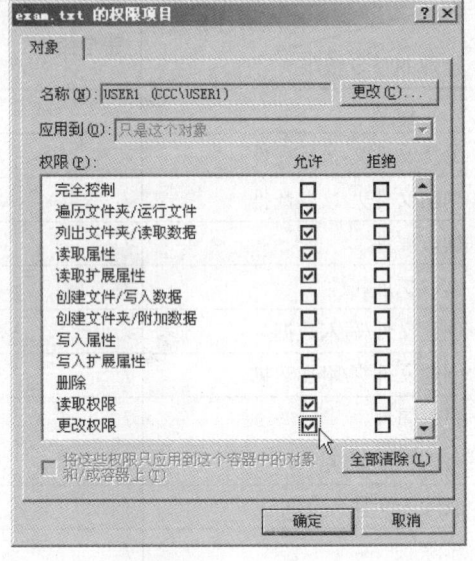

图 6-26　选择用户名 USER1　　　　图 6-27　更改权限

- 管理员组的成员。这是 Administrators 组的一项内置功能，任何人无法删除它。
- 拥有文件夹或文件的"取得所有权"这项特别访问权限的用户。
- 拥有文件或文件夹的完全控制权限的用户，因为完全控制权限包含"所有权"这项特别访问权限。

所有权可以用以下方式进行转换：

- 当前所有者可以将"取得所有权"权限授予另一个用户，这将允许该用户在任何时候取得所有权。该用户必须实际取得所有权才能完成所有权的转移。
- 管理员可以取得所有权。

尽管管理员可以取得所有权，但是管理员不能将所有权转让给其他人。此限制可以让管理员对其操作负责任。如何让管理员获得所有权呢？以 C:\data\exer.doc 文件为例，该文件的拥有者是用户 AA，如果希望管理员取得该文件的所有权，步骤如下：

1）以系统管理员身份登录，选择"开始"→"资源管理器"，右击 C:\data\exer.doc 文件，在弹出的快捷菜单中选择"属性"，选择"安全"标签，弹出该文件的安全属性对话框。由于系统管理员此时对 C:\data\exer.doc 文件没有任何权限，所以无法看到其权限设置。

2）单击"高级"按钮，在弹出的对话框中单击"所有者"选项卡，在"将所有者更改为"列表框中选择"Administrators"，单击"确定"按钮，如图 6-28 所示。

3）单击"安全"选项卡，然后单击"确定"按钮，管理员即取得完全控制权限，如图 6-29 所示。

这时，在文件属性"安全"标签中虽然没有显示新权限，但是 Administrators 已经拥有完全控制权限，可通过"高级"按钮查询。Administrators 在取得文件的完全控制权限和所有权后就可以重新根据需要设置该文件的权限。

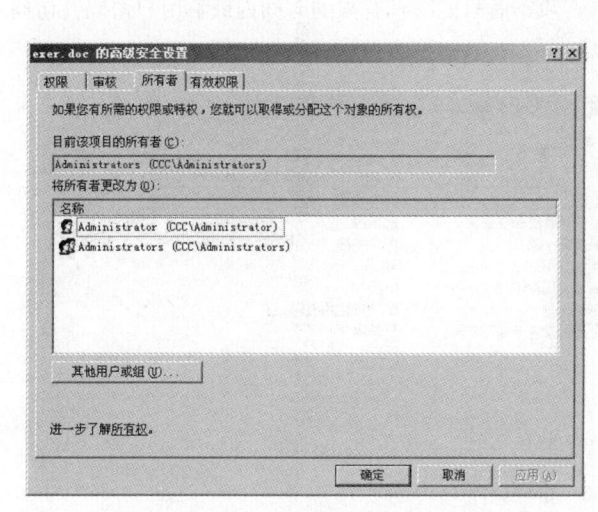

图 6-28　添加 Administrators 为所有者 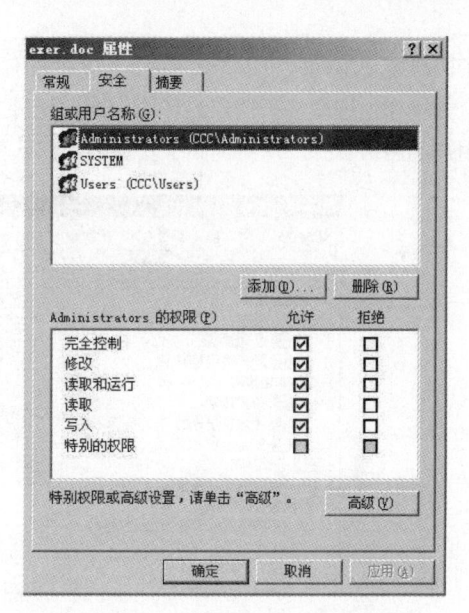　　　图 6-29　设置 Administrators 为完全控制权限

6.4　Windows Server 2003 账户策略

6.4.1　配置账户策略

在活动目录中设置账户策略时，应注意 Windows Server 2003 中只允许一个域账户策略，即在域目录树的根域上应用的账户策略。域账户策略成为该域成员的、基于 Windows Server 2003 的工作站或服务器的默认账户策略。唯一的例外是为组织单元定义另一个账户策略的时候。组织单元的账户策略设置影响到组织单元中任何计算机上的本地策略。这意味着设置在域层次上的账户策略只能在利用域中账户登录的时候应用，而本地策略设置只在利用计算机本地账户登录时应用。

账户策略包含以下设置：

1．密码策略

密码策略用于域账户或本地用户账户，如图 6-30 所示，密码策略确定密码设置，如强制执行和有效期限等。

（1）强制密码历史。

重新使用旧密码之前，该安全设置确定与某个用户账户相关的唯一新密码的数量，该值必须为 0～24 之间的一个数值。该策略通过确保旧密码不能继续使用，从而能够增强安全性。默认值：在域控制器上为 24，在独立服务器上为 0。

（2）密码最长使用期限。

该安全设置确定系统要求用户更改密码之前可以使用该密码的时间（单位为天）。可将密码的过期天数设置在 1～999 天之间，或将天数设置为 0，即指定密码永不过期。如果密码最长使用期限在 1～999 天之间，那么密码最短使用期限必须小于密码最长使用期限。如果密码最长使用期限设置为 0，则密码最短使用期限可以是 1～998 天之间的任何值。注意：使密码每隔 30 至 90 天过期一次是一种较安全的操作，这取决于用户的环境。通过这种方式，攻击者只能够在有限的时间内破解用户密码并访问用户的网络资源，从而提高了安全性。默认值：42。

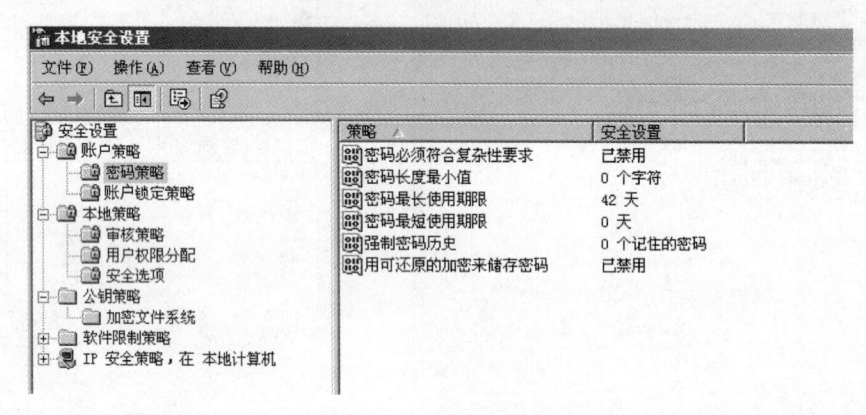

图 6-30　密码策略

（3）密码最短使用期限。

该安全设置确定用户可以更改密码之前必须使用该密码的时间（单位为天）。可以设置 1～998 天之间的某个值，或者通过将天数设置为 0，允许立即更改密码。密码最短使用期限必须小于密码最长使用期限，除非密码最长使用期限设置为 0（表明密码永不过期）。如果密码最长使用期限设置为 0，那么密码最短使用期限可设置为 0～998 天之间的任意值。如果希望强制密码历史有效，可将密码最短使用期限配置为大于 0。如果没有密码最短使用期限，则用户可以重复循环通过密码，直到获得喜欢的旧密码。默认设置不遵从这种推荐方法，因此管理员可以为用户指定密码，然后要求当用户登录时更改管理员定义的密码。如果将该密码的历史记录设置为 0，则用户不必选择新密码。因此，默认情况下将密码历史记录设置为 1。默认值：在域控制器上为 1，在独立服务器上为 0。

（4）密码长度最小值。

该安全设置确定用户账户的密码可以包含的最少字符个数。个数可以设置为 1～14 个字符，或者将字符数设置为 0，即设置不需要密码。默认值：在域控制器上为 7，在独立服务器上为 0。

（5）密码必须符合复杂性要求。

该安全设置确定密码是否符合复杂性要求。密码必须符合以下最低要求：

1）不包含全部或部分的用户账户名。

2）长度至少为 6 个字符。

3）包含来自以下 4 个类别中的 3 个。

- 英文大写字母（A～Z）。
- 英文小写字母（a～z）。
- 基本数字（0～9）。
- 非字母字符（如!、$、#、%）。

更改或创建密码时，会强制执行复杂性要求。

默认值：在域控制器上已启用，在独立服务器上已禁用。

（6）用可还原的加密来储存密码。

该安全设置确定系统是否使用可还原的加密来储存密码。如果应用程序使用了要求知道用户密码才能进行身份验证的协议,则该策略可对它提供支持。使用可还原的加密来储存密码和储存明文版本密码本质上是相同的。因此,除非应用程序有比保护密码信息更重要的要求,否则不必启用该策略。当使用质询握手身份验证协议(CHAP)通过远程访问或 Internet 身份验证服务(IAS)进行身份验证时,该策略是必需的。在 Internet 信息服务(IIS)中使用摘要式验证时也要求有该策略。默认值:已禁用。

2. 账户锁定策略

账户锁定策略用于域账户或本地用户账户,用来确定某个账户被系统锁定的情况和时间长短,如图 6-31 所示。

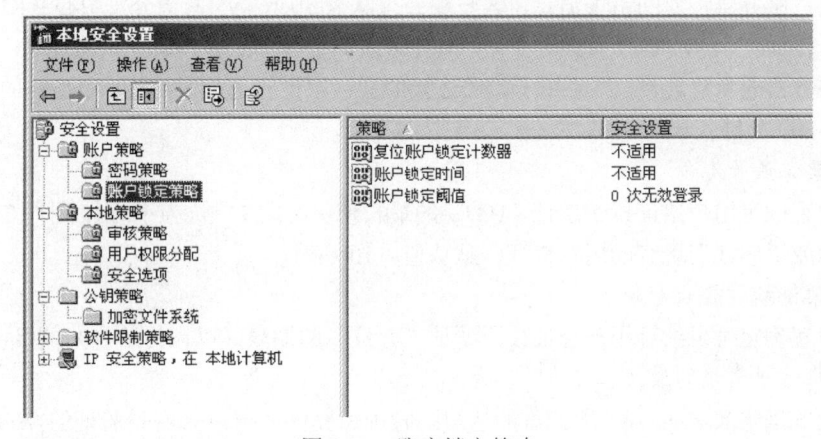

图 6-31 账户锁定策略

(1)账户锁定时间。

该安全设置确定锁定的账户在自动解锁前保持锁定状态的分钟数。有效范围为 0~99999 分钟。如果将账户锁定时间设置为 0,那么在管理员明确将其解锁前,该账户将被锁定。如果定义了账户锁定阈值,则账户锁定时间必须大于或等于重置时间。默认值:无,因为只有当指定了账户锁定阈值时,该策略设置才有意义。

(2)账户锁定阈值。

该安全设置确定造成用户账户被锁定的登录失败尝试的次数。无法使用锁定的账户,除非管理员进行了重新设置或该账户的锁定时间已过期。登录尝试失败的范围值为 0~999。如果将此值设为 0,则将无法锁定账户。对于使用 Ctrl+Alt+Delete 组合键或带有密码保护的屏幕保护程序锁定的工作站或成员服务器计算机,失败的密码尝试计入失败的登录尝试次数中。默认值:0。

(3)复位账户锁定计数器。

该安全设置确定在登录尝试失败计数器被复位为 0(即 0 次失败登录尝试)之前,尝试登录失败之后所需的分钟数。有效范围为 1~99,999 分钟。如果定义了账户锁定阈值,则该复位时间必须小于或等于账户锁定时间。默认值为"无",因为只有当指定了账户锁定阈值时,该策略设置才有意义。

6.4.2 配置 Kerberos 策略

Kerberos 策略用于域用户账户,用来确定与 Kerberos 相关的设置,如票证的有效期限和强制执行。Kerberos 策略不存在于本地计算机策略中。

1. 强制用户登录限制

该安全设置确定 Kerberos v5 密钥分发中心（KDC）是否要根据用户账户的用户权限来验证每个会话票证请求。验证每一个会话票证请求是可选的，因为额外的步骤需要花费时间，并可能降低服务的网络访问速度。默认值：已启用。

2. 服务票证最长寿命

该安全设置确定使用所授予的会话票证可访问特定服务的最长时间（以分钟为单位）。该设置必须大于 10 分钟并且小于或等于用户票证最长寿命设置。如果客户端请求服务器连接时出示的会话票证已过期，服务器将返回错误消息，客户端必须从 Kerberos v5 密钥分发中心（KDC）请求新的会话票证，然而一旦连接通过了身份验证，该会话票证是否仍然有效就无关紧要了。会话票证仅用于验证和服务器的新建连接。如果用于验证连接的会话票证在连接时过期，则当前的操作不会中断。默认值：600 分钟（10 小时）。

3. 用户票证最长寿命

该安全设置确定用户票证授予票证（TGT）的最长使用时间（单位为小时）。用户 TGT 期满后，必须请求新的或"续订"现有的用户票证。默认值：10 小时。

4. 用户票证续订最长寿命

该安全设置确定可以续订用户票证授予票证（TGT）的期限（以天为单位）。默认值：7 天。

5. 计算机时钟同步的最大容差

该安全设置确定 Kerberos v5 所允许的客户端时钟和提供 Kerberos 身份验证的 Windows Server 2003 域控制器上的时间的最大差值（以分钟为单位）。为防止"轮番攻击"，Kerberos v5 在其协议定义中使用了时间戳。为使时间戳正常工作，客户端和域控制器的时钟应尽可能地保持同步。换言之，应该将这两台计算机设置成相同的时间和日期。因为两台计算机的时钟常常不同步，所以管理员可使用该策略来设置 Kerberos v5 所能接受的客户端时钟和域控制器时钟间的最大差值。如果客户端时钟和域控制器时钟间的差值小于该策略中指定的最大时间差，那么在这两台计算机的会话中使用的任何时间戳都将被认为是可信的。注意：该设置并不是永久性的。如果完成该设置后重新启动计算机，那么该设置将被还原为默认值。默认值：5 分钟。

6.5　Windows Server 2003 安全模板

6.5.1　安全模板概述

启用安全模板可以使用 Windows Server 2003 提供的安全模板功能简化系统的安全配置。安全模板可用于定义以下内容：

（1）账户策略。
- 密码策略。
- 账户锁定策略。
- Kerberos 策略。

（2）本地策略。
- 审核策略。
- 用户权限分配。
- 安全选项。

（3）事件日志：应用程序、系统和安全的事件日志设置。
（4）受限制的组：安全敏感组的成员资格。
（5）系统服务：系统服务的启动和权限。
（6）注册表：注册表项的权限。

在 Windows Server 2003 中已经存在一些预定义的安全模板，用户可以直接使用这些模板来确保系统的安全，当然也可以根据实际情况进行更改。

Windows Server 2003 的预定义安全模板存放在 systemroot\security\templates 目录，主要有以下几方面内容：

1. 默认安全设置（Setup security.inf）

Setup security.inf 模板是在安装期间针对每台计算机创建的。Setup security.inf 代表了在安装操作系统期间所应用的默认安全设置。

2. 域控制器默认安全设置（DC security.inf）

该模板是在服务器被升级为域控制器时创建的。它反映了文件、注册表以及系统服务的默认安全设置。

3. 兼容（compatws.inf）

放宽用户组的默认文件和注册表权限，使之与多数没有验证的应用程序的要求一致。

4. 安全（Secure*.inf）

安全模板定义了至少可能影响应用程序兼容性的增强安全设置。例如，安全模板定义了更严密的密码、锁定和审核设置。

5. 高级安全（hisec*.inf）

高级安全模板是对加密和签名进行进一步限制的安全模板的扩展集。

6. 系统根目录安全（Rootsec.inf）

Rootsec.inf 可指定根目录权限。

6.5.2 启用安全模板

在计算机桌面上选择"开始"→"运行"，在"打开"文本框中输入 mmc，并单击"确定"按钮，打开"控制台"窗口，在该窗口的"文件"菜单下单击"添加/删除管理单元"命令，单击"添加"按钮，在弹出窗口中分别选择"安全模板"和"安全配置分析"，单击"添加"按钮后，关闭窗口，并单击"确定"按钮。

展开"安全模板"节点，可以看到预定义的所有安全模板的默认保存位置以及名称，如图 6-32 所示。单击某一个模板，在右侧窗口则会出现该模板中的安全策略，双击某项策略可以看到相关的配置并可以进行修改。

在展开的"控制台根节点"中，如图 6-33 所示，右击"安全配置和分析"，选择"打开数据库"命令，在弹出的对话框中输入欲新建安全数据库的名字（如 ppp.sdb）。单击"打开"按钮，在弹出的窗口中，根据需要配置的计算机的安全级别进行选择（如选择 hisecdc.inf）。

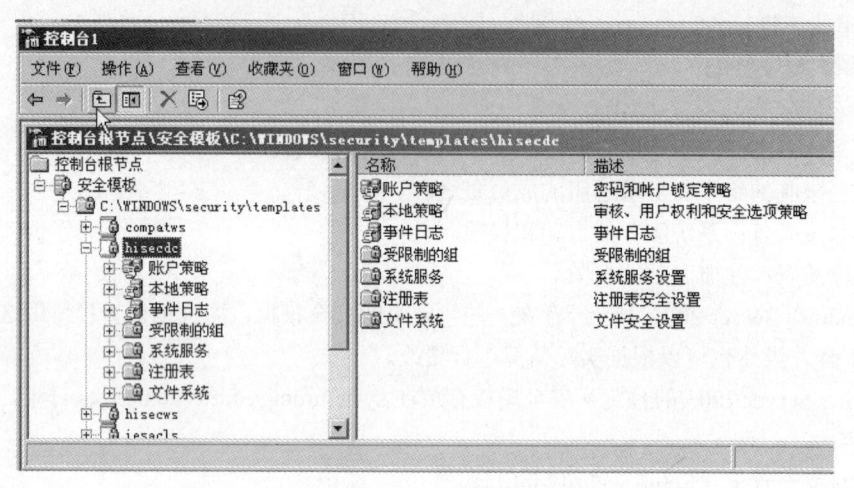

图 6-32　安全模板

右击"安全配置和分析"，选择"立即分析计算机"命令，如图 6-33 所示。系统则会按照上一步选中的安全模板对系统当前的安全配置进行分析。分析完毕后，可以在目录中选择查看各安全设置的分析结果，以便发现当前计算机使用的安全设置和数据库中不匹配的项目。

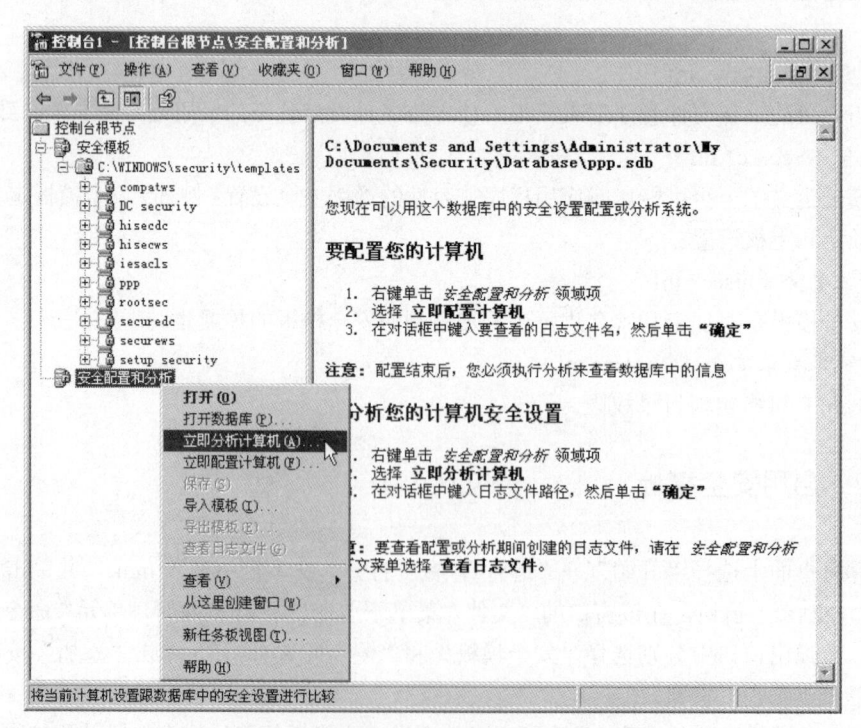

图 6-33　分析计算机

右击"安全配置和分析"，选择"立即配置计算机"命令，系统则会按照上面步骤选中的安全模板的要求对当前的系统进行安全配置。可以在当前计算机中使用某一个预定义或者自定义的策略配置当前的安全策略，如图 6-34 所示。

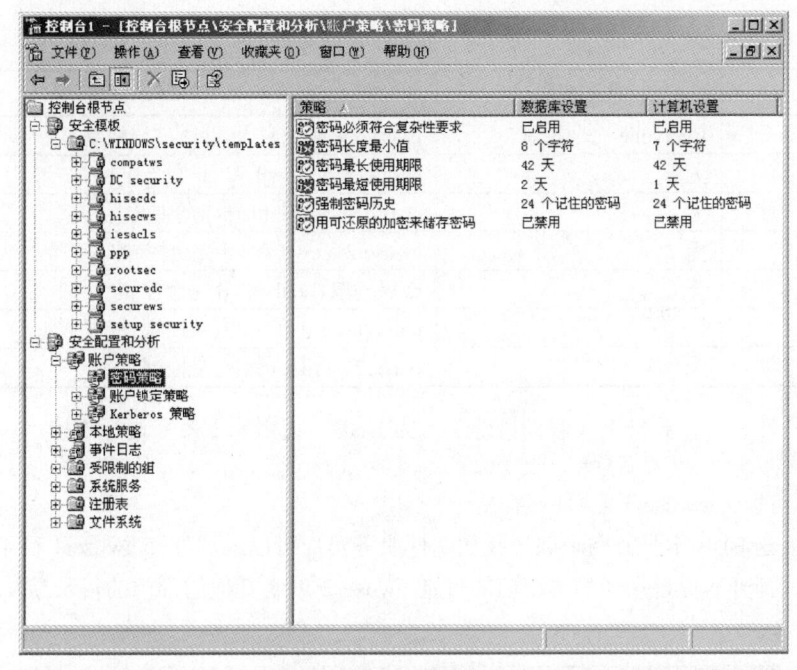

图 6-34 配置计算机

第二部分 典型项目实训任务

6.6 典型任务

6.6.1 典型任务一 文件及文件夹访问控制

【任务目的】学会使用 NTFS 格式权限控制。

【任务实施步骤】

（1）在计算机中创建两个组，分别为财务组（cw）和人事组（rs），再创建 4 个员工账号（财务组和人事组各两个），将这 4 个用户分别命名为 cwuser1、cwuser2、rsuser1、rsuser2。

（2）创建两个组的经理账号分别为 cwjl、rsjl，然后再创建一个总经理账号 zjl。

（3）在 E（NTFS 格式）盘符下建立一个共享目录 share。

（4）在 share 目录中创建两个子目录分别对应人事组和财务组，并分别命名为 cw 和 rs。

（5）在 cw 目录中创建两个员工目录，分别为 cwuser1、cwuser2，在 rs 目录中创建两个子目录，分别为 rsuser1、rsuser2。

目录结构如图 6-35 所示。

（6）按照表 6-4 分配各目录的权限。

图 6-35 目录结构

表 6-4　各目录权限分配

目录名	共享权限	NTFS 权限
share	Everyone 完全控制	Everyone 列出目录，zj1 完全控制
cw	无	cw 组读取、cwjl 和 zjl 完全控制
cwuser1	无	cwuser1、cwjl 和 zjl 完全控制
cwuser2	无	cwuser2、cwjl 和 zjl 完全控制
rs	无	rs 组读取、rsjl 和 zjl 完全控制
rsuser1	无	rsuser1、rsjl 和 zjl 完全控制
rsuser2	无	rsuser2、rsjl 和 zjl 完全控制

（7）在另外一台计算机上（假设另外一台为 BBB）使用如下命令进行连接。

`Net use \\文件服务器名\share "password" /user:"cwuser1"`

password 可以为 cwuser1 账号的密码。

（8）在机器 BBB 上打开网上邻居找到文件服务器，可以成功打开 cwuser1 目录。

（9）尝试打开其他目录（如本部门的目录 cwuser2 或者其他的部门的目录）发现没有权限，如图 6-36 所示。

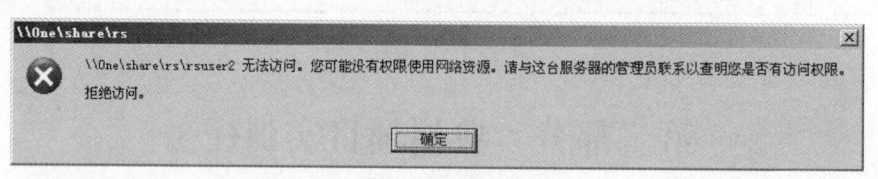

图 6-36　无法访问提示

6.6.2　典型任务二　安全模板的使用

【任务目的】学会使用安全模板配置用户策略。

【任务实施步骤】

（1）创建模板策略。在计算机桌面上选择"开始"→"运行"，在弹出的对话框中输入 mmc，在控制台 1 界面上选择"文件"→"添加/删除管理单元"，添加安全模板，完成后如图 6-37 所示。

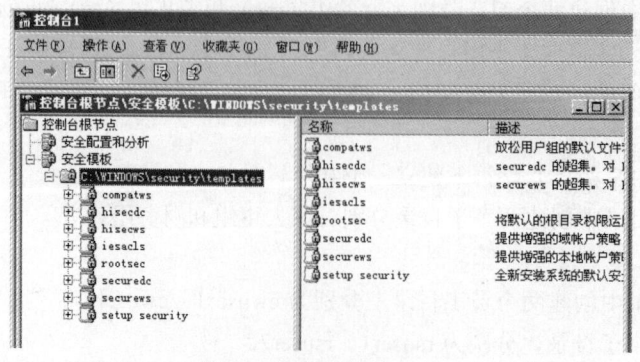

图 6-37　安全模板界面

（2）在展开的"安全模板"节点中使用右击模板路径，在弹出的快捷菜单中选择"新加模板"命令，并在弹出的对话框中的"模板名"文本框中输入"财务部门"，如图 6-38 和图 6-39 所示。

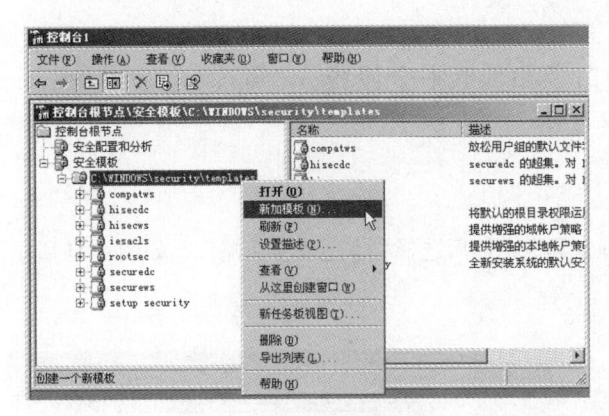

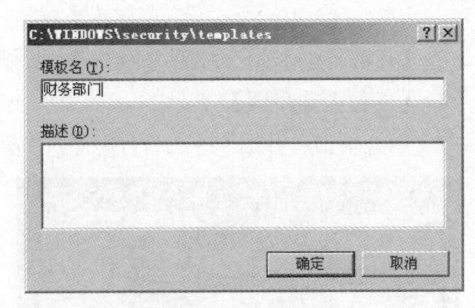

图 6-38　新加模板　　　　　　　　　　　　　图 6-39　模板名

（3）在该模板中选择账户策略，配置如图 6-40 所示的密码策略和如图 6-41 所示的账户锁定策略。

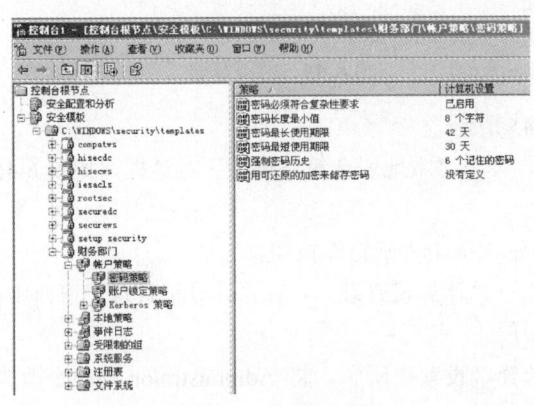

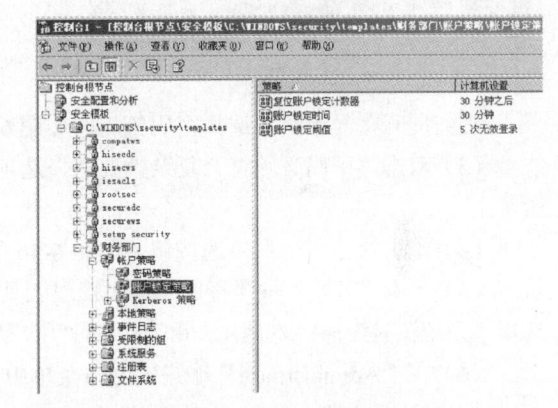

图 6-40　密码策略　　　　　　　　　　　　　图 6-41　账户锁定策略

（4）在财务组需要配置的计算机上选择"开始"→"运行"，在弹出的对话框中输入"gpedit.msc"，打开组策略编辑器，展开"计算机配置"节点，右击"安全设置"，在弹出的快捷菜单中选择"导入策略"命令，在弹出的"策略导入来源"对话框中选择"财务部门.inf"文件即可导入模板安全策略，如图 6-42 和图 6-43 所示。

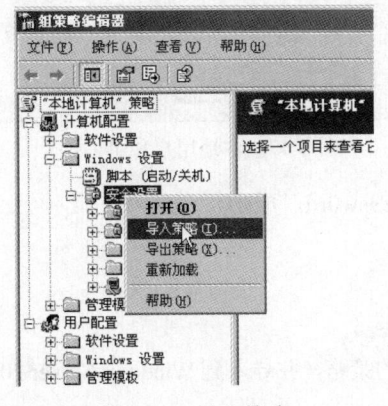

图 6-42　导入策略　　　　　　　　　　　　　图 6-43　策略导入来源

6.6.3 典型任务三 配置复杂的口令和其他安全设置

【任务目的】学会配置复杂口令。

【任务实施步骤】

(1) 单击"开始"→"程序"→"管理工具",然后选择"本地安全策略",如图 6-44 所示。

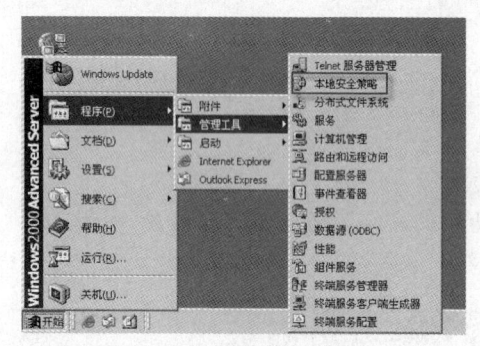

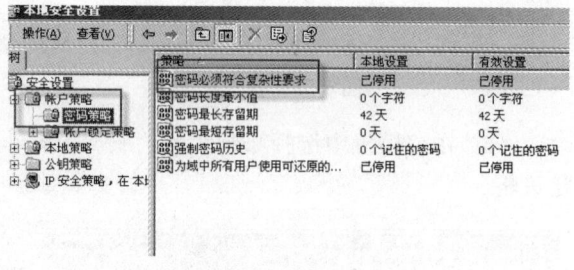

图 6-44 本地安全策略

图 6-45 密码策略

(2) 展开账号策略,选择密码策略,如图 6-45 所示。

(3) 双击"密码必须符合复杂性要求"选项,弹出"本地安全策略设置"对话框,如图 6-46 所示。

(4) 单击"已启用"单选按钮,如图 6-46 所示,单击"确定"按钮。

(5) 单击"开始"→"程序"→"管理工具"→"计算机管理",在"计算机管理"窗口中,选择"系统工具"→"本地用户和组"→"用户"。

(6) 在"Administrator"账户的右击菜单中选择"设置密码",将 Administrator 的口令改为 passwd,确认后失败,如图 6-47 所示。

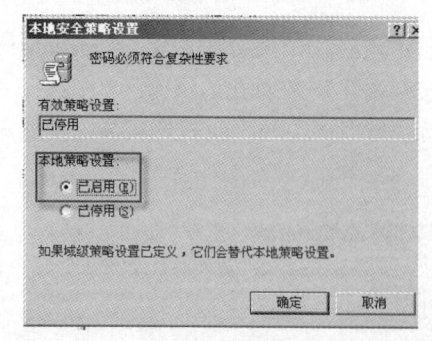

图 6-46 密码必须符合复杂性要求"启用"

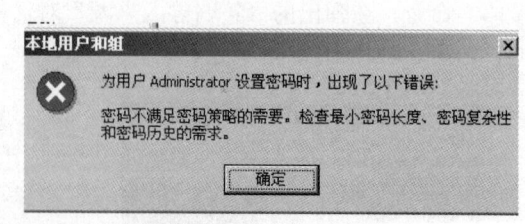

图 6-47 本地用户和组

(7) 将口令重新修改为符合复杂性要求的新密码 P@ssw0rd,成功。

练 习

1. 配置一个安全模板,其中包含账户策略及禁止端口的策略,并导入到 Windows Server 2003 中。
2. 通过注册表禁止 IPC 连接。

项目 7 端口扫描技术

学习要点

- 掌握 TCP/IP 的工作原理。
- 了解端口的概念以及各种端口扫描技术的工作原理。
- 掌握常见端口扫描工具的应用方法。
- 掌握防范端口扫描技术的应用。

学习情境

某公司的企业网拥有数百台计算机,该网络提供连入 Internet 的服务。近日该公司希望对整个内部网中的计算机进行网络安全检测,了解每台计算机上端口的使用情况,将计算机上启用的端口进行安全管理,对闲置端口予以关闭,并能隐藏计算机自身的操作系统信息,用以防止黑客进行端口扫描而造成的攻击威胁。公司现在需要作为网络管理人员的你针对公司目前的情况提出有效的解决方案。

第一部分 项目学习引导

7.1 端口概述

7.1.1 TCP/IP 的工作原理

想要理解什么是端口以及端口扫描是如何实现的,首先要了解 TCP/IP 的工作原理,目前 Internet 技术上的开发标准都是依据 TCP/IP 参考模型的。

1. TCP/IP 参考模型

TCP/IP 参考模型来源于 20 世纪 60 年代末美国的一个网络分组交换研究项目,它是一系列网络协议的总称,这些协议使计算机之间可以进行信息交换。现在,TCP/IP 参考模型被广泛用于 Internet 之上,已经发展成为最成功的通信协议之一。TCP/IP 参考模型一共包括上百种协议,对 Internet 上各种信息交换都做了相关规定。

TCP 和 IP 是两个彼此独立但又紧密结合的协议,主要负责管理、引导数据报文在网络上的传输。TCP 用于连接远程主机,IP 用于为发送的报文寻址。TCP/IP 参考模型分为 4 层,每一层负责不同的通信功能，从上到下依次为：应用层、传输层、Internet 层、网络接入层，如图 7-1 所示。

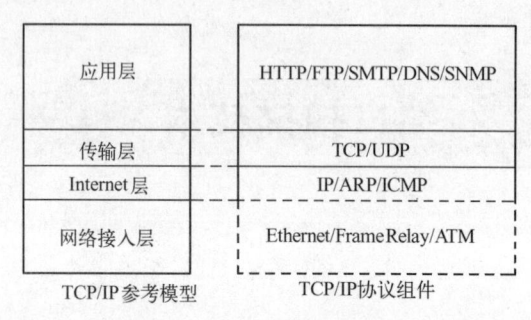

应用层	HTTP/FTP/SMTP/DNS/SNMP
传输层	TCP/UDP
Internet 层	IP/ARP/ICMP
网络接入层	Ethernet/Frame Relay/ATM
TCP/IP 参考模型	TCP/IP 协议组件

图 7-1　TCP/IP 参考模型及协议组件

2. TCP 与 UDP 协议

如图 7-1 所示，TCP/IP 参考模型的传输层包括 TCP 和 UDP，TCP（Transmission Control Protocol）是传输控制协议，它提供可靠的、面向连接的传输服务，在传送数据前需要先建立连接，确认信息的到达目的，并具有完善的错误检测与恢复、顺序控制和流量控制等功能，它一般用于注重可靠性的场合。UDP（User Datagram Protocol）是用户数据报协议，它提供不可靠的、无连接的传输服务，在传送数据前不需要先建立连接，不确认信息是否到达，它一般用于注重时效性、大吞吐量的场合。

3. TCP 三次握手工作原理

三次握手（Three-way Handshaking）是指用 TCP 发送数据时事先通过三次通信建立连接，使收发双方同步，并交换 TCP 窗口大小信息。TCP 连接在发送新的数据之前都要通过三次握手进行初始化，将数据包以特定的顺序编号传输，并确认这些数据包是否到达目的地，以此提供可靠的数据传送。图 7-2 为两台计算机之间的三次握手的过程。

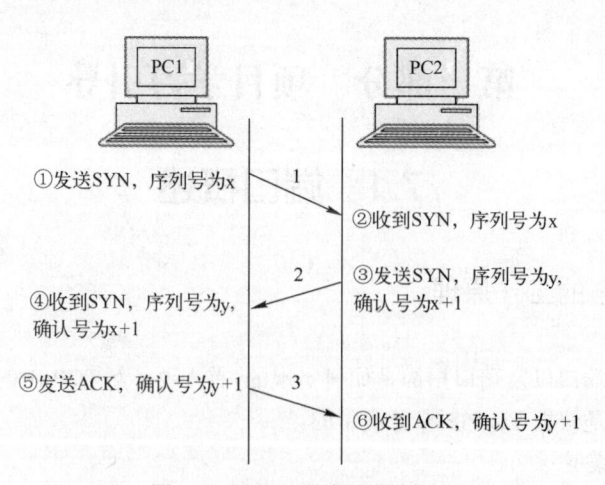

```
PC1                              PC2

①发送SYN, 序列号为x  ──1──▶
                              ②收到SYN, 序列号为x
                              ③发送SYN, 序列号为y,
④收到SYN, 序列号为y,  ◀──2──    确认号为x+1
  确认号为x+1

⑤发送ACK, 确认号为y+1 ──3──▶
                              ⑥收到ACK, 确认号为y+1
```

图 7-2　TCP 三次握手的过程

如图 7-2 所示，①～⑥为三次握手的步骤。

第一次握手：PC1 的 TCP 向 PC2 的 TCP 发出连接请求报文段，其首部中的同步位 SYN =1，ACK =0，同时包括选择的一个序列号 x，表明在后面传送数据时的第一个数据字节的序列号是 x，PC1 进入 SYN_SEND 状态。

第二次握手：PC2 的 TCP 收到连接请求报文段后，若同意进行传输连接，则向 PC1 发回确认报文段 SYN =1，ACK =1，其中包括它为自己选择的序列号 y、确认序列号 x+1 和窗口大小，PC2 进入 SYN_RECV 状态。

第三次握手：PC1 的 TCP 收到此报文段后，若同意立即进行传输连接，那么就向 PC2 发出确认报文段 ACK =1，其确认序列号为 y+1，PC2 收到该确认报文段，PC1 和 PC2 就进入 ESTABLISHED 状态。关于主机的这几种状态的变化将在 7.4.1 节中进行介绍。

三次握手后，连接被建立，PC1 和 PC2 就可以相互实现全双向的数据传输了，对于一次传输较大容量的报文，往往都分成多个分段进行传输，TCP 会将从用户进程接收到的数据分成包括 TCP 报头在内的不大于 64KB 的分段进行传输。数据传输完毕后，TCP 要关闭连接，结束会话。

7.1.2 端口概述

端口是专门为计算机通信而设计的，计算机通信离不开端口。将一台计算机看成是一座大楼，那么端口就是大楼的出入口，计算机和外界的联系就像是有人要进出大楼一样，都要通过大楼出入口，即端口，才能完成通信。

在计算机网络中，端口（Port）一般分为硬件端口和软件端口两种。集线器、交换机和路由器这类网络设备上用于连接到其他网络设备的接口称为硬件端口，如 RJ-45 端口、并行端口、串行端口等，这些硬件端口负责计算机与外界的通信。

随着网络的发展，硬件端口已经不能满足网络通信的要求，TCP/IP 作为网络通信协议标准在操作系统中定义了一种新的输入输出接口技术，即套接字（Socket）的应用程序接口，套接字由 IP 地址和端口两部分组成，如果把 IP 地址看作是一个房间，端口就是出入这个房间的门，这里的端口就是软件端口。软件端口通常指网络服务、通信协议的端口，是逻辑上的概念，定义了计算机之间通过软件方式的通信。计算机中各种服务、进程和应用程序的运行都需要选用不同的端口，这样计算机与外界的并行通信才会互不干扰（注：为了介绍方便，本章后面介绍的"端口"都指软件端口）

7.1.3 端口分类

计算机的端口有很多，通常用端口号来标识起不同作用的端口。计算机的端口是一个 16 位的地址，一共有 65536 个，端口号是整数，范围是 0～65535。端口号看似很多，但常用的只有几十个，其余都是未定义的端口。端口根据参考对象的不同有多种划分方法。

1. 根据端口的性质划分

（1）公认端口（Well Known Ports）。

公认端口的端口号范围为 0～1023，这类端口通常明确定义某种特定服务的通信，并与这些特定服务紧密绑定在一起，不可以再被重新定义用于其他的服务。黑客软件一般不会使用这类端口号来运行。

（2）注册端口（Registered Ports）。

注册端口的端口号范围为 1024～49151，这些端口松散地绑定某些服务，多数没有明确定义服务对象，可根据用户实际需要来指定。许多远程控制软件、木马程序等黑客软件都有可能会选择这些端口来运行。

(3) 动态和私有端口（Dynamic and Private Ports）。

动态和私有端口的端口号范围为 49152～65535。理论上，这些端口不应分配给服务，但实际上，有些特殊的木马程序可能使用这些端口，因为这类端口较为隐蔽，不易被人察觉，所以要特别注意。

2. 根据提供的服务方式划分

（1）TCP 端口。

对应 TCP 通信协议的服务所提供的端口称为 TCP 端口，见表 7-1。

表 7-1 常见的 TCP 公认端口号

服务类型	端口号	服务说明
FTP	21	文件传输服务
Telnet	23	远程登录服务
SMTP	25	简单邮件传输服务
DNS	53	域名系统服务
HTTP	80	超文本传输服务
POP3	110	邮局服务
NNTP	119	网络新闻传输服务

（2）UDP 端口。

对应 UDP 通信协议的服务所提供的端口称为 UDP 端口，见表 7-2。

表 7-2 常见的 UDP 公认端口号

服务类型	端口号	服务说明
TFTP	69	简单文件传输
RPC	111	远程调用
NetBIOS	137	网络基本输入输出系统
SNMP	161	简单网络管理服务

7.2 端口扫描技术

7.2.1 端口扫描概述

计算机之间的网络通信必须使用相同的协议，在 TCP/IP 参考模型的传输层中对应有 TCP 和 UDP 两种协议，网络操作系统中的多数进程和服务都与这两个协议的端口一一对应，要判定某台计算机开启哪些进程或者运行哪些服务，可通过扫描端口来获知。

1. 端口扫描原理

端口扫描（Port Scanning）是一种通过连接到目标计算机的 TCP 和 UDP 端口来确定目标计算

机上运行的进程和服务的方法。

端口扫描通常将同一信息发送给目标计算机的某些端口，尝试与对方建立 TCP 连接，然后根据返回的状态信息来分析目标计算机端口的当前状态，并对端口进行协议验证，确定对应的服务。例如，当与目标主机的 TCP 连接建立成功，则说明该端口处于监听状态，即为活动端口，反之，则说明端口关闭，然后查看活动端口的端口号，若为公认端口，可得知对方主机开启的服务或运行的进程。因此，管理员可将服务站点的标准端口换成其他的非公认端口，达到保护站点安全的目的。

2. 端口扫描目的和用途

对系统管理员而言，端口扫描能帮助其及时发现服务器上的漏洞，对加强系统的安全性起到很重要的防御作用。当系统管理员扫描发现服务器上的某个端口与外界建立了连接，而这项服务根本没有开放，则说明有人正试图通过这个端口非法连入服务器，这时可以立即关闭该端口来保护服务器的安全。

对黑客而言，端口扫描能帮助其获取被攻击对象的信息。黑客要攻击目标服务器，需要事先了解被攻击对象的安全情况，通过扫描能够获取目标服务器开放的服务、运行的操作系统类型和存在的漏洞，黑客可根据不同服务的弱点和漏洞来选择采取攻击的措施，实现非法访问。

端口扫描有很多的用途，如下所述：

（1）能识别在线的一台计算机或多台计算机组成的网络。

（2）能识别计算机上启用的服务、开放的端口。

（3）能识别计算机上操作系统类型、系统信息。

（4）能识别计算机上应用程序和特定服务的版本。

（5）能识别计算机的系统漏洞、软件漏洞。

7.2.2 常见的端口扫描技术

1. TCP 全连接扫描

这是最简单的一种扫描技术，这种扫描技术是基于三次握手的过程，与目标计算机建立标准的 TCP 连接。如果连接建立成功，则说明目标计算机的端口处于侦听状态，反之说明其关闭。这种扫描技术很容易在扫描时被目标计算机记录。

2. TCP 同步序列号扫描（SYN 扫描）

这种扫描技术也是基于三次握手的过程与目标计算机建立 TCP 连接，但不用建立完整的连接过程，扫描计算机自动向目标计算机的指定端口发送 SYN 数据段，表示发送建立连接请求，目标计算机的回应分两种情况：一是，如果目标计算机回应 SYN/ACK 信息，说明该端口处于侦听状态，扫描计算机会再发送 RST 信息给目标计算机，中断三次握手的建立；二是，如果目标计算机回应 RST 信息，则说明该端口关闭，此时扫描计算机不再做任何回应。由于扫描中 TCP 全连接尚未建立成功，使得扫描速度大大提升，目标计算机也不会留有扫描记录。

3. TCP 结束标志扫描（FIN 扫描）

这种扫描技术利用发送 FIN 报文来判断目标计算机的端口状态。当扫描计算机发送一个 FIN 报文到目标计算机的指定端口，若端口关闭，目标计算机丢掉该报文，返回一个 RST 报文。若端口处于侦听状态，目标计算机丢掉该报文，不返回任何报文。这种扫描技术没有涉及任何 TCP 连接部分，可以较顺利地通过防火墙过滤检测，是一种比较隐蔽的扫描技术，但它会受到系统限制。

4. TCP connect()扫描

这种扫描技术调用操作系统的系统函数 connect()与目标计算机的端口建立连接,如果 connect()连接成功,则说明端口处于侦听状态,反之说明端口关闭。这种技术对用户权限没有要求,可同时创建多个套接字连接来加快扫描速度,但它容易被目标计算机察觉。

5. IP 段扫描

这种扫描技术将 TCP 探测数据包的协议头分成几个数据包,放到不同的 IP 包中,一般过滤器很难探测到这类数据包,这些数据包可以避开过滤器的过滤,实现隐蔽的扫描,但这种分段的数据包会给程序处理带来麻烦。

6. ICMP echo 扫描

这种扫描技术是利用 ping 命令发送一个 ICMP 数据包,通过回显判断网络上的主机是否联机在线。ping 命令在系统内核中实现,不是用户进程,所以不易被人察觉。严格地说,这种技术只是一种探测手段,不能算做真正的扫描。

7. UDP ICMP 端口不能到达扫描

这种扫描技术是向目标计算机的 UDP 端口发送数据包,当返回一个 ICMP_PORT_ UNREACH 错误时,则说明这个端口关闭。利用的 UDP 不能保证 UDP 和 ICMP 错误都一定到达,因此这种方法必须实现能重新传输丢失的数据包功能。

8. 代理扫描

这种扫描技术是黑客通过侵入其他计算机,从而控制这些计算机来代替黑客扫描目标计算机,目标计算机防御系统会记录那些被用来攻击目标计算机的计算机的攻击信息,幕后黑客则不会留下任何痕迹,所以系统管理员一定要注意防范。

7.3 扫描工具及应用

7.3.1 扫描工具概述

扫描软件是基于扫描技术开发出来的一种自动检测本地或远程计算机安全性弱点的程序。通过扫描远程主机不同的端口,记录下目标计算机给予的回答,分析这些回答,发现目标计算机的端口分配、提供的服务、软件版本等各种有用信息。

7.3.2 SuperScan 扫描工具及应用

SuperScan 是一款免费的功能比较强大的扫描工具。SuperScan 能够帮助网管员发现网络中的弱点,以便采取相应的措施。基本使用方法如下:

打开 SuperScan 主界面,如图 7-3 所示,默认为"Scan"选项卡,主要用于进行端口扫描,允许输入一个或多个主机名或 IP 地址范围,也可选择文件中的输入地址列表。

选择"Host and Service Discovery"选项卡,该标签可设置主机和服务选项,包括要扫描端口的类型和端口列表,可在扫描的时候查看更多的详细信息,设置如图 7-4 所示。

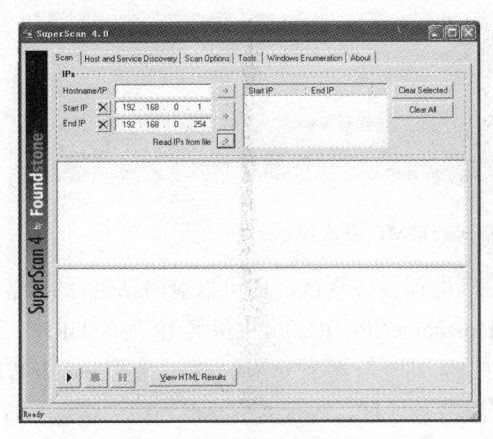

图 7-3 "Scan"选项卡 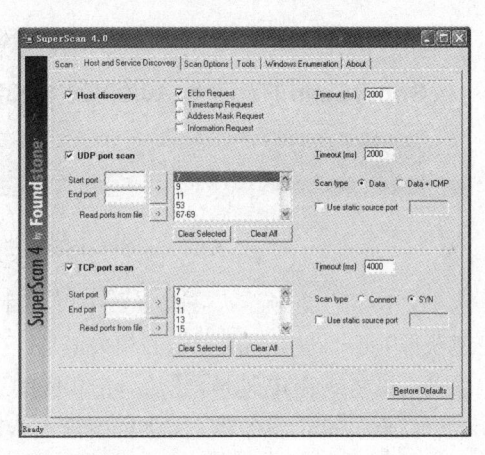   图 7-4 "Host and Service Discovery"选项卡

在"Host and Service Discovery"选项卡中，默认的查找主机的方法是通过"Echo Request"（回显请求），也可以选择通过利用"Timestamp Request"（时间戳请求）、"Address Mask Request"（地址掩码请求）和"Information Request"（消息请求）来查找主机。扫描结果会随着选择的扫描方式的不同而不同，选择的选项越多，那么扫描用时就越长。

（在"UDP port scan"UDP 端口扫描）和"TCP port scan"（TCP 端口扫描）区域中可设置要扫描的 UDP 端口和 TCP 端口，可单独添加，也可从文本文件中导入。SuperScan 会显示扫描了哪些主机和在每台主机上哪些端口是开放的。

选择"Scan Options"选项卡，允许进一步的控制扫描进程。图 7-5 左侧第 1 个区域可以设置定制扫描过程中主机数和通过审查的服务数。第 2 个区域能够设置主机名解析的数量。第 3 个区域，即"Banner Grabbing"区域是根据显示一些信息尝试得到远程主机的回应。右侧滚动条是扫描速度调节选项，能够利用它来调节 SuperScan 在发送每个包所要等待的时间，如图 7-5 所示。

返回"Scan"选项卡，输入主机名或 IP 范围后，单击 ▶ 图标按钮，SuperScan 开始扫描地址。扫描进程结束后，SuperScan 将提供一个主机列表，是关于每台扫描过的主机被发现的开放端口信息，如图 7-6 所示。单击"View HTML Results"按钮可以以 HTML 格式显示信息，如图 7-7 所示。

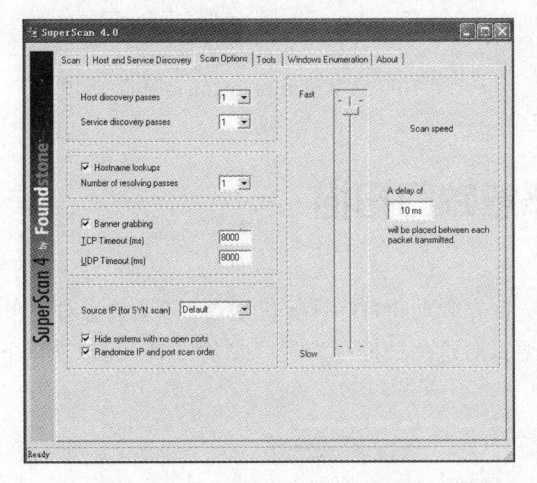

图 7-5 "Scan Options"选项卡 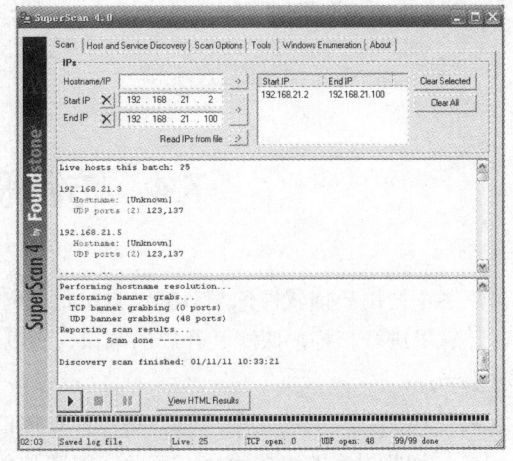   图 7-6 SuperScan 扫描工具扫描过程

图 7-7　SuperScan 扫描结果以 HTML 格式显示

选中"Tools"选项卡，在此界面中可对目标主机进行各种测试，还可以对网站进行测试，允许迅速获得关于一个明确的主机的相关信息。在"Hostname/IP/URL"（主机名/IP 地址/URL）文本框中输入主机名或者 IP 地址，然后单击相应的工具按钮，可进行各种对应的测试。在"Default Whois Server"（默认 Whois 服务器）文本框中输入 Whois 服务器地址，然后单击要得到相关信息的按钮，测试结果会在列表中显示出来，如图 7-8 所示。

选择"Windows Enumeration"选项卡，设法收集的信息是关于 Windows 主机的信息，它能够提供从单个主机到用户群组，再到协议策略的所有信息。在"Hostname/IP/URL"文本框中输入主机名、IP 地址或网站 URL，在左侧区域选择要检测的项目（即选中它们前面的复选框），单击"Enumerate"按钮即可显示测试结果，如图 7-9 所示。

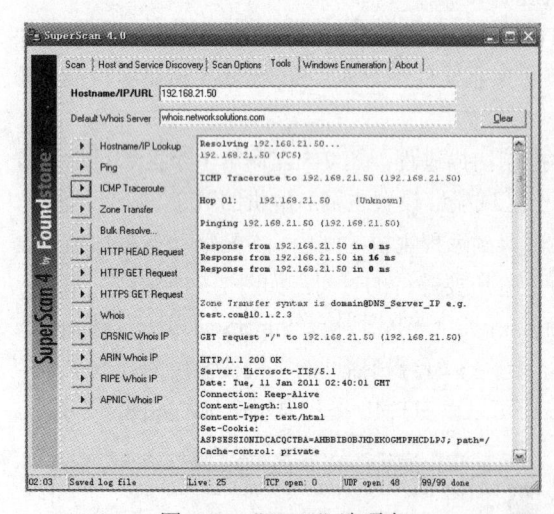

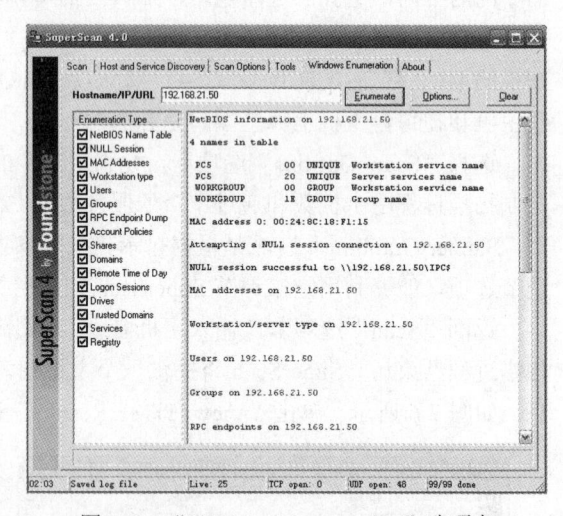

图 7-8　"Tools"选项卡　　　　　图 7-9　"Windows Enumeration"选项卡

7.4　防御恶意端口扫描

黑客在使用扫描软件探测目标计算机信息时，首先会判断目标计算机是否存在，接着对存在的目标计算机进行扫描，探测其开放的端口，所以要针对这些扫描行为进行安全防御，可以从以下 3 个方面考虑：

- 检测计算机的安全"门"——查看端口状态。
- 切断黑客的连接途径——关闭闲置和危险端口。
- 诱导黑客获取错误信息——隐藏操作系统类型。

7.4.1 查看端口状态

查看系统开放端口的状态一般有两种方法：一种是通过 netstat 命令查看，这是一种静态的显示方法；另一种是使用软件工具 TCPView 查看，这是动态显示的方法，可根据变化实时更新。

1. 用 netstat 命令查看

以 Windows XP 为例，在 DOS 命令提示符界面中，输入"netstat -an"，如图 7-10 所示，显示结果中，"Proto"代表协议，这里会显示 TCP 和 UDP 两种协议；"Local Address"代表本机地址，该地址冒号后的数字就是开放的端口号；"Foreign Address"代表远程计算机地址，如果和其他机器正在通信，显示的就是对方的地址。

另外，"State"代表状态，几种常见的状态如下：

- LISTENING：表示处于侦听状态，说明该端口是开放的，正在等待连接。
- SYN_SENT：表示在发送连接请求后等待匹配的连接请求。
- SYN_RECEIVED：表示在收到一个连接请求后等待对方连接请求的确认。
- ESTABLISHED：表示建立连接，两台机器正在通信。
- TIME_WAIT：表示等待足够的时间，以确保远程 TCP 接收到连接中断请求。
- FIN_WAIT_1：表示期望主动关闭连接，向对方发送了 FIN 报文，等待远程 TCP 的连接中断请求，或对先前的连接中断请求的确认。

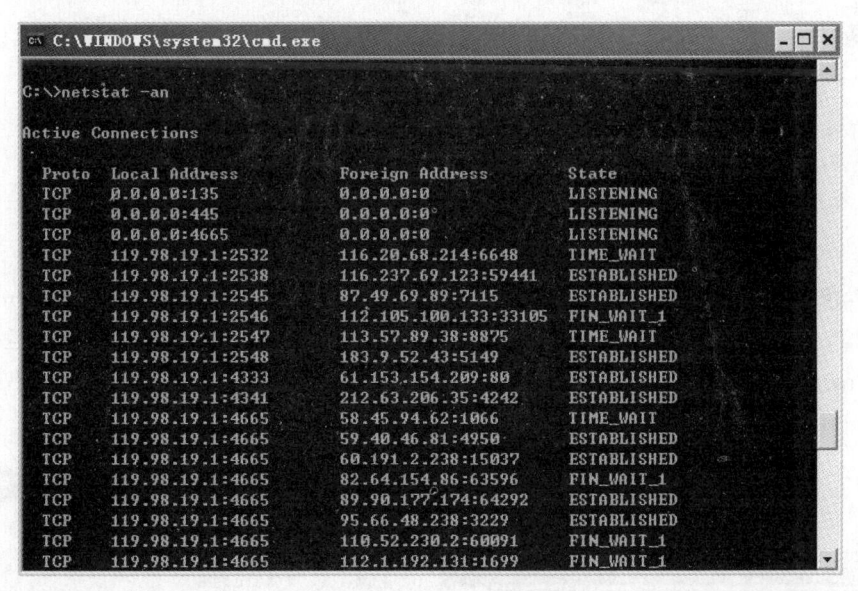

图 7-10 命令方式查看端口状态

- FIN_WAIT_2：表示从远程 TCP 等待连接中断请求。
- CLOSE_WAIT：表示等待从本地用户发来的连接中断请求。
- CLOSING：表示双方都正在关闭 Socket 连接，等待远程 TCP 对连接中断的确认。
- LAST_ACK：表示等待原来发向远程 TCP 的连接中断请求的确认。
- CLOSED：表示没有任何连接。

从图 7-10 中可以看到开放的端口以及这些端口的状态。

2. 用软件工具 TCPView 查看

TCPView v3.02 是一款 Sysinternals 开发的绿色软件，在主界面中它能显示本机连接进程所对应的端口的状态，且在 Windows 2000/XP/2003 操作系统中会直接显示该程序的系统图标，TCPView 能随着系统状态的变化而动态更新。

如图 7-11 所示，"Process"显示连接进程，"PID"显示进程 ID 号，"Protocol"显示连接使用的协议，"Local Address"显示本地计算机地址或计算机名，"Local Port"显示连接启用的端口号，"Remote Address"显示远程主机的地址或计算机名，"Remote Port"显示远程主机的端口号，"State/"显示连接状态，"Sent Packets"/"Rcvd Packets"显示发送和接收的数据包的数量，"Sent Bytes"/"Rcvd Bytes"显示发送和接收的比特流。

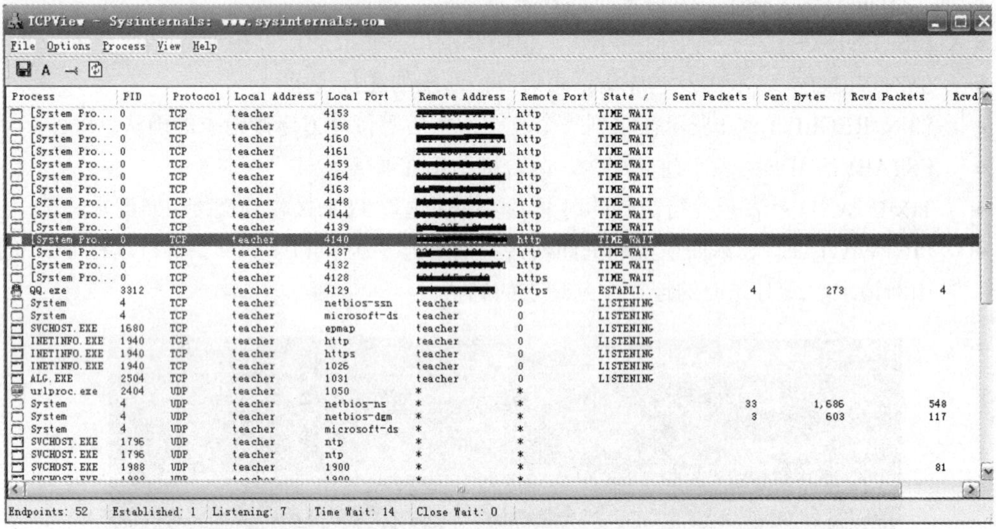

图 7-11 TCPview 查看本地计算机开放端口的状态

如图 7-12 所示，右击 360TRAY.EXE 进程，在弹出的快捷菜单中选择"Process Properties"命令，弹出"ProPerties for 360TRAY.EXE"对话框，如图 7-13 所示，可查看该进程的运行路径，单击"End Process"按钮可关闭该进程，如图 7-14 所示，单击"是"按钮即可，也可右击该进程，选择"End Process"命令直接关闭该进程。

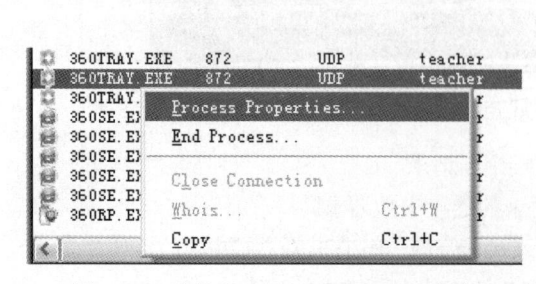

图 7-12 选择"Process Properties"命令 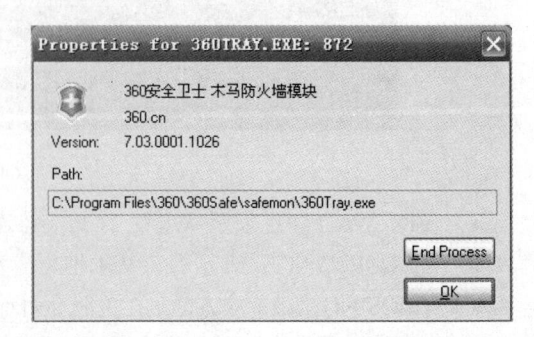　　图 7-13 查看该进程的运行路径

对于已经建立的连接，可右击该连接，在弹出的快捷菜单中选择"Close Connection"命令来

直接关闭该连接，如图 7-15 所示。根据本地计算机的开放端口的状态，可以及时发现开放的危险端口和可疑的连接，快速关闭它们。

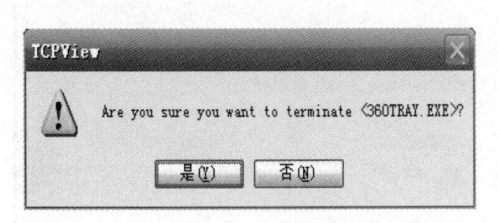

图 7-14　确认关闭该进程

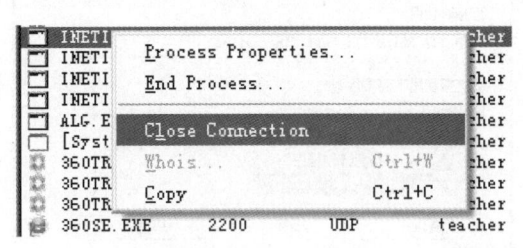

图 7-15　关闭连接

7.4.2　关闭闲置和危险端口

1. 关闭闲置的服务

计算机的网络服务具有系统分配的默认端口，这些对外通信的端口都存在潜在的危险，都可能成为黑客攻击的对象，所以除用户需要使用的正常端口外，其余端口都应关闭。

在 Windows NT 系列操作系统中，打开"控制面板"→"管理工具"→"服务"，找到计算机中未被使用的服务，如 FTP 服务、DNS 服务、IIS Admin 服务等，选择该服务后右击，在弹出的快捷菜单中选择"停止"命令，将这些服务关闭，其对应的端口也会被关闭，如图 7-16 所示。

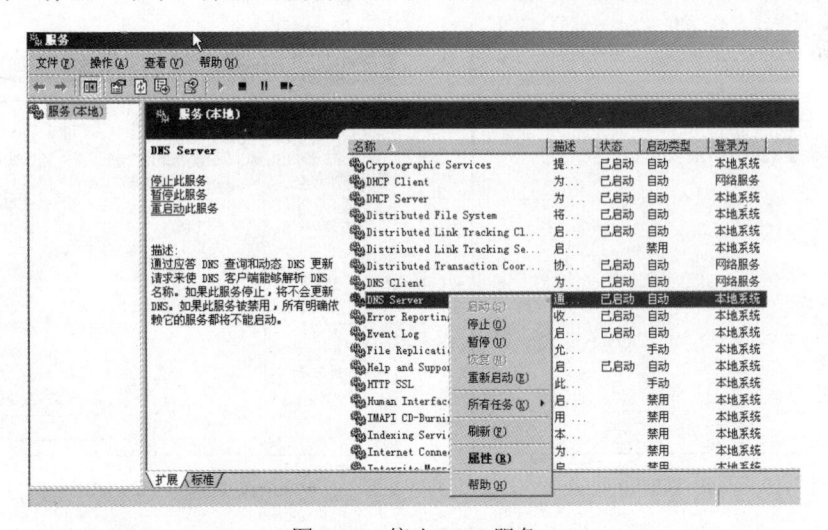

图 7-16　停止 DNS 服务

2. 设置"TCP/IP 筛选"关闭端口

设置系统的"TCP/IP 筛选"功能，可以关闭一些端口，只保留系统的一些基本网络通信所需的端口。打开"本地连接属性"对话框，如图 7-17 所示，双击"Internet 协议（TCP/IP）"，打开如图 7-18 所示的对话框，单击"高级"按钮，在弹出的对话框中选中"选项"选项卡，如图 7-19 所示，单击"属性"按钮，打开"TCP/IP 筛选"对话框，选中"启用 TCP/IP 筛选"复选框，如图 7-20 所示，单击"添加"按钮，在这里可以添加 TCP/UDP 端口，如图 7-21 所示。

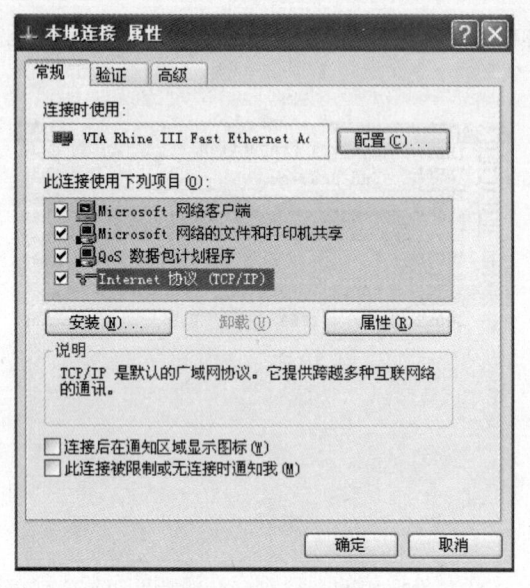

图 7-17 本地连接属性

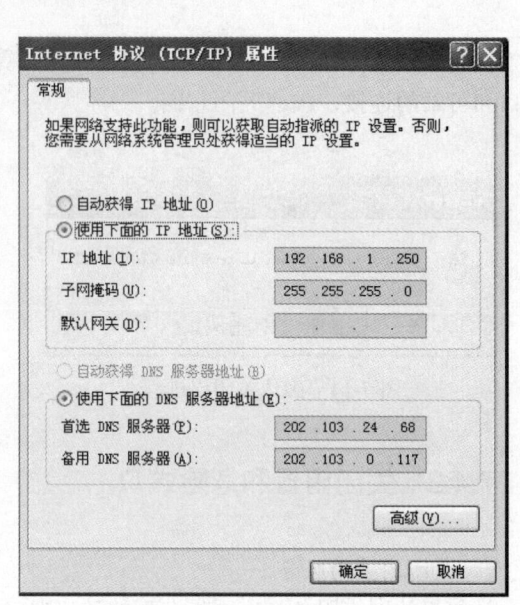

图 7-18 Internet 协议（TCP/IP）属性

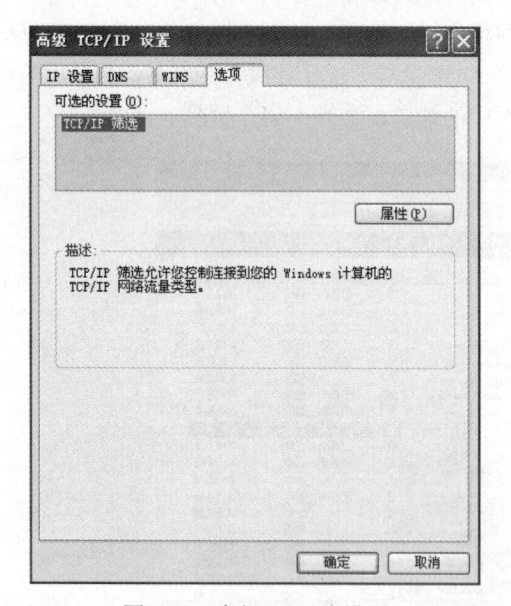

图 7-19 高级 TCP/IP 设置

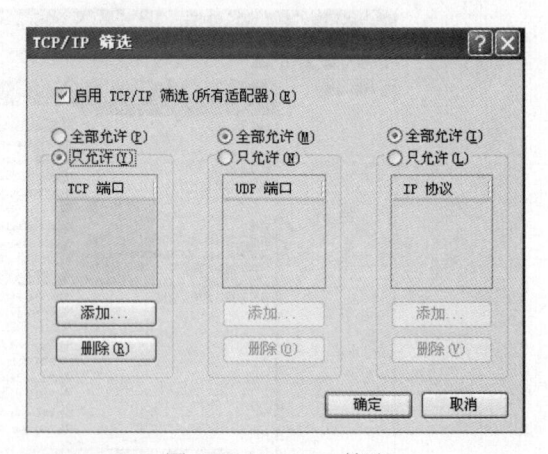

图 7-20 TCP/IP 筛选

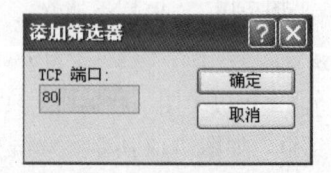

图 7-21 添加筛选器

3. 利用防火墙屏蔽端口

黑客在扫描目标计算机端口时，一般会不断和目标计算机直接建立连接，逐渐打开目标计算机上各个服务所对应的端口及闲置端口。目标计算机可借助软件防火墙进行检测,防火墙通过自身的拦截规则,能判断是否有人正对本机进行端口扫描,并根据判断屏蔽被扫描端口,迅速拦截其发送的所有扫描的数据包。

通常可选用系统防火墙或者第三方防火墙软件。如图 7-22 所示的为 Windows 系统防火墙,单击"例外"标签,可以选择已经开启的应用程序,单击"删除"按钮来屏蔽掉与该应用程序关联的端口。

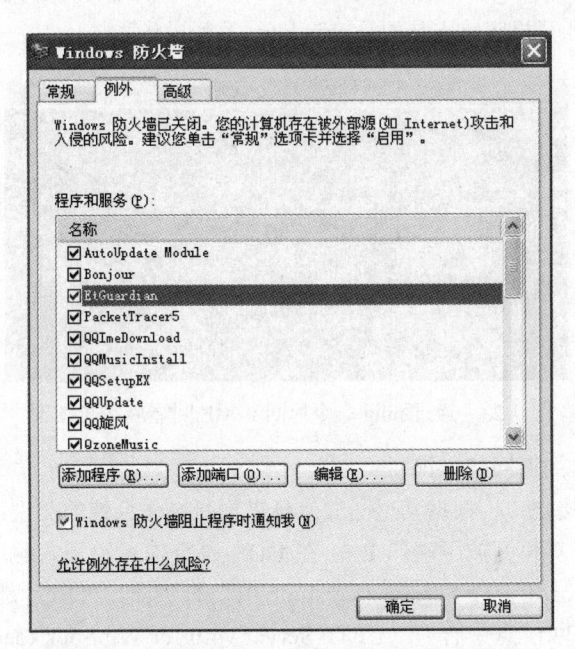

图 7-22 通过 Windows 防火墙关闭不必要的端口

7.4.3 隐藏操作系统类型

黑客攻击前期的准备工作之一就是摸清目标计算机的情况,其中最关键的就是判断目标计算机的操作系统类型,以此来了解系统内存的工作状态、内存控制技术、输入/输出的处理等情况,以便找到漏洞和弱点后采用入侵工具实施下一步攻击。端口扫描是帮助黑客获取目标计算机的操作系统类型的方法之一。

1. 扫描识别操作系统类型

扫描可以获取目标计算机的操作系统类型,一般有两种识别方法:一种是通过返回 TTL 值识别;另一种是通过开放的端口号识别。

(1)通过 ping 命令返回 TTL 值识别。

TTL 是生存时间(Time To Live),它表示 DNS 记录在 DNS 服务器上的缓存时间,它指定了数据包的生存周期,根据 TTL 的减少量可以判断数据包经过了多少中间设备。使用 ping 命令并根据 ICMP 报文回显应答的 TTL 字段值,可大致判断计算机的操作系统类型。

以下为在默认情况下的判定方法。

1)FreeBSD、UNIX 及类 UNIX 等类型的操作系统的 ICMP 回显应答的 TTL 字段值为 255;

2）Windows 2000/NT 等类型的操作系统的 ICMP 回显应答的 TTL 字段值为 128；

3）Compaq Tru64、Linux 等类型的操作系统的 ICMP 回显应答的 TTL 字段值为 64；

4）Windows 95/98/98SE/Me 等类型的操作系统的 ICMP 回显应答的 TTL 字段值为 32。

由于不同操作系统的计算机对 ICMP 报文的处理与应答有所不同的，TTL 值每经过一个路由器会减 1，造成了 TTL 回显应答的值不同。

如图 7-23 所示，发送 ping 命令到 IP 地址为 119.98.19.1 的这台计算机，回显应答的 TTL 字段值为 128，说明被探测计算机应该安装的是 Windows 系列操作系统。

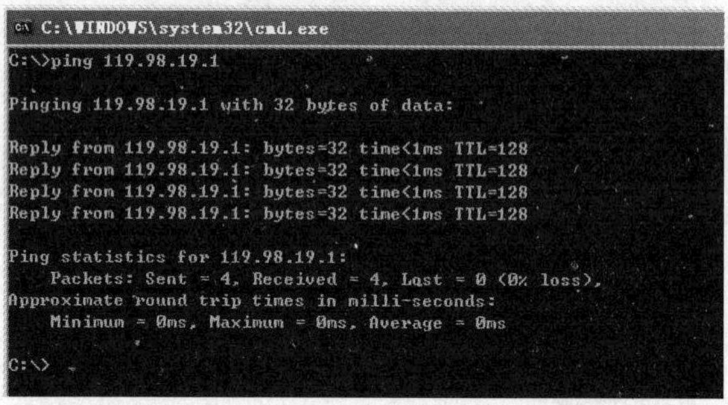

图 7-23 通过 ping 命令返回 ICMP 回显应答 TTL 值

（2）通过连接端口的返回信息识别。

一般也可以直接连接端口，根据其返回的信息来判断操作系统的类型。

1）假设已知目标计算机开放了端口 21，在 DOS 命令提示符下，输入"ftp [IP 地址]"：若返回信息中含有"Microsoft FTP Service (Version5.0)"的字样，可断定是一台 Windows 2000 操作系统的计算机；若返回信息中含有"UFTP Server v4.0 for WinSock ready"的字样，可断定是一台 Windows 操作系统的计算机，因为 Serv-U FTP 是专为 Windows 平台开发的 FTP 服务器；若返回信息中含有"vsFTPd1.1.0"，可断定是一台 UINX 操作系统的计算机。

2）假设已知目标计算机开放了端口 80，在 DOS 命令提示符下，输入"telnet [IP 地址][80]"：若返回信息中含有"Server：Microsoft-IIS/5.0"的字样，可断定是一台 Windows 操作系统的计算机。

3）假设已知目标计算机开放了端口 23，在 DOS 命令提示符下，输入"telnet [IP 地址]"：若返回信息中含有"Welcome to Microsoft Telnet Service"的字样，可断定是一台 Windows 操作系统的计算机；若返回信息中含有"Sun OS"的字样，可断定是一台 UINX 操作系统的计算机。

（3）通过开放的端口号识别。

每种类型的计算机操作系统都开放了不同的端口供系统间进行通信，因此从端口号上可以大致判断目标计算机的操作系统类型。判定方法是：如果一台计算机启用了 135、139 端口，则通常认为该计算机安装的是 Windows 系列操作系统；如果同时还启用了 5000 端口，则认为该计算机为 Windows XP 操作系统。

2．修改计算机的默认 TTL 值

为避免计算机的操作系统类型被黑客获取，可修改计算机上默认的 TTL 值，方法如下：假设一台计算机使用的是 Windows 的操作系统，选择"开始"→"运行"，在弹出的对话框中输入"regedit"，打开注册表编辑器，展开"HKEY_LOCAL_MACHINE\System\Current ControlSet\Services\Tcpip\Parameters"，在界面右侧空白区域右击，在弹出的快捷菜单中选择"新建"→"DWORD 值"，弹出"编辑 DWORD 值"对话框,"数值名称"文本框中输入"DefaultTTL",将该值修改为十进制的"255"或十六进制的"ff",如图 7-24 所示,重新启动计算机即可生效。再用 ping 命令 ping 这台计算机,回显应答的 TTL 字段值就变成了 255。

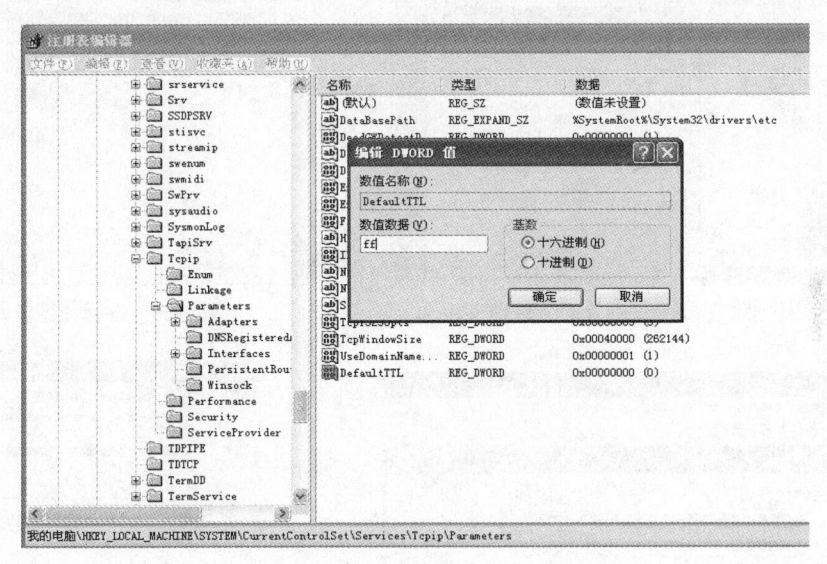

图 7-24 修改默认 TTL 值

第二部分 典型项目实训任务

7.5 典型任务

7.5.1 典型任务一 端口屏蔽

【任务目的】学会应用 IPSec 屏蔽危险端口。

【任务实施步骤】

(1)选择"开始"→"运行"命令,在弹出的对话框中输入"mmc",打开控制台,在控制台中,单击菜单栏中的"文件"→"添加/删除管理单元"命令,在打开的对话框中,单击"添加"按钮,在弹出的对话框中选择"IP 安全策略管理",如图 7-25 所示。

(2)单击"添加"按钮,在弹出的"选择计算机或域"对话框中单击"本地计算机"单选按钮,然后单击"完成"按钮,如图 7-26 所示。在控制台左边窗口中,右击"IP 安全策略,在本地计算机"节点,在弹出的快捷菜单中选择"管理 IP 筛选器表和筛选器操作"命令,如图 7-27 所示。

(3)选择"管理 IP 筛选器列表"标签,单击"添加"按钮,如图 7-28 所示。在"IP 筛选器列表"对话框中,新建一个新的列表,在"名称"文本框中输入"禁用端口列表",单击右边的"添加"按钮,如图 7-29 所示,打开 IP"筛选器向导",单击"下一步"按钮,指定 IP 通信源地址为"任何 IP 地址",如图 7-30 所示,单击"下一步"按钮。

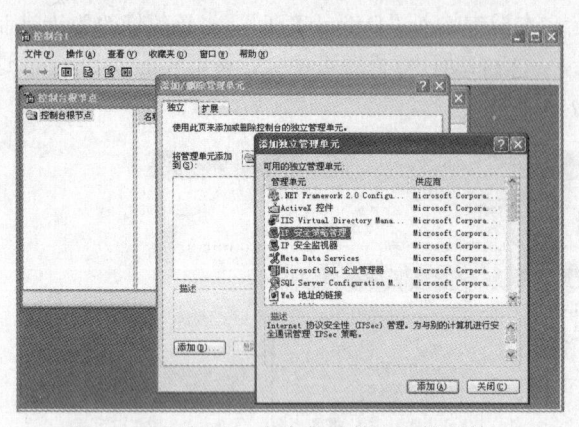

图 7-25 添加"IP 安全策略管理"管理单元

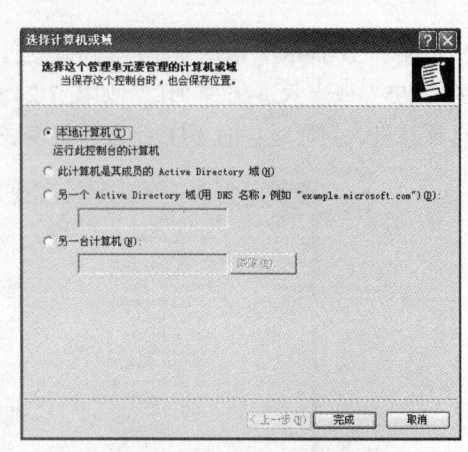

图 7-26 选择计算机或域

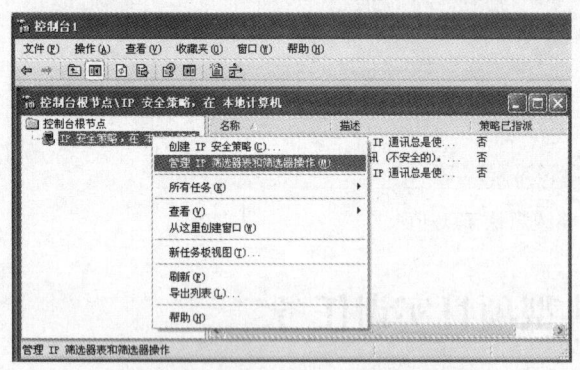

图 7-27 选择"IP 筛选器表和筛选器操作"命令

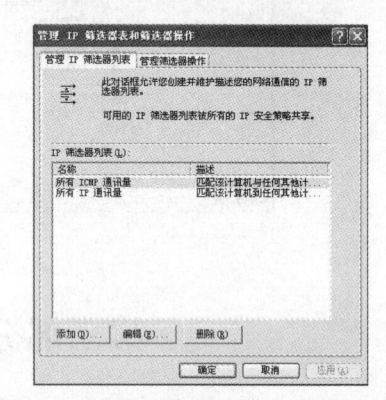

图 7-28 选择"管理 IP 筛选器表"标签

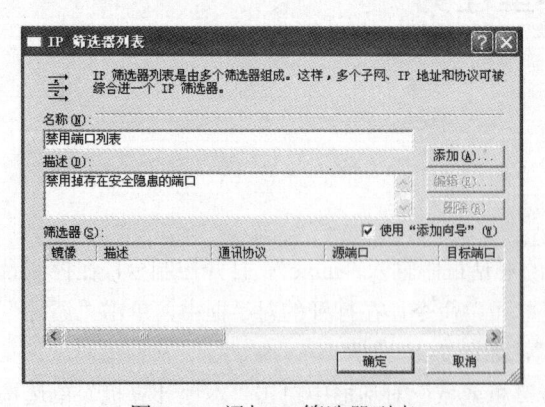

图 7-29 添加 IP 筛选器列表

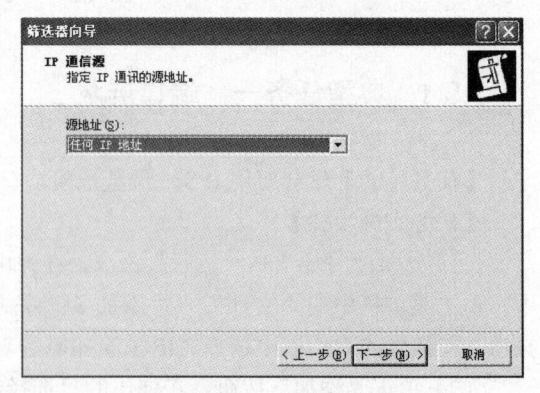

图 7-30 添加源地址

（4）指定 IP 通信的目标地址为"我的 IP 地址"，如图 7-31 所示，单击"下一步"按钮。

（5）指定 IP 协议类型为"TCP"类型，如图 7-32 所示，单击"下一步"按钮。在弹出的"IP 协议端口"界面中，分别单击"从任意端口"和"到此端口"单选按钮，同时"到此端口"下的文本框中输入 445，如图 7-33 所示，这样设置指定的是从任意计算机的任意端口到本地计算机的 445 端口。单击"下一步"按钮，然后单击"完成"按钮。

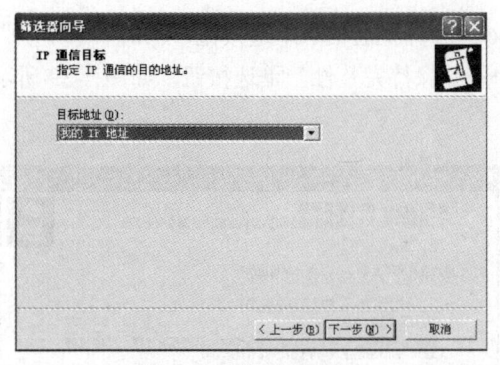

图 7-31　添加目标地址

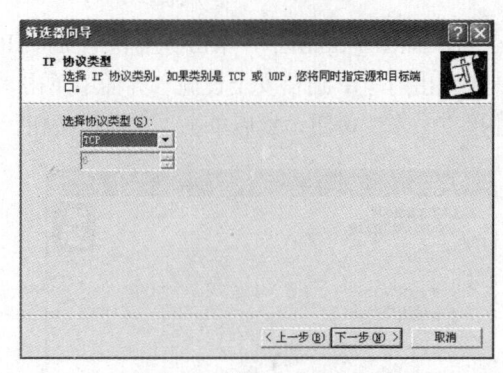

图 7-32　指定 IP 协议类型

（6）这时在"IP 筛选器列表"对话框的"筛选器"列表框中，可以看到刚刚添加的一个筛选器，可以继续单击"添加"按钮，添加其他协议的危险端口，如图 7-34 所示。单击"确定"按钮，返回到"管理 IP 筛选器表和筛选器操作"对话框，选择"管理筛选器操作"选项卡如图 7-35 所示。

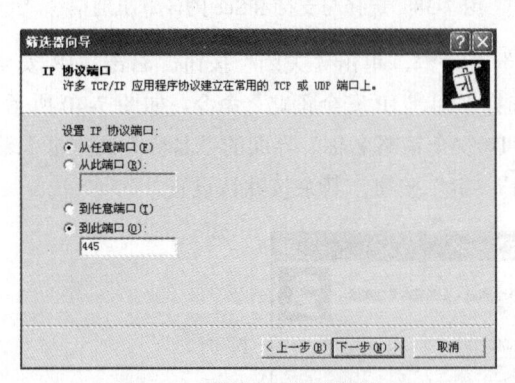

图 7-33　指定 IP 的协议端口

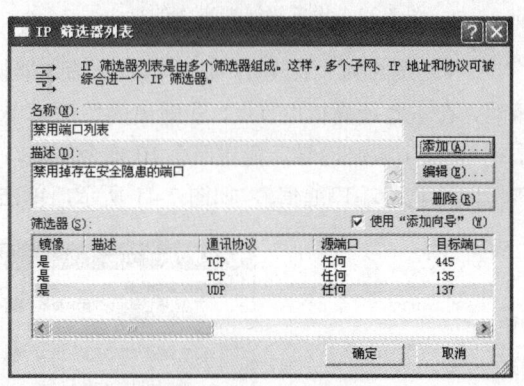

图 7-34　添加多个筛选器

（7）单击"添加"按钮，打开"筛选器操作向导"，单击"下一步"按钮，新建一个筛选器操作，在打开的"筛选器操作名称"界面中的"名称"文本框中输入"屏蔽危险端口"，如图 7-36 所示，单击"下一步"按钮。在"筛选器操作常规选项"界面中，单击"协商安全"单选按钮，如图 7-37 所示，单击"下一步"按钮。

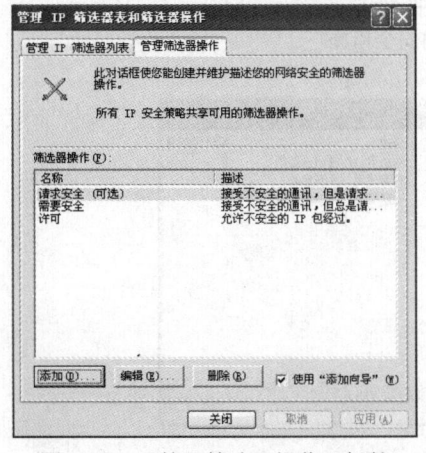

图 7-35　"管理筛选器操作"标签

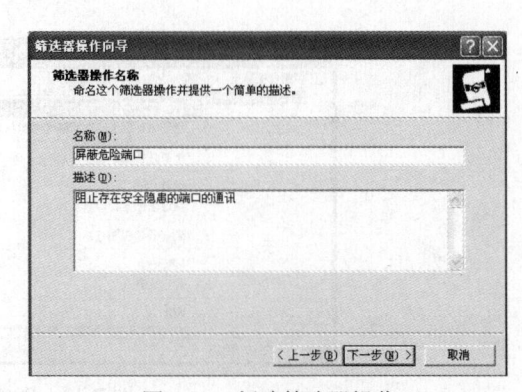

图 7-36　新建筛选器操作

（8）如图 7-38 所示，单击"不和不支持 IPSec 的计算机通信"单选按钮，单击"下一步"按钮。在弹出的"IP 通信安全设施"界面中单击"加密并保持完整性"单选按钮，如图 7-39 所示，单击"下一步"按钮，然后单击"完成"按钮。

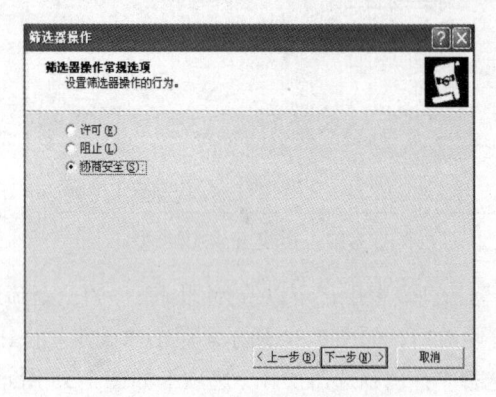

图 7-37　设置筛选器操作的行为 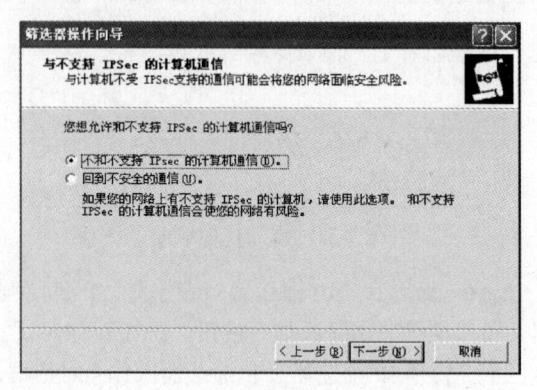　　　　图 7-38　选择与支持 IPSec 的计算机通信

（9）返回到"管理 IP 筛选器表和筛选器操作"对话框，单击"关闭"按钮。右击"IP 安全策略，在本地计算机"节点，在弹出的快捷菜单中选择"创建 IP 安全策略"命令，如图 7-40 所示。根据 IP 安全策略向导，新建一个 IP 安全策略，在"IP 安全策略名称"界面的"名称"文本框中输入"阻止危险端口通信"，如图 7-41 所示，单击"下一步"按钮，其余按默认设置。

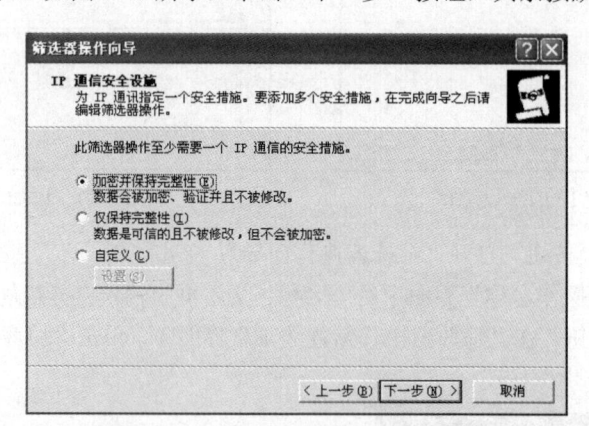

图 7-39　选择 IP 通信的安全措施

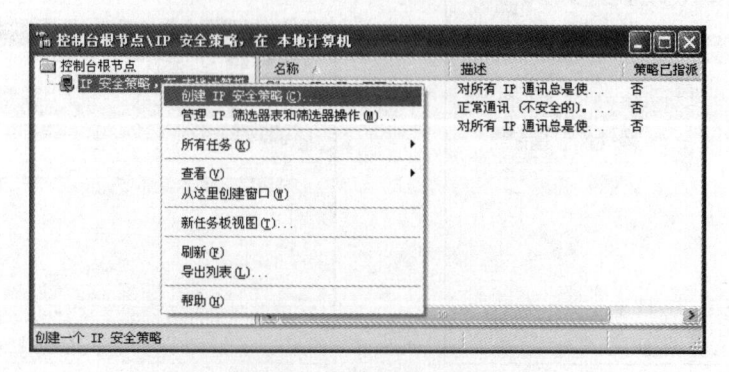

图 7-40　创建 IP 安全策略

（10）右击控制台中的"阻止危险端口通信"，在弹出的快捷菜单中选择"属性"命令，打开"安全规则向导"，在"隧道终结点"中单击"此规则不指定隧道"单选按钮，如图 7-42 所示，单击"下一步"按钮，选择网络类型为：所有网络连接，单击"下一步"按钮。在弹出"默认响应规则身份验证方式"界面中，选择使用预共享密钥来进行身份验证，设置如图 7-43 所示，单击"下一步"按钮。

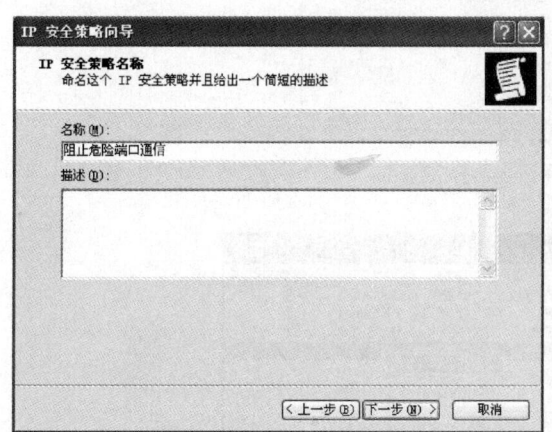

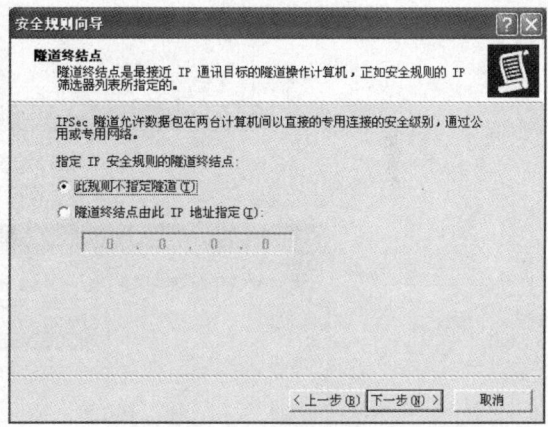

图 7-41　创建 IP 安全策略　　　　　图 7-42　指定 IP 安全规则的隧道终结点

（11）在弹出的"IP 选筛器列表"界面中选择刚创建好的"禁用端口列表"的筛选器列表，如图 7-44 所示，单击"下一步"按钮。在"筛选器操作"中，如图 7-45 所示，选择刚创建好的"屏蔽危险端口"的筛选器操作，然后依次单击"下一步"和"完成"按钮。

图 7-43　设置初始身份验证方法　　　　图 7-44　选择筛选器列表

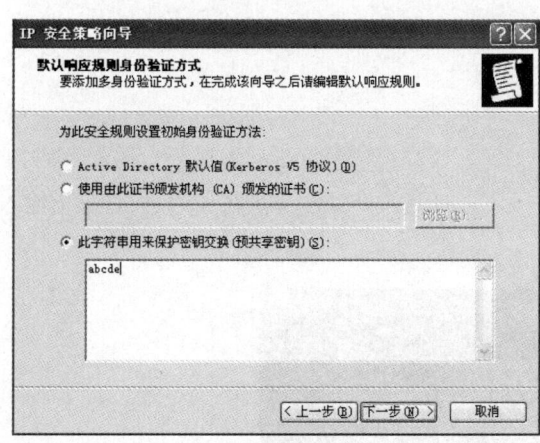

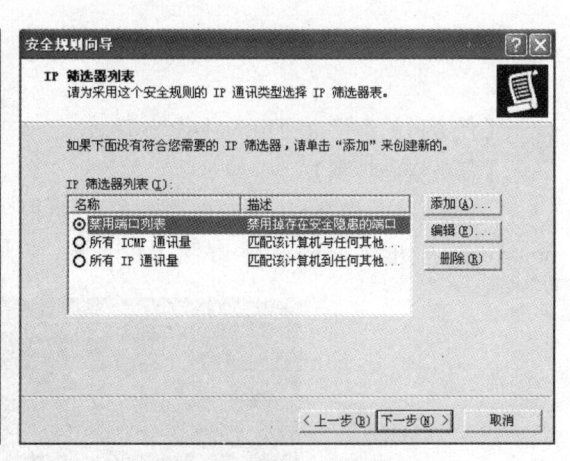

（12）返回到"控制台根节点"，右击"阻止危险端口通信"，在弹出的快捷菜单中选择"指派"命令，如图 7-46 所示，刷新组策略。

这时，任何试图连接到本机 TCP 的 445 端口及 TCP 的 135 端口及 UDP 的 137 端口的通信全部会被拒绝。

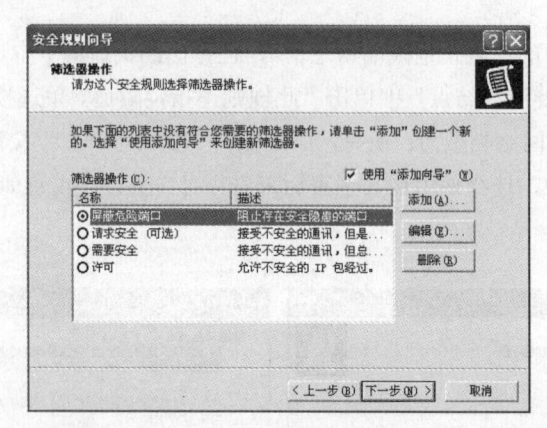

图 7-45　选择筛选器操作

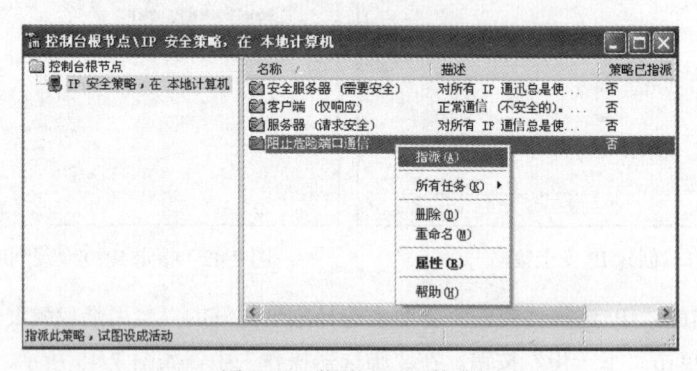

图 7-46　指派 IPSec 策略

7.5.2　典型任务二　NMAP 的使用

【任务目的】学会应用 NMAP 软件。

【任务实施步骤】

（1）下载并将 NMAP 软件拷贝在 C 盘根目录下，打开命令提示符，在 C 盘根目录下输入 nmap.exe，会出现如下提示，如图 7-47 所示。

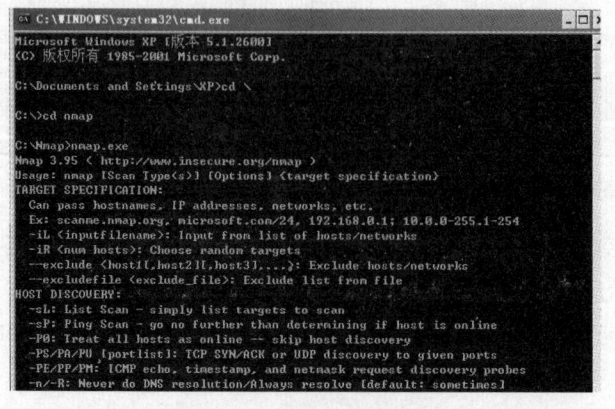

图 7-47　启动 NMAP 工具

（2）输入 nmap -sP 192.168.25.0/24，工具自动列出指定网络上的每台主机，但不发送任何报文到目标主机，稍等片刻，如图 7-48 所示。

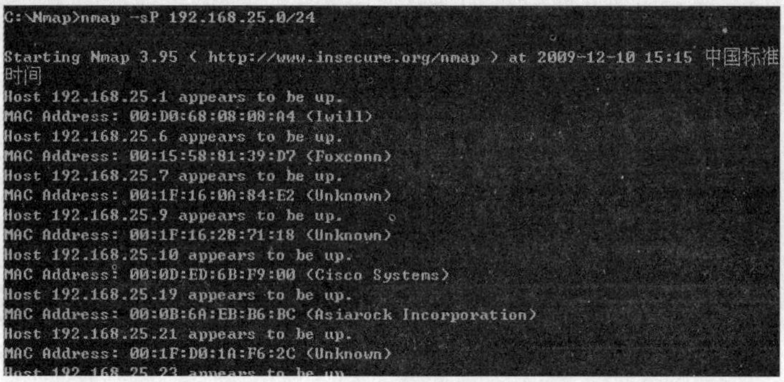

图 7-48　网络 192.168.2.0 上的每台计算机 IP 及 MAC 地址

（3）输入 nmap -sS 192.168.25.171，利用半开扫描的方式探查目标主机 192.168.25.171 上的开放端口，如图 7-49 所示。

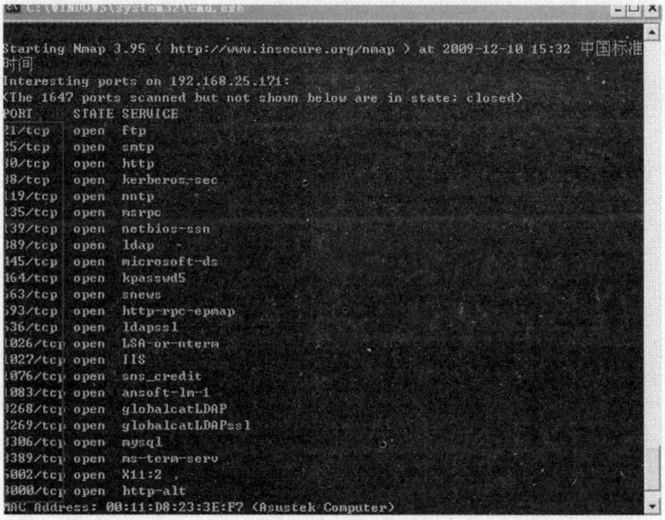

图 7-49　主机 192.168.25.171 上开放的 TCP 端口

（4）输入 nmap -O 192.168.25.171（O 为大写字母 O），猜测该主机的操作系统类型，经由 TCP/IP 获取"指纹"来判别主机的 OS 类型，如图 7-50 所示，目标 IP 操作系统为 Windows XP Pro SP2。

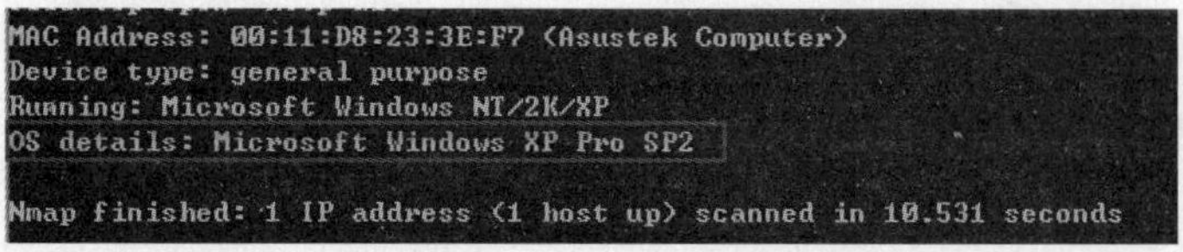

图 7-50　该主机操作系统类型

（5）输入 nmap -sU 192.168.25.171，用 UDP 扫描来确定目标主机的哪个 UDP 端口处于开放状态，如图 7-51 所示，可知目标 IP 开放了 88、135、137、138 等 UDP 端口。

图 7-51　主机 192.168.25.171 上开放的 UDP 端口

练习

1. 端口的种类和常用的端口扫描软件有哪些？
2. 如何防御端口扫描的攻击？
3. 简述如何扫描目标计算机的开放端口。

项目 8 入侵检测系统

学习要点

- 了解入侵检测系统模型、工作过程。
- 掌握入侵检测系统分类和工作原理。
- 掌握基于主机的入侵检测系统和基于网络的入侵检测系统部署。
- 了解入侵防护系统相关概念。

学习情境

某公司的企业网拥有数百台计算机,该网络提供连入 Internet 的服务。近日该公司购置了入侵检测系统和入侵防护系统,希望部署在局域网内部,作为继防火墙之后的第二道网络安全屏障,能主动监控网络几处关键节点的数据流的情况,如发现有疑似攻击的数据流通过能立即发出警报,并能主动采取防御措施来阻断不安全数据流的行为。公司现在需要作为网络管理人员的你针对公司目前的情况给出部署方案。

第一部分 项目学习引导

8.1 入侵检测概述

8.1.1 入侵检测与入侵检测系统

入侵检测的概念始于 20 世纪 80 年代。在网络安全技术中,入侵是指进入计算机系统对系统资源进行非授权访问和使用的行为,监控入侵行为称为入侵检测。入侵检测技术是为保护系统资源不被泄露、篡改和破坏而设计的一种网络安全防御技术。美国国际计算机安全协会(ICSA)对入侵检测的定义是:通过从计算机网络或计算机系统中的若干关键点收集信息并对其进行分析,从中发现网络或系统中是否有违反安全策略的行为和遭到攻击迹象的一种安全技术。

从网络安全防御角度看,防火墙是网络安全的"守护神",但防火墙有自身的局限性,例如,无法拦截和监测绕过防火墙的攻击行为、无法检测内部网络不安全的数据流等,恰好入侵检测技术可弥补防火墙的这些弱点。入侵检测技术是网络安全技术中的一种新技术,它可对网络进行监控,能对内、外部攻击和误操作进行实时的检测,并能采取相应防御措施。根据这种技术设计开发的系统称为 IDS（Intrusion Detection System，入侵检测系统）。这是一种通过收集、分析相关系统安全数据来检测入侵行为的软件与硬件组合的系统，被认为是防火墙之后的第二道安全闸门。

一个完善的入侵检测系统应该具备以下的功能：
- 能实时监测分析用户、主机系统的行为活动。
- 能审计系统配置的弱点，评估关键系统资源与重要数据的完整性。
- 能检测识别已知进攻行为，自动发送警报，自动采取相应防御措施。
- 能审计、跟踪、管理主机系统，统计、分析异常行为活动，记录事件日志。

8.1.2 入侵检测系统模型

为增强各种入侵检测系统之间的兼容性和互操作性，国际上的一些研究组织开展了研究入侵检测系统的标准化工作，其中由 Teresa Lunt 发起的 CIDF（Common Intrusion Detection Framework，通用入侵检测框架）工作组专门从事对 IDS 的标准化研究，研究工作主要包括 IDS 的通用结构的设计，以及各组件之间的通信接口、入侵描述通用语言等规范化的问题。

CIDF 阐述了一个 IDS 的通用模型，它将入侵检测系统需要分析的数据统称为事件，以下为模型组件及功能。
- 事件产生器（Event Generators）：事件检测器，获得事件并向系统其他部分提供事件。
- 事件分析器（Event Analyzers）：分析获得的事件，产生分析结果。
- 响应单元（Response Units）：对分析结果做出反应。
- 事件数据库（Event Databases）：存储各种中间和最终事件。

如图 8-1 所示，CIDF 模型的结构可描述成：事件产生器通过传感器采集事件（图中①），并将事件传给事件分析器进行分析（图中②）；事件分析器将获得的事件进行分析，检测误用模式；来自事件产生器、事件分析器的事件将存储于事件数据库（图中③、④），事件数据库为事件分析器的分析提供信息（图中⑤），并启动适当响应（图中⑥）；响应单元从事件产生器、事件分析器中提取数据（图中⑦、⑧），对分析结果作出响应。

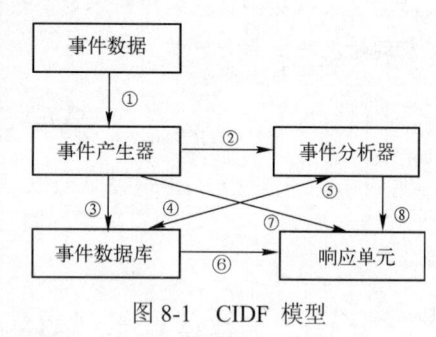

图 8-1 CIDF 模型

事件分析器、事件产生器、事件数据库及响应单元之间的数据交换都基于 GIDO（Generalized Intrusion Detection Objects，通用入侵检测对象）和 CISL（Common Intrusion Specification Language，通用入侵规范语言）。若想在不同种类的组件之间实现互操作，就需要对 GIDO 实现标准化，并使用 CISL。

8.1.3 入侵检测的工作过程

入侵检测的工作过程一般分为 3 个步骤：信息采集、信息分析和结果处理。

（1）信息采集。

入侵检测的第一步即为信息采集，由放置在不同网段区域的传感器和不同主机代理来采集信息，采集信息包括网络、系统、数据、用户活动的状态和行为。

(2)信息分析。

将采集到的信息传给检测引擎,检测引擎驻留在传感器中,它通过各种技术进行检测,若检测到某种误用模式,会向控制台发送警告,报告存在入侵行为。

(3)结果处理。

控制台收到警告后,会按照预先定义的响应来采取相应的措施,如重新配置路由器和防火墙、切断设备间连接、终止程序进程等,利用这些操作来防御入侵行为。

8.2 入侵检测系统的分类

入侵检测系统有很多种分类方法。

8.2.1 基于检测对象划分

根据检测对象划分,可分为基于主机型(HIDS)、基于网络型(NIDS)和混合型。

1. 基于主机型

该类型的入侵检测系统主要针对保护主机安全而设计,在被保护主机中安装嗅探功能的执行程序,使其成为一个基于主机型的入侵检测系统,这是一种软件检测系统。它通过监视、分析主机操作系统的事件日志、应用程序日志、系统和端口调用、安全审计记录来检测入侵,从而保护所在主机的系统安全。它的优势在于检测信息详细、误报率低、部署灵活。劣势是依赖计算机的监视能力,降低计算机系统性能。

2. 基于网络型

该类型的入侵检测系统主要针对保护网络而设计,由遍布在网络中的多个网络适配器组成,这些设置为混杂模式,用于嗅探网络中传输的数据包,这是一种硬件检测系统。它通过在共享网段上侦听、采集传输的数据包,分析数据包中的可疑现象,保护整个网段的安全。它的优势在于不需要计算机提供严格的审计,对计算机资源消耗较少,可提供对异构主机网络的通用保护。劣势是成本高、系统性能因计算量大而受影响、处理加密会话较困难等。

3. 混合型

由于基于主机和基于网络的入侵检测系统有各自的缺陷,单独使用任何一种类型建立的防御体系都存在不足,混合型入侵检测综合了这两种类型的优点,它既能嗅探网络中的攻击信息,又能分析系统日志中的异常情况,能更加全面地检测针对主机和网络的入侵行为,让攻击行为无处藏身。

8.2.2 基于检测技术划分

根据检测技术划分,可分为异常检测、特征模式检测和协议分析检测。

1. 异常检测

该类型的入侵检测系统根据正常主体的活动,建立正常活动的"活动简档",由于入侵行为异于当前正常的主体活动,当检测到某活动与"活动简档"的统计规律相违背时,即可认为该活动有

"入侵"行为的嫌疑。异常检测技术的关键工作是根据正常的主体活动来描述和构建正常活动档案库，它能检测出未知行为，并具有简单的学习功能。通常检测结果存在 4 种情况：入侵且行为正常、入侵且行为异常、非入侵且行为正常、非入侵且行为异常，一般系统只会将第 2 种和第 4 种情况视为"入侵"操作，而实际上，第 1 种和第 3 种情况也存在"入侵"的可能性，所以该技术检测存在一定的误差。

2. 特征模式检测

该类型的入侵检测系统根据入侵活动的规律建立入侵特征模式，并将当前的主体活动与特征模式进行比较，以此来判断是否存在入侵行为，这与异常检测技术原理正好相反。特征模式检测技术的关键是建立入侵活动特征模式的表示形式，且要能够辨别入侵活动和正常活动的区别。该技术仅能检测使用固定特征模式的入侵而非其他任何经过轻微变换后的攻击行为，导致了它的检测准确度不高，另外该技术对系统资源消耗较大，检测速度较慢。

3. 协议分析检测

该类型的入侵检测系统利用网络协议的高度规则性快速探测入侵活动的存在，它的引擎中包含 70 多个不同的命令解析器，能完整解析各类协议，详细分析各种用户命令并辨认出每个特征串的含义。该技术具有的千兆网络传感器支持对高达 900Mbit/s 的网络流量的完整检测，几乎不忽略任何一个数据包，具有检测速度快、性能高、误报率低、资源消耗低等特点，并能同时检测已知和未知的入侵活动。该技术将成为新一代入侵检测系统的主要技术之一。

8.2.3 基于工作方式划分

根据工作方式划分，可分为离线检测系统和在线检测系统两种。

1. 离线检测系统

该类型的入侵检测系统是非实时工作的检测系统，在系统正常运行时根据用户的操作活动来记录审计事件，由网管人员定期或不定期地分析这些之前记录的审计事件，并根据历史审计记录判断是否存在可能的入侵活动，如果发现存在着入侵活动就立即断开连接，并记录入侵证据和修复数据。该检测方法不具有实时性，入侵活动的检测灵敏度较低。

2. 在线检测系统

该类型的入侵检测系统是实时联机工作的检测系统，它能实时检测网络连接过程中的入侵行为。在工作过程中，该系统实时分析网络数据包，实时分析主机审计记录，根据用户的历史行为模型、专家知识、神经网络模型等对用户当前的行为实时进行判断，一旦发现有入侵迹象立即断开有害连接，并搜集证据，实施数据恢复。整个检测过程循环进行，保证能及时发现入侵活动，并快速作出响应，入侵活动的检测灵敏度较高。

8.3 入侵检测系统的部署方案

入侵检测系统的部署可依据不同的入侵检测对象来进行，根据基于主机的和基于网络的入侵检测系统的不同的工作特点可采取不同的部署方案，让入侵检测系统发挥它最大的作用。

8.3.1 基于主机的入侵检测系统部署

基于主机的入侵检测系统运行在特定的主机上，它能监听并解析所有流经主机网络适配器的网络信息，对主机的核心级事件、系统日志以及网络活动情况进行实时入侵检测，具有拦截数据流、断开通信、报警的能力，能自动重新配置网络引擎，能结合防火墙主动阻止入侵活动。

在这类部署中，可根据每一台主机的实际情况安装入侵检测系统，为主机提供高级别的保护。在一段网络中，给所有的主机安装入侵检测系统需要花费较高成本，所以，一般会进行有选择性的安装，如挑选关键或重点主机来安装入侵检测系统，这样不仅可以降低成本，更能将主要的精力集中在最需要保护的主机上，并可集中分析和管理这些主机系统产生的日志。另外，也需要考虑弥补主机由于安装入侵检测系统而降低的系统性能，特别是一些负载过大的服务器主机，除了提高这些主机的硬件配置和进行系统优化外，还可选择安装一些非实时日志分析类型的入侵检测系统来减轻服务器的工作量。

基于主机的入侵检测系统是基于网络入侵检测系统的有效补充，适合于一些主机数量不多的小型企业局域网。

8.3.2 基于网络的入侵检测系统部署

基于网络的入侵检测系统运行在网络中，它通常分为传感器和控制台两部分，传感器即为检测器，负责采集数据、分析数据和生产安全事件，它对网络进行监听，查找每一数据包内隐藏的恶意入侵，当检测到攻击时，传感器能立即做出一连串的响应：向控制台发出警告、记录入侵证据、采取防御措施。控制台负责对多台网络传感器进行集中管理，它提供图形化界面对这些传感器进行远程的配置和控制，它还负责接收各传感器检测情况的实时报告。

部署基于网络的入侵检测系统关键点在于部署传感器，传感器部署位置不同，发挥的作用也各不相同。用户可根据自己的实际网络环境和对安全级别的要求，在网络的一个或多个位置安置传感器。一般来说，传感器的部署点可划分为 4 个区域，如图 8-2 所示。

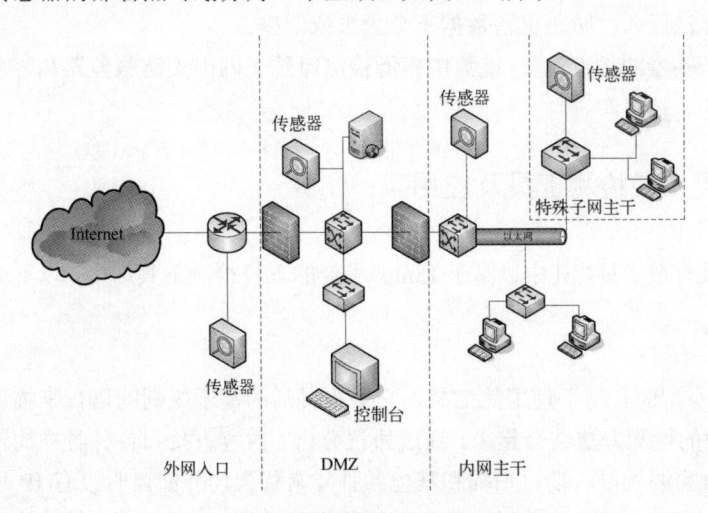

图 8-2 传感器部署示意图

- 外网入口区域：放在前端防火墙之外靠近入口的链路上。
- DMZ：放在前端防火墙和后端防火墙之间的链路上。
- 内网主干区域：放在后端防火墙之后的内网主要链路上。
- 特殊子网主干区域：放在关键子网的主要链路上。

1. 外网入口区域

外网入口区域部署点位于前端防火墙之外靠近入口的链路上，在这里部署的传感器可以检测所有进出防火墙外网口的数据，能发现所有来自局域网外部的攻击和入侵行为，包括攻击防火墙、攻击内部网络服务器和客户机、与内网计算机的非法通信等。

在该区域部署传感器的优点在于：能记录网络攻击时的最原始的攻击数据包，并能记录攻击类型。

2. DMZ

DMZ 的部署点位于前端防火墙和后端防火墙之间的链路上，这段区域也称为非军事化区，是网络敏感区也是传感器最必要的部署区域，这里同时也是内网部署对外服务器的最佳区域。由于对外服务器需要供外网访问，它们受到攻击的可能性非常大，在这里部署传感器能最大程度地发挥作用，可检测到几乎所有攻击对外服务器的行为。

该区域部署传感器的优点在于：除了能检测 DMZ 的数据流外，还能检测前端防火墙的配置策略的不足。

3. 内网主干区域

内网主干区域的部署点位于后端防火墙之后的内网主要链路上，这里也是传感器常见的部署区域，在这里，传感器可以检测到通过后端防火墙进入内网的和从内网流出的数据，由于经过了前端和后端防火墙的过滤后，数据流量大大减少，这些传感器并不能检测出所有可能的入侵行为。

该区域部署传感器的优点在于：能检测内网数据流中的异常行为，监督内网用户的行为。

4. 特殊子网主干区域

特殊子网主干区域部署点位于内网中一些对安全级别需求较高的子网，特别是一些保存着企业内部机密数据的重要区域，这些区域是不允许外界访问的，同时也是不允许内部与外部进行非法连接的。这里部署的传感器能检测是否存在内网的攻击行为或者是否存在非法的内外网连接，有效保护特殊子网不被非法侵入，防止机密数据不会丢失或泄露。

该区域部署传感器的优点在于：能集中资源检测特殊子网中关键服务器和客户机受到的来自内网的攻击。

8.3.3 常见入侵检测工具及应用

入侵检测工具有很多种，其中以基于 Linux 平台的入侵检测工具居多，以下介绍几种常见的入侵检测工具：

1. Snort

Snort 是一款小型的且易于使用的工具，它采用灵活的基于规则的语言来描述通信，将签名、协议、不正常行为的检测方法结合起来。通过协议分析、内容查找和各种各样的预处理程序，Snort 可以检测各种病毒漏洞入侵、端口扫描和其他各种异常行为，并能监听没有 IP 地址的网络接口，用基本分析和安全引擎可视化的分析工具来分析收集的数据。Snort 以其易于管理、更新速度快等特点，成为部署最较为广泛的入侵检测技术之一。

2. PSAD

PSAD 的全称是端口扫描攻击检测程序，它是一个运行在 Linux 操作系统中的入侵检测工具，能执行数据包头部的分析，并深入分析应用层的内容，在发现入侵行为时，它会向用户发送警告，还能自动阻止可疑的 IP 地址。

3. Tripwire

Tripwire 是一款较优秀的入侵检测、系统完整性检测工具，它允许用户构建一个最优设置的基本服务器状态，对要监控的文件生成数字签名，并保存在数据库中。当怀疑存在入侵行为时，Tripwire 再做一次数字签名并将结果与数据库中存储的进行比较，若相应数字签名不匹配，说明文件被改动过，这时 Tripwire 会报告存在入侵行为，并采取措施调整最佳状态，将运行障碍降低到最小。Tripwire 仅能被动避开入侵，不能主动阻止入侵行为的发生。

4. OSSEC

OSSEC 是一款基于主机的入侵检测系统，它能执行日志分析、完整性检查、系统注册表监控、实时警告以及动态实时响应。它的日志分析引擎功能比较强大，能监视和分析企业局域网中的防火墙、服务器和身份验证日志。

5. BlackICE

BlackICE 是一个基于主机的入侵检测系统，它采用非混杂模式，监听进出计算机网络适配器的数据包。它实时监测网络端口和协议，拦截所有可疑的入侵活动，并记录入侵主机的 NetBIOS（WINS）名、DNS 名和 IP 地址，以便采取进一步措施。它集成了非常强大的检测和分析引擎，能识别 200 多种入侵活动，能较完整全面地检测网络。

下面以 BlackICE 为例，介绍 BlackICE 入侵检测工具的使用方法。

（1）BlackICE 是基于主机的入侵防护系统，安装平台为 Windows 操作系统。安装好 BlackICE 后，在桌面右下角的托盘中出现了图标，双击该图标，弹出 BlackICE 主界面，在"Events"选项中卡中可以查看原始事件，如图 8-3 所示。

（2）选择菜单项"Tools"→"Edit BlackICE Settings"，如图 8-4 所示，在弹出的对话框中，选择"Firewall"选项卡，设置安全级别。在这里可以看到 BlackICE 的 4 个安全级别："Trusting"（信任）、"Cautious"（谨慎）、"Nervous"（警惕）、"Paranoid"（怀疑）。其中，"怀疑"将阻断所有的未授权信息，"警惕"将阻断大部分的未授权信息，"谨慎"将阻断部分未授权信息，"信任"将接受所有的信息，系统默认是"信任"这个级别，在这里选择"警惕"这个级别，即单击"Nervous"单选按钮。下面 3 个选项分别为"Enable Auto-Blocking"（启用拦截）、"Allow Internet file sharing"（允许 Internet 文件共享）、"Allow NetBIOS Neighborhood"（允许 NetBIOS 邻居），可以仅选中"Enable Auto-Blocking"复选框，如图 8-5 所示。

（3）单击"Packet Log"选项卡，选中"Logging enabled"（启用日志）复选框，"File"（文件名）设置为 log，"Maximum Size"（日志的最大容量）设置为 2048，"Maximum number of"（文件的最大数量）可设置为 10，如图 8-6 所示。

（4）单击"Evidence Log"选项卡，选中"Logging enabled"（启用日志）复选框，主要作用是用来记录入侵者的信息，如图 8-7 所示，"File"（文件名）设置为 evd，"Maximum Size"（日志的最大容量）设置为 1400，"Maximum number of"（文件的最大数量）可设置为 32。

（5）单击"Back Trace"选项卡，"Indirect Trace"区域表示间接追踪，选中"DNS lookup"（DNS

追踪）复选框；"Direct Trace"区域表示直接追踪，选中"NetBIOSnodestatus"（NetBIOS 节点追踪）复选框，用来追踪并分析攻击者的网络信息，用默认值即可，如图 8-8 所示。

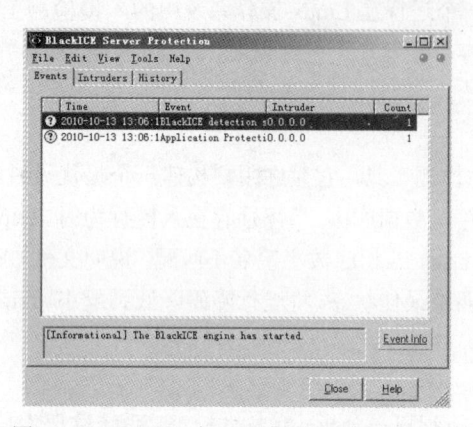

图 8-3 BlackICE 主界面中的"Events"标签

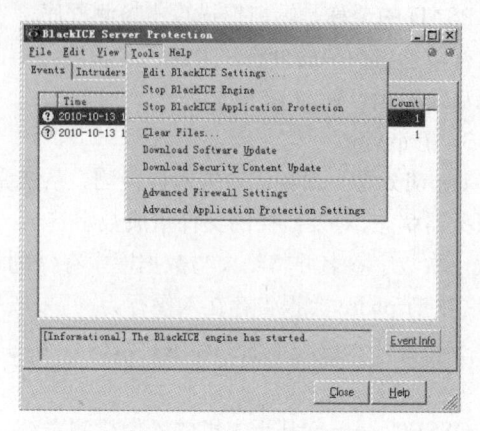

图 8-4 "Tools"菜单

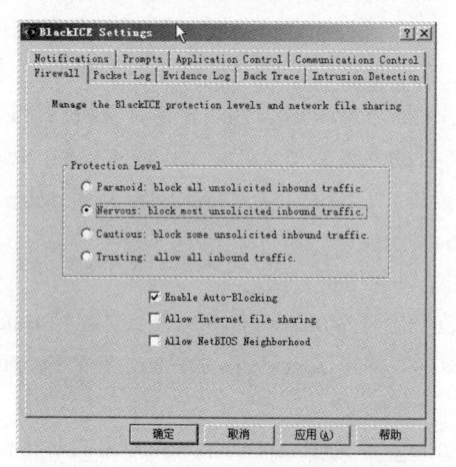

图 8-5 "Firewall"选项卡的设置

图 8-6 "Packet Log"选项卡的设置

图 8-7 "Evidence Log"选项卡的设置

图 8-8 "Back Trace"选项卡的设置

(6) 单击 "Intrusion Detection" 选项卡, 结果如图 8-9 所示。

(7) 单击 "Add…" 按钮, 弹出 "Exclude from Reporting" 对话框, 如图 8-10 所示, 在 "IP" 文本框添加允许进入的信任的 IP 地址, 选中 "All" 复选框, 即允许所有的 IP 地址通过。如图 8-11 所示为添加 IP 地址后的显示界面。

图 8-9 "Intrusion Detection" 选项卡的设置

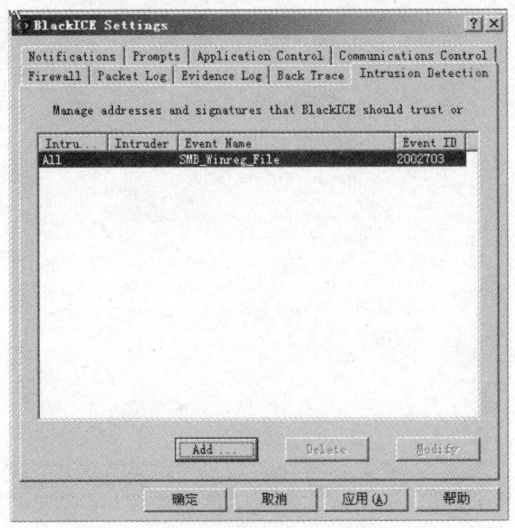

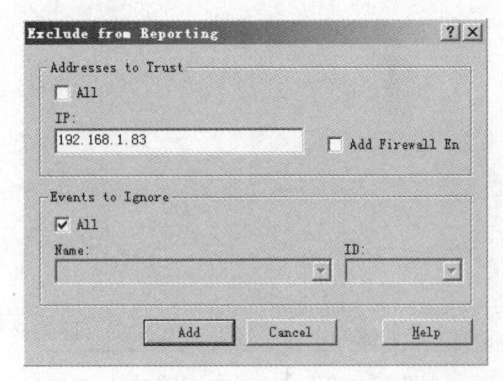

图 8-10 添加信任的 IP 地址

(8) 单击 "Notifications" 选项卡, 在这里设置事件通告, 对于出现的异常事件, 可进行显示提示 (选中 "Visible Indication" 复选框) 和声音报警 (选中 "Audible Indication" 复选框, 在 "WAV" 文本框中选择报警声音), 如图 8-12 所示, 选中 "Update Notification" (更新通知) 中的 "Enable checking" (启用检查) 复选框, 设置自动更新间隔的天数为 3 天, 即在 "Interval for checking" 微调框中选择 "3"。

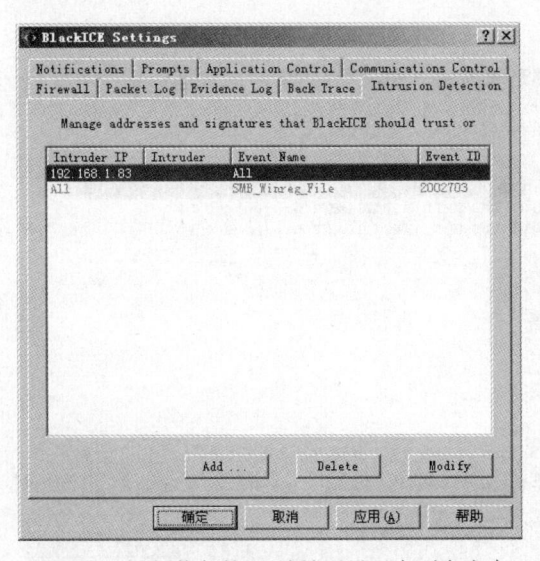

图 8-11 添加信任的 IP 地址后显示在列表当中

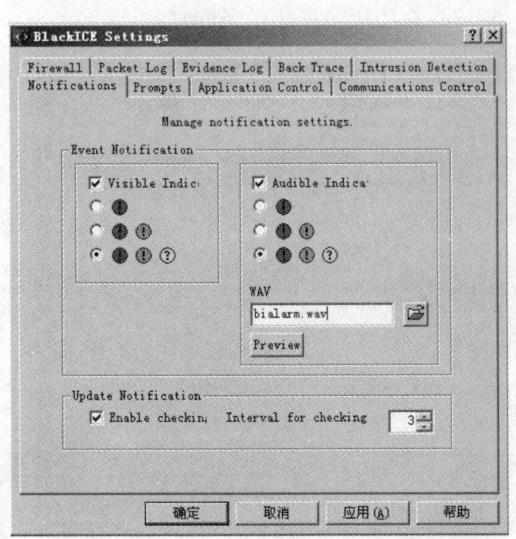

图 8-12 "Notifications" 选项卡的设置

(9）单击"Prompts"选项卡，这是关于管理用户界面的设置，保留默认即可，如图 8-13 所示。

（10）单击"Application Control"选项卡，可设置控制运行在主机上的应用程序的进程，当有新程序加载时或者修改应用程序加载时，可以出现安全提示，设置如图 8-14 所示。

图 8-13　"Prompts"标签的设置

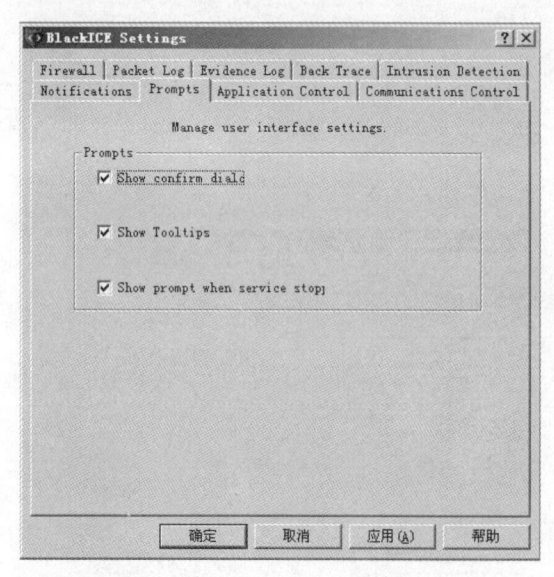

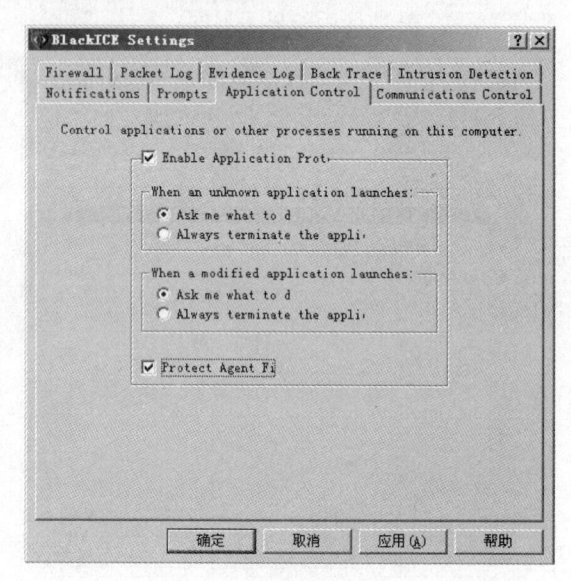

图 8-14　"Application Control"标签的设置

（11）单击"Communications Control"选项卡，可设置启用应用程序保护，即当本机的应用程序访问网络时可采取的保护措施，设置如图 8-15 所示。

（12）当其他计算机试图与部署了 BlackICE 软件的计算机进行连接时，BlackICE 的图标会变成黄色或红色，并开始闪烁。这时在主界面中单击"Events"选项卡（如图 8-16 所示）和"Intruders"选项卡（如图 8-17 所示），可以看到入侵主机的信息，也可以单击"History"选项卡（如图 8-18 所示），查看历史事件和网络流量。

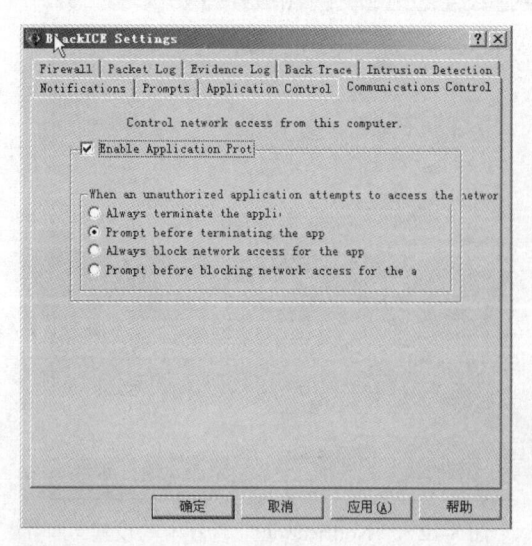

图 8-15　"Communications Control"选项卡的设置

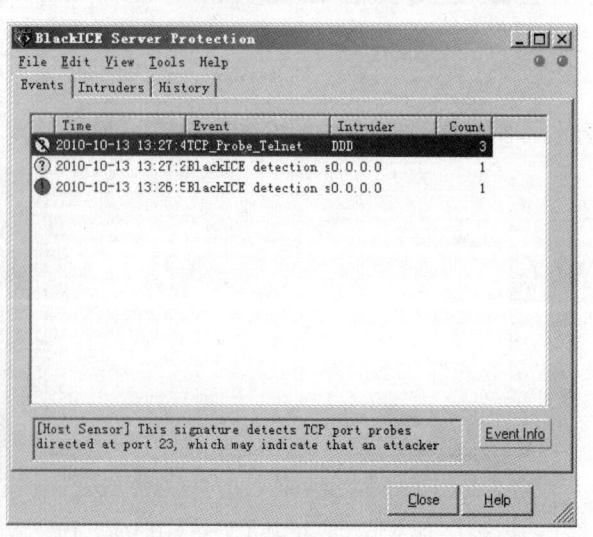

图 8-16　查看"Events"选项卡

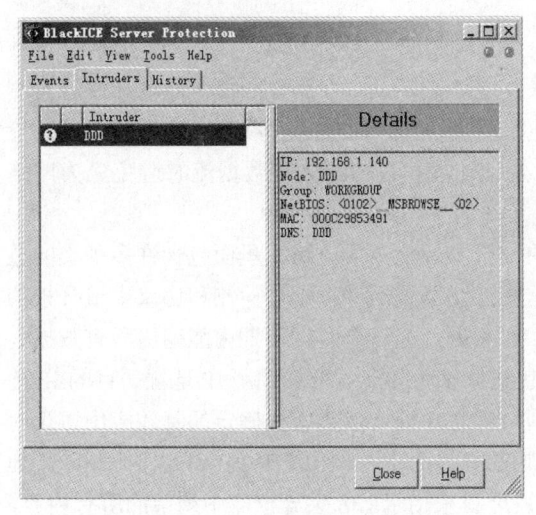

图 8-17　查看"Intruders"选项卡 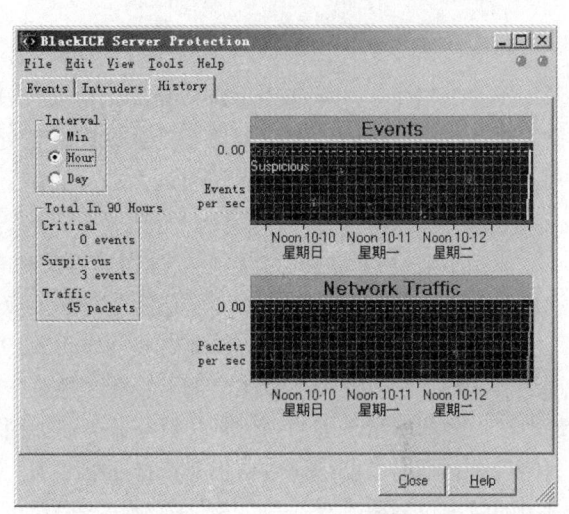　　　　　图 8-18　查看"History"选项卡

8.4　入侵防护系统

在网络安全防护中,防火墙和入侵检测系统扮演着重要的角色。防火墙的作用是实施访问控制策略,检测流经防火墙的流量,拦截不符合安全策略要求的数据包。入侵检测系统则是通过监视网络和系统中的数据流,检测是否存在有违反安全策略的行为或攻击迹象,若有则发出报警通知管理员采取应对措施。

传统的防火墙仅能阻止网络流量,但对于入侵行动却无能为力。绝大多数的入侵检测系统仅能发现存在的异样数据流,却无法提前预测即将发送的入侵行为。随着入侵技术的发展,软件和网络受到的攻击现象日益增多,传统的防火墙和入侵检测技术对攻击行为的响应越来越迟缓,为了应对日益增长的威胁,安全厂商纷纷推出不同的 IPS 产品。

8.4.1　入侵防护系统的定义

IPS(Intrusion Prevention System)称为入侵防护系统,是一种积极主动的防范入侵和阻止攻击的系统设备。当 IPS 检测到有异常流量时,不仅能自动发送警报信息,还会自动丢弃危险包或阻断连接,并能提前拦截入侵行为,阻止攻击性网络流量。IPS 检测入侵的方式类似于 IDS,但它改变了大多数 IDS 的被动的特点,采取的是一种实时检测和主动防御的工作方式。

8.4.2　入侵防护系统的工作原理

IPS 直接嵌入到网络流量中对数据流进行检测,它通过一个网络端口接收网络上传输的流量,数据流量经过 IPS 处理引擎被并行进行深层次检测,正常的数据流会通过另外一个端口传送出去,异常数据包及其后续部分则会在 IPS 设备中被删除掉。

传统的防火墙能检测网络层和传输层的数据，不能检测应用层的内容，且其多采用包过滤技术，不会针对每一个字节进行细致检查，因而无法发现攻击活动。IPS 对传统软件串行过滤检测技术进行改进，在过滤器引擎集合了大规模并行处理硬件，能够同时执行数千次的数据包过滤检查，并确保数据包不间断地快速通过系统，加快了处理速度，在检测大量数据流时避免成为网络中的"塞车点"。

如图 8-19 所示，IPS 数据包处理引擎是定制的一个专业化集成电路，里面包含许多种类的过滤器，每种过滤器负责分析相对应类型的数据包，这些过滤器采用并行处理检测和协议重组分析的手段深层细致地检测数据包的详细内容，如图 8-19 中 A 处，在一个时钟周期内能遍历所有数据包过滤器，将数据包逐一字节地检查，并将这些数据包依据报头信息（例如，源 IP 地址、目的 IP 地址、端口号和应用域等）和信息参数来分类，如图 8-19 中 B 处，然后根据确定的具体应用协议对数据包进行筛选，若任何数据包都符合匹配要求，则标志为命中，如图 8-19 中 C 处。检测结果为命中的数据包会被丢弃，与之相关的流状态信息也被更新来指示 IPS 丢弃该流中剩余的所有内容，如图 8-19 中 D 处。检测结果为安全的数据包可以继续前进，如图 8-19 中 E 处。

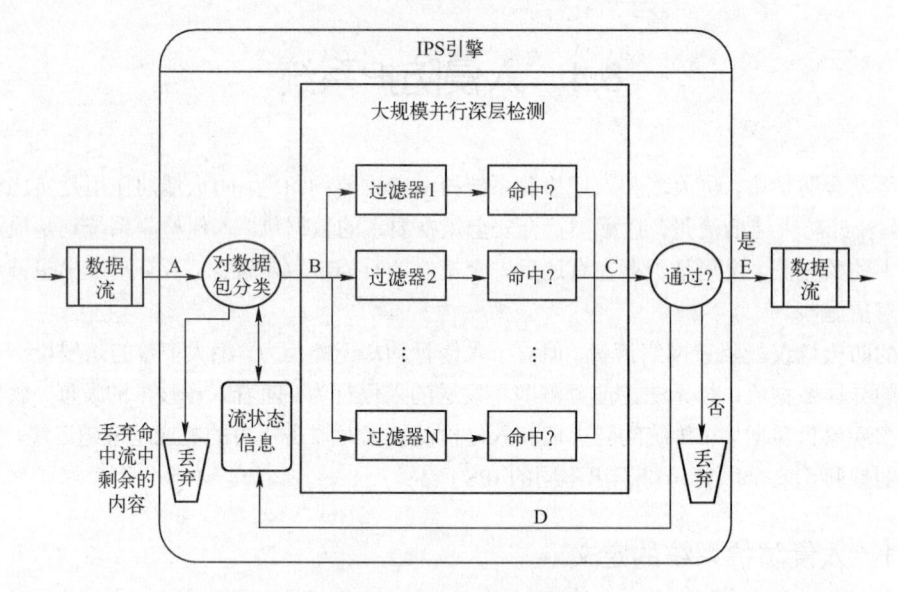

图 8-19　IPS 工作原理

针对不同的攻击行为，IPS 有不同的过滤器。若有攻击者利用从数据链路层到应用层的漏洞发起攻击，IPS 都能从数据流中检查出并加以阻止。IPS 具有自学习和自适应的能力，当新的攻击手段被发现后，能根据所在网络的通信环境和被入侵的情况，分析和抽取新型攻击特征来更新特征库，从而制定新的安全防御策略，创建一个新的过滤器来加以阻止。IPS 依靠过滤器中定义得非常广泛的过滤规则，提高了自身的过滤准确性。

8.4.3　入侵防护系统的特性

入侵防护系统也有两种主要的实现方式，一种是基于主机的入侵防护（HIPS），它依靠软件系统直接部署在关键主机系统中；另一种是基于网络的入侵防护（NIPS），它依靠软件或专门的硬件系统，直接嵌入网段中，保护网段中的所有系统。其中 NIPS 使用最为广泛。

基于网络的入侵防护系统通常会集成多种检测机制，降低误测率，提高检测效果。NIPS 对实时性和系统性能要求很高，故通常被设计成特定的硬件平台，类似于交换机、路由器等网络设备，能提供多个网络端口，实现千兆级及以上网络流量的深层次数据包检测功能。

NIPS 具有以下特性：

1. 嵌入式运行

IPS 嵌入式运行不仅可实时阻拦可疑的数据包，还能对可疑数据流的剩余部分进行拦截和丢弃。

2. 深入分析能力

IPS 能根据攻击类型、策略等来确定哪些入侵流量应该被拦截，哪些已经被拦截。

3. 高质量的入侵特征库

IPS 拥有一个高质量的入侵特征库，这是高效运行的必备前提，同时 IPS 具有自学习的能力，会定期升级更新入侵特征库，并高速应用到所有传感器。

4. 高效处理能力

IPS 的并行处理引擎具有高效处理数据包的能力，对整个网络性能几乎不会造成影响。

5. 平台易部署

HIPS 对操作系统和应用程序有要求。主机只能安装对应操作系统的 HIPS 版本。NIPS 对网段中所有设备提供防护策略时，不用考虑防护对象的操作系统及应用程序版本问题。

6. 扩展性强

一个探测器就能够保护其所在网段中的大部分主机系统，部署几个探测器就能监控整个网络的流量，而且可以根据网络体系结构的变化灵活地扩展安全防护的范围。

7. 保护范围广

并非所有的攻击行为都是针对主机的。NIPS 工作于网络层，它探测的范围更加广泛，在保护主机的同时，还能保护网段中的其他网络设备，如路由器、打印机等。

8. 主动应对攻击

对于网络 DDoS、SYN 等利用大量数据包阻塞网络流量，造成服务器瘫痪、网络带宽资源耗尽、网络性能低下等情况，NIPS 均能主动采取防御措施，而不是被动地"坐以待毙"。

除上述特点外，有些 IPS 还提供虚拟补丁、反间谍、流量过滤等功能。IPS 自动拦截针对主机的有害行为，给这些主机提供安装补丁的时间缓冲。它可以发现并及时阻断间谍软件，保护网络中的机密数据。它能过滤正常流量中的入侵流量或消耗型下载流量，让网络回归正常、高速、干净的环境。

8.4.4 入侵防护系统的典型应用

近年来，企业、学校所面临的安全问题越来越复杂，安全威胁日益增多，例如，病毒木马、DDoS 攻击、垃圾邮件等，入侵防护系统的应用，给企业、校园网络安全又增加了一个保护层。

1. IPS 在企业网络中的应用

传统企业的业务系统体系比较封闭，多是采用物理隔离模式来控制网络，近年来，很多企业的系统业务与外界的接触逐渐增多，特别是随着网络技术的普及，类似三网融合、与银行联网合作、网络服务平台建设等需求发展迅速，很多企业的业务系统开始跨网运行。

就在这些企业开始利用网络技术构建各种适应现代化发展需要的网络运营模式时，网络安全隐患和风险也随之而来，这些来自于网络内、外的威胁包括：DDoS 攻击、木马蠕虫攻击等来自外部应用层的攻击，或占用带宽、内部信息泄露等影响工作效率和企业机密的内部安全威胁。企业防火墙只能起到部分控制访问的作用，传统的检查手段也难以有效约束和监管员工的上网行为。针对上述需求，采用 IPS 与原有的防火墙技术相结合，能为企业业务系统提供更完善的防护方案。

IPS 拥有统一检测引擎、深度内容检测和集成电路硬件检查等技术，有效防御各种应用层的攻击。同时，IPS 拥有上网行为管理功能。IPS 既注重外部控制又注重内部管理，企业的网管员借助 IPS，既防范了来自外部的恶意攻击行为，又优化了内部网络资源，为企业信息系统的稳定运行提供了有力保障。

2. IPS 在校园网络中的应用

随着网络的日益普及，几乎所有的高校都建立有自己的校园网，随之也带来了各种各样的安全问题。目前，校园网的主要功能一般集中在网络教学和互联网的使用两方面，出于对校园网的保护，许多校园网对校园内部访问互联网做了许多的限制。例如，各种 P2P 软件在校园网内部应用十分广泛，大量无限制的 P2P 连接占用了较多的网络带宽，给校园网络正常运行带来极大的干扰，同时也埋下了安全隐患——校园网内部的私人计算机较多，校方无法统一进行管理，更无法统一安装防病毒软件，阻止校园网内部的病毒传播也是维护校园网络安全的重要方面。

校园网防火墙可控制网络访问，但对于利用防火墙允许通过的协议发起的攻击行为却无能为力，对于类似邮件传播的蠕虫病毒也无法阻挡，而杀毒软件也仅能检测出已知病毒，属于被动防御，主动防御的能力目前只能依靠 IPS 提供。校园网中串行部署 IPS，不仅可作为实时的深层的防御产品，又能保持正常校园网较高的可用性，从而保证校园网的安全运行。

第二部分　典型项目实训任务

8.5　典型任务

8.5.1　典型任务一　Snort 的安装

【任务目的】掌握入侵检测的工作原理和入侵检测工具的使用方法。

【任务实施步骤】

（1）Snort 安装。执行 snort.exe，弹出自解压界面，必须使用默认安装路径，解压安装。

（2）提示安装 MySQL，默认路径 c:\mysql。如图 8-20 所示。

（3）提示安装 Winpcap3.0，过程略。

（4）提示安装 Apache。输入服务器信息，选择"for All Users"设置，单击"Next"按钮，如图 8-21 所示。

设置 Apache 安装路径为 c:\apache，如图 8-22 所示。

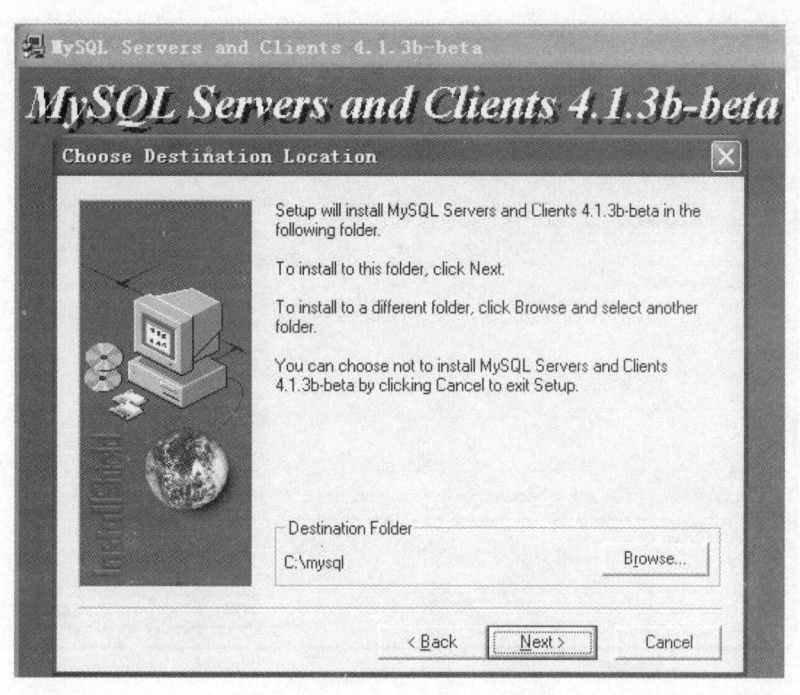

图 8-20　MySQL 默认安装路径

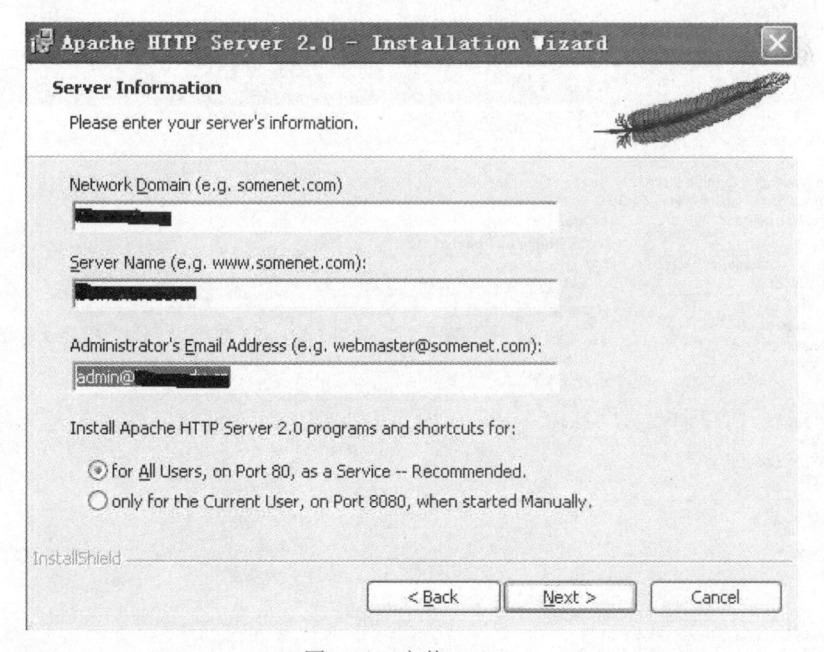

图 8-21　安装 Apache

（5）安装完毕，启动 Apache 和 MySQL 服务，在命令提示符下输入：
net start apache2;
net start mysql
（6）打开 IE 浏览器，输入http://127.0.0.1/acid。如图 8-23 所示，表明 ACID 安装成功。

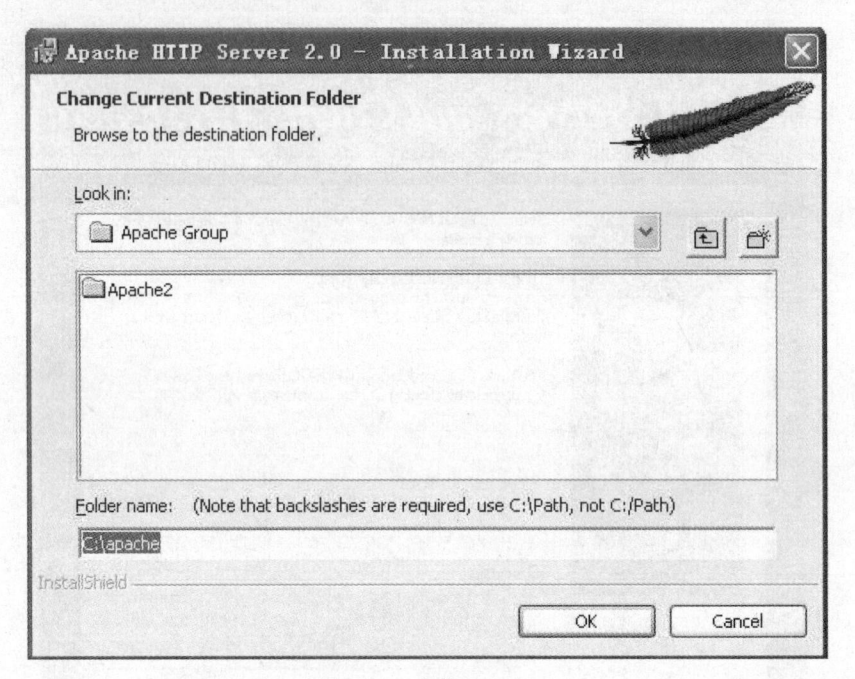

图 8-22　安装 Apache

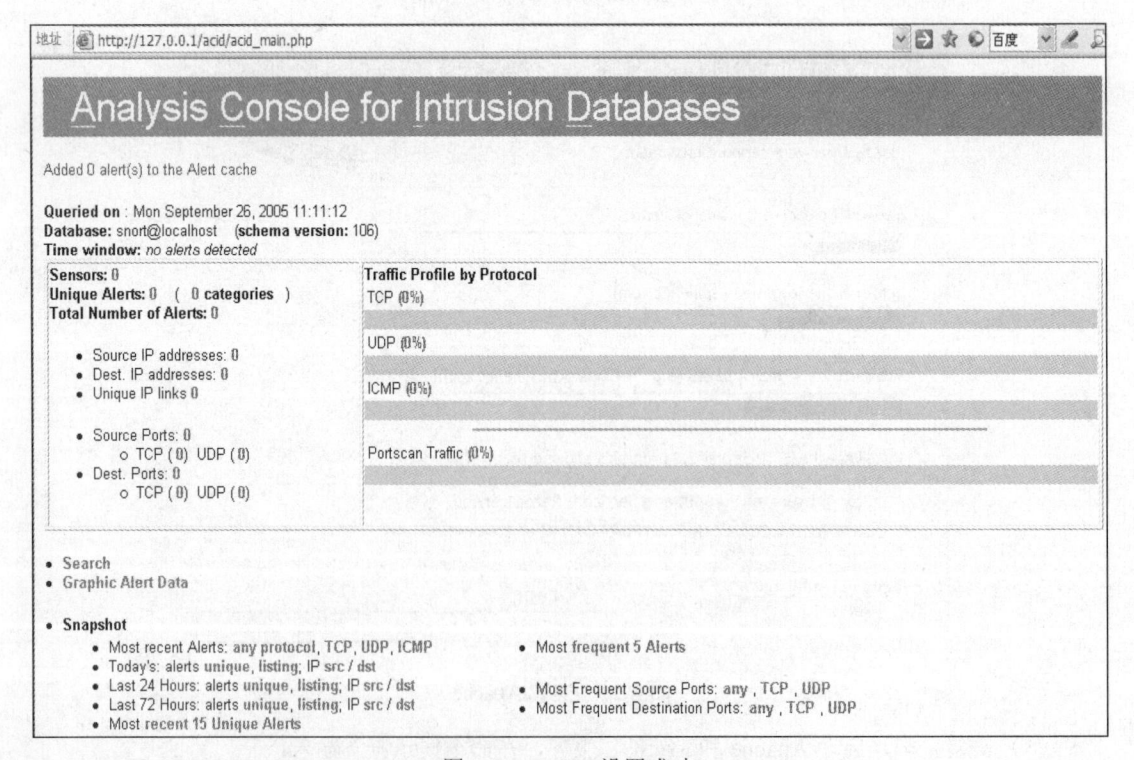

图 8-23　ACID 设置成功

（7）在命令提示符中输入命令 c:\snort\bin\snort -c "c:\snort\etc\snort.conf" -l "c:\snort\log"-de，如图 8-24 所示，表明 Snort 运行正常。

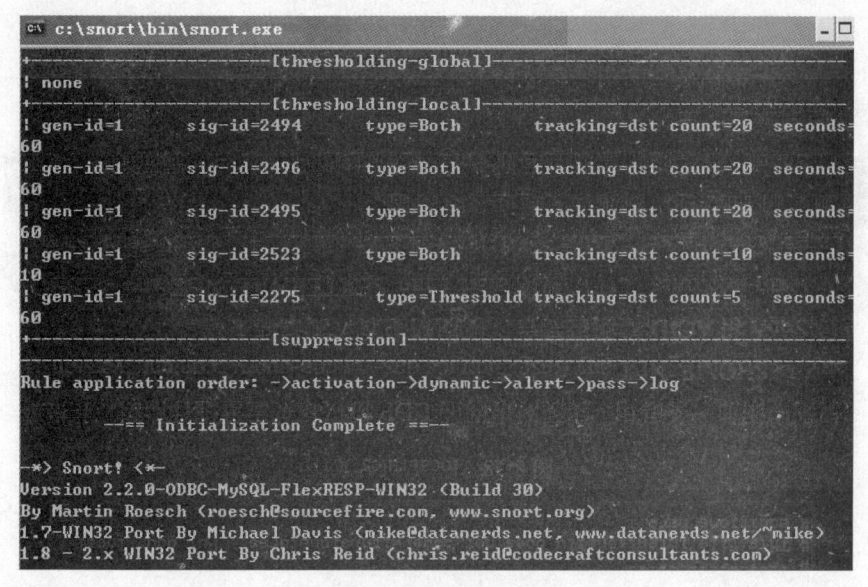

图 8-24　Snort 测试运行正常

（8）设置 Snort 检测网段范围。打开路径 c:/snort/etc/下的 snort.conf 文件，将该文件中 var HOME_NET any 语句中的 any 改为本机所在的子网地址，即将 Snort 监测的内网范围设置为本机所在网段。例如本地 IP 若为 192.168.2.100，则将 any 改为 192.168.2.0/24。

（9）将 var EXTERNAL_NET any 语句中的 any 改为 192.168.2.0/24，即将 Snort 监测的外网范围改为本机所在网段以外的网络。

（10）设置监测规则。找到 snort.conf 文件中描述规则的部分，如图 8-25 所示。

图 8-25　snort.conf 中的检测规则

其中加"#"表示该规则未启用，可将 local.rules 之前的"#"号去掉，其他都不变。

（11）查看检测结果。启动 Snort，打开 ACID 检测控制台主界面，如图 8-26 所示。

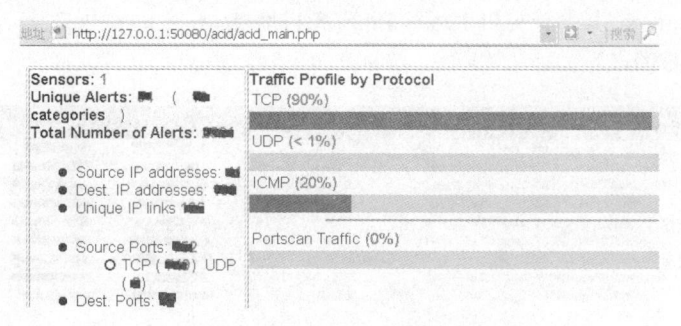

图 8-26　ACID 检测控制台

（12）单击右边窗口中 TCP（90%），可显示所有检测到的 TCP 协议日志详细情况，如图 8-27 所示。TCP 协议日志中的列名为：流量类型、时间戳、源地址、目标地址、协议。日志中记录外网 IP 对内网 IP 的连接。

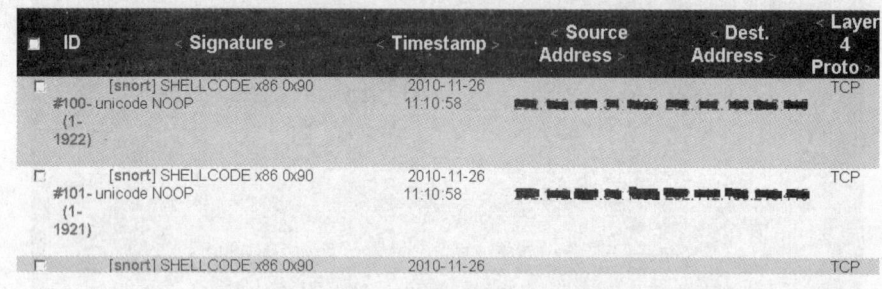

图 8-27 TCP 协议日志

8.5.2 典型任务二 Snort 规则的配置

【任务目的】掌握入侵检测的工作原理和入侵检测工具的使用方法。

【任务实施步骤】

（1）打开 c:\snort\rules\local.rules 文件，如图 8-28 所示。

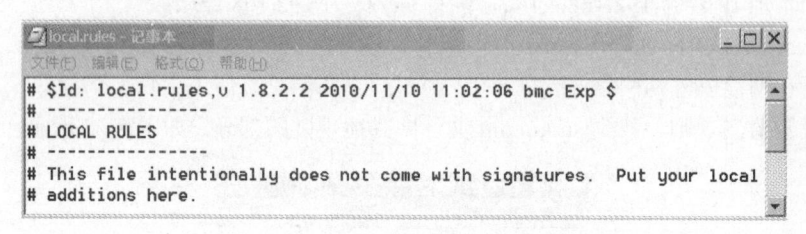

图 8-28 local.rules 文件

（2）在规则中添加一条语句，实现对内网的 UDP 协议相关流量进行检测，并报警。语句如下：alert udp any any <> $HOME_NET any (msg:"udp ids/dns-version-query";content:"version";)，保存文件。

（3）重启 Snort 和 ACID 检测控制台，使规则生效。测试结果略。

（4）打开 icmp-info.rules 文件，规则 alert icmp $EXTERNAL_NET any -> $HOME_NET any (msg:"ICMP Large ICMP Packet"; dsize:>800; reference:arachnids,246; classtype:bad-unknown; sid:499; rev:4;)用于检测大的 Ping 包，例如长度超过 800 的包。

（5）运行 Snort，在其他计算机上运行 Ping 靶机地址 -l 801 -t，同时打开 ACID，如图 8-29 所示，有 ICMP 类报警产生。

图 8-29 ACID 检测结果

练 习

1. 简述入侵检测系统的工作原理。
2. 简述基于网络的入侵检测系统的部署。
3. 简述入侵检测系统与入侵防护系统的相同点与不同点。

项目 9 无线局域网安全

学习要点

- 了解无线局域网的构成。
- 了解无线局域网络的标准。
- 掌握无线网络安全的实现方式。

学习情境

某公司的企业网拥有数百台计算机，该网络提供连入 Internet 的服务。由于公司的无线局域网没有任何的安全设置，导致该公司的无线网络被许多未授权客户端连入，近日这种情况更加严重，网络带宽几乎被占满，内部员工正常的使用得不到保证，公司现在需要作为网络管理人员的你针对公司目前的无线网络的情况给出有效的解决方案。

第一部分　项目学习引导

9.1　无线局域网

无线局域网络（Wireless Local Area Networks，WLAN）是便利的数据传输系统，它利用射频（Radio Frequency，RF）技术，取代双绞铜线（Coaxial）所构成的局域网络，使得无线局域网络能利用简单的存取架构让用户访问它。

无线数据通信的 IEEE 标准和电信行业标准包括数据链路层和物理层。以下 4 种常用数据通信标准可适用于无线介质：

- 标准 IEEE 802.11：通常也称为 Wi-Fi，是一种无线 LAN（WLAN）技术，它采用载波侦听多路访问/冲突避免（CSMA/CA）介质访问过程使用竞争或非确定系统。
- 标准 IEEE 802.15：无线个人区域网（WPAN）标准，通常称为"蓝牙"，采用装置配对过程进行通信，距离为 1～100m。
- 标准 IEEE 802.16：通常称为 WiMAX（微波接入全球互通），采用点到多点拓扑结构，提供无线带宽接入。
- 全球移动通信系统（GSM）：包括可启用第 2 层通用分组无线业务（GPRS）协议的物理层规范，提供通过移动电话网络的数据传输。

9.1.1 无线局域网常见术语

1. WLAN

WLAN 为 Wireless LAN 的简称，即无线局域网。无线局域网是利用无线技术实现快速接入以太网的技术，它包含 IEEE 802.11b/a/g/i 和蓝牙、HomeRF、WAP 等技术。但随着 IEEE 802.11b/a/g/i 无线局域网技术的兴起，WLAN 在狭义上也可单指基于 IEEE 802.11b/a/g/i 的无线网络。

2. Wi-Fi

因为 IEEE 并不负责测试 IEEE 802.11 无线产品的兼容性，所以这项工作就由厂商组成的 Wi-Fi 联盟担任。凡是通过其兼容性测试的产品，都被准许打上"Wi-Fi CERTIFIED"标记。选购有 Wi-Fi 标记的产品，可以更好地保证 WLAN 产品之间的兼容性。

3. SSID（Service SetIdentifier）

也可以定义为 ESSID，是无线 AP 或无线路由器的标志字符，中文译为"业务组标识符"、"服务集标志符"或"服务区标志符"。该标志主要用来区分不同的无线网络，最多可以由 32 个字符组成。SSID 通常由 AP 或无线路由器广播出来，通过系统自带扫描功能可以查看当前区域内的 SSID。出于安全考虑可以不广播 SSID，此时用户要手工设置 SSID 才能进入相应的网络。

9.1.2 无线局域网的相关组件

1. 无线网卡

无线网卡是终端无线网络的设备，是在无线局域网的无线覆盖下通过无线连接网络进行上网而使用的无线终端设备。可以通过在计算机上安装无线网卡来接入无线网络。当然前提是用户所在的位置有无线网络信号，同时用户应该知道该无线网络的一些参数，如 SSID 及加密参数等。

无线网卡按照接口的不同可以分为以下几种：
- 台式机专用的 PCI 接口无线网卡。
- 笔记本电脑专用的 PCMCIA 接口无线网卡。
- USB 接口无线网卡。
- 笔记本电脑内置的 MINI-PCI 无线网卡。

无线网卡按无线标准可分为 IEEE 802.11b、IEEE 802.11a、IEEE 802.11g。在频段上来说，802.11a 标准为 5GHz 频段，传输速度为 54Mbit/s，802.11b、802.11g 标准为 2.4GHz 频段，传输速度分别为 11 Mbit/s 和 54Mbit/s。

如图 9-1 所示为 PCI 接口无线网卡，如图 9-2 所示为 USB 接口无线网卡。

2. 无线 AP

无线 AP（Access Point）即无线接入点，它是用于无线网络的无线交换机，也是无线网络的核心。无线 AP 通常需要交换机对它进行管理。无线 AP 是移动计算机用户进入有线网络的接入点，主要用于宽带家庭、大楼内部以及园区内部，覆盖距离从几十米至上百米，目前主要标准为 802.11 系列。大多数无线 AP 还带有接入点客户端模式（AP client），可以和其他 AP 进行无线连接，扩大网络的覆盖范围。无线 AP 如图 9-3 所示。

图 9-1　PCI 接口无线网卡　　　　　　　图 9-2　USB 接口无线网卡

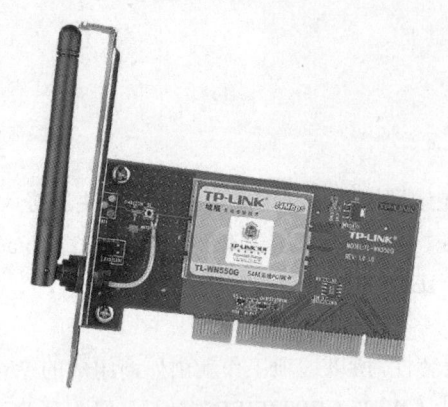

3. 无线路由器（Wireless Router）

无线路由器集成了无线 AP 和路由器的功能。它不仅具备单纯无线 AP 所有的功能，如支持 DHCP 客户端、支持 VPN 和防火墙、支持 WEP 加密等，而且一般包括了网络地址转换（NAT）协议，可支持局域网用户的网络连接共享。此外，大多数无线路由器还包括一个 4 端口的交换机，可以连接多台使用有线网卡的计算机，从而实现有线和无线网络的顺利过渡。无线路由器如图 9-4 所示。

图 9-3　无线 AP　　　　　　　图 9-4　无线路由器

9.1.3　无线局域网的访问模式

在 WLAN 中通常使用两种 802.11 访问模式：Ad hoc 模式和 Infrastructure 模式。

1. Ad hoc 模式

该模式是独立基本服务集（Independent Basic Service Set，IBSS）。在这种模式中，不需要使用 AP，是一种点到点的模式，网络的布设或展开无须依赖任何预设的网络设施。网络中结点通过分层协议和分布式算法协调各自的行为，结点开机后就可以快速、自动地组成一个独立的网络，所有结点的地位平等，它是一种 P2P 网络。Ad hoc 网络是一个动态的网络，网络结点可以随处移动，也可以随时开机和关机，这些都会使网络的拓扑结构随时发生变化。如图 9-5 所示为 Ad hoc 模式构成的无线对等网络。

图 9-5 使用 Ad hoc 模式互连

2. Infrastructure 模式

与 Ad hoc 不同的是，配置了无线网卡的计算机必须通过 AP 来进行无线通信，目前使用两种 Infrastructure 模式实施方案。

- 基本服务集（Basic Service Set，BSS）。
- 扩展服务集（Extended Service Set，ESS）。

在 BSS 模式中，客户端连接到 AP，而 AP 允许它们与其他客户端通信或者访问许可的资源。每个 WLAN 的名称被标识为一个 SSID，然而每个 AP 都需要一个唯一的 ID，这称为 BSSID，是 AP 的无线网卡的 MAC 地址。此模式通常用于不需要漫游的无线客户端，如 PC。

在 ESS 模式中，由两个或者多个 BSS 进行互连，从而实现更长的漫游距离。为了让这个过程对无线客户端尽可能的透明，在所有 AP 中使用一个 SSID。然而每个 AP 都具有唯一的 BSSID。在这两种模式中，BSS 模式只有一个 AP，而 ESS 模式中需要多个 AP。

9.1.4 无线局域网的覆盖区域

WLAN 覆盖区域包括可发送和可接收 RF 信号的实际区域，很多因素都会影响无线信号的强度和传输距离，如天花板、窗户、金属物体、微波炉、无线信号的手机等。根据 Infrastructure 模式实施方案，有以下两种 WLAN 覆盖方案：

- 基本服务区域（Basic Service Area，BSA）。
- 扩展服务区域（Extended Service Area，ESA）。

如图 9-6 和图 9-7 所示，这两种模式都是使用的 Infrastructure 模式，但是 AP 都是通过交换机来进行管理的，可以在交换机上配置好 SSID 和地址段以及加密方式等后传给 AP。当然，如果图中的 AP 换成无线路由器设备就可以直接在其上配置 SSID 等无线控制信息。

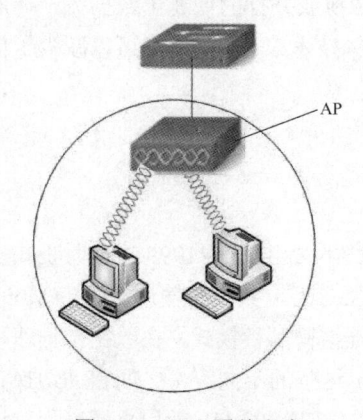

图 9-6 BSA 覆盖方案

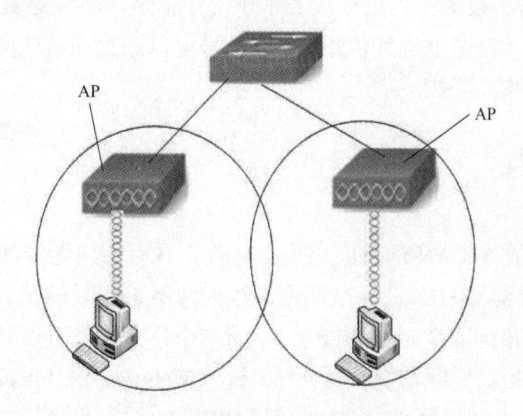

图 9-7 ESA 覆盖方案

9.2　无线局域网的标准

WLAN 采用的是 IEEE 802.11 系列标准,它也是由 IEEE 802 标准委员会制定的。1990 年,IEEE 802 标准化委员会成立 IEEE 802.11 无线局域网标准工作组,最初的无线局域网标准是 IEEE 802.11,于 1997 年正式发布,该标准定义物理层和介质访问控制(MAC)规范。物理层定义了数据传输的信号特征和调制,工作在 2.4~2.4835GHz 频段。这一最初的无线局域网标准主要用于难于布线的环境或移动环境中计算机的无线接入,由于传输速率最高只能达到 2Mbit/s,所以业务主要用于数据的存取。但随着无线局域网应用的不断深入,人们越来越认识到,2Mbit/s 的连接速率远远不能满足实际的应用需求,于是 IEEE 802 标准委员会推出了一系列高速率的新无线局域网标准。

9.2.1　IEEE 802.11a

IEEE 802.11a 是目前广泛应用的 IEEE 802.11b 无线联网标准的后续标准,虽然 IEEE 802.11a 标准与 IEEE 802.11b 标准同时开始研制,但是 IEEE 802.11a 标准的研发工作却落在了后面,所以 IEEE 802.11a 在 IEEE 802.11b 后面发布,而且当初最早 IEEE 802.11a 研制的速率不是 54Mbit/s,但是 IEEE 802.11b 研制出速率已经达到 11Mbit/s,所以 IEEE 802.11a 速率只能大于这个值,达到了 54Mbit/s。

虽然 IEEE 802.11b 标准的 11Mbit/s 传输速率比起标准的 IEEE 802.11 的 2Mbit/s 来说有了几倍的提高,但这也只是理论数值,在实际应用环境中的有效速率可能还不到理论值的一半。为了继续提高传输速率,IEEE 802 工作小组于 2001 年底发布了 IEEE 802.11a。

IEEE 802.11a 标准的工作频段为商用的 5GHz 频段,数据传输速率达到 54Mbit/s,传输距离控制在 10~100m(室内)。在物理层,IEEE 802.11a 采用正交频分复用(OFDM)的独特扩频技术;可提供传输速率为 25Mbit/s 的无线 ATM 接口和 10Mbit/s 的以太网无线帧结构接口,以及 TDD/TDMA(Time Division Duplexing/Time Division Multiple Access,时分转接/时分复用访问)的空中接口;支持语音、数据、图像业务;一个扇区可接入多个用户,每个用户可带多个用户终端。OFDM 技术将信道分成若干正交子信道,将高速数据信号转换成并行的低速子数据流,调制到在每个子信道上进行传输。正交信号可以通过在接收端采用相关技术来分开,这样可以减少子信道之间的相互干扰。

9.2.2　IEEE 802.11b

在 WLAN 的发展历史中,真正具有实用无线连接的 WLAN 标准还是 1999 年 9 月正式发布的 IEEE 802.11b。该标准规定无线局域网工作频段在 2.4~2.4835GHz,数据传输速率为 11Mbit/s。

该标准是对 IEEE 802.11 的一个补充,采用点对点和基础结构两种模式,在数据传输速率方面可以根据实际情况在 11Mbit/s、5.5Mbit/s、2Mbit/s、1Mbit/s 这些的不同速率之间自动切换,而且在 2Mbit/s、1Mbit/s 速率时与 IEEE 802.11 兼容。在物理层,IEEE 802.11b 使用直接序列频谱扩展(Direct Sequence Spread Spectrum,DSSS)技术,以避免通过改变频率来干扰和阻塞侦听。DSSS

技术就是用高速率的扩频序列在发射端扩展信号的频谱，而在接收端用相同的扩频码序列进行解扩，把展开的扩频信号还原成原来的信号。DSSS 抗干扰能力强，即具有较强的抗多径干扰能力，同时它对其他电台干扰小、抗截获能力强，不仅可以同频工作，而且便于实现多址通信。

IEEE 802.11b 中使用两种编码机制将频谱扩展到单载波：补码键控（Complementary Code Keying，CCK）是必须执行的，而分组二进制卷积码（Packet Binary Convolutional Coding，PBCC）是可选的。通过 DQPSK（Differential Quadrature Phase Shift Keying，四相相对相移键控）调制，CCK 用于将原始 802.11 峰值数据速率提高到 11Mbit/s。受噪声限制时，PBCC 使用前向纠错来改善链路性能。

IEEE 802.11b 工作于免费的 2.4GHz 频段，所以其成本很低，而且可以与蓝牙、无绳电话共用频段，但是存在干扰问题且速率较低。

9.2.3　IEEE 802.11g

虽然 IEEE 802.11a 标准的速度已经较高了，但由于 IEEE 802.11b 与 IEEE 802.11a 两个标准的工作频段不一样，相互不兼容，致使一些原先购买 IEEE 802.11b 标准的无线网络设备在新的 802.11a 网络中不能用，于是推出一个兼容两个标准的新标准，即 IEEE 802 工作小组在 2003 年 6 月推出的 IEEE 802.11g 标准。

IEEE 802.11g 标准提出拥有 IEEE 802.11a 的传输速率，安全性也较 IEEE 802.11b 好，采用两种调制方式，含 IEEE 802.11a 中采用的 OFDM 与 IEEE 802.11b 中采用的 CCK，做到与 IEEE 802.11a 和 IEEE 802.11b 兼容。由于 IEEE 802.11g 标准同样工作于 IEEE 802.11b 标准所用的 2.4GHz 免费频段上，所以采用此标准的无线网络设备同样具有较低的价格。另外，它的传输速度可达到 IEEE 802.11a 标准所具有的 54Mbit/s，而且还可根据具体的网络环境调整网络传输速度，以达到最佳的网络连接性能。所以说 IEEE 802.11g 标准同时具有 IEEE 802.11b 和 IEEE 802.11a 两个标准的主要优点，是一个非常具有发展前途的无线网络标准。

在企业和公众接入网应用领域，IEEE 802.11g 与 IEEE 802.11a 各有千秋。IEEE 802.11a 工作于 5GHz 频段，具备更多信道，因而能提供可伸缩性访问。在企业和公众接入网应用方面，可通过安装更多 AP 来补偿地域覆盖方面的不足，但在室内组网方面不符合成本效益，而且很多情形下企业网对传输距离要求很高，这种情况下 IEEE 802.11g 基础架构必然成为目前较理想的选择。理想的方案是低成本的双模式（同时支持 IEEE 802.11a 和 IEEE 802.11g）客户端，这样企业用户就能在支持 IEEE 802.11a 与 IEEE 802.11g 的 AP 间实现无缝漫游。

在以上这 3 个主要无线局域网接入标准之外，还可见到诸如 IEEE 802.11b+、IEEE 802.11a+和 IEEE 802.11g+这 3 个对应标准的增强版，它们的传输速度也相应增强，达到原有标准的两倍，分别为 22Mbit/s、108Mbit/s 和 108Mbit/s。但这 3 个所谓的增强版标准并非正式的标准，而是一些无线网络设备开发商自己制定的企业标准，它们的兼容性较差，通常只能与本企业某些无线网络设备相兼容。

9.2.4　IEEE 802.11n

IEEE 802.11n 是 2004 年 1 月 IEEE 宣布研发的一个新的 802.11 标准，目前仍然处于草案阶段。

最初预计的传输速度将达 540Mbit/s，但目前普遍使用的是 300Mbit/s，是 IEEE 802.11b 的近 30 倍，是 IEEE 802.11g 的近 6 倍。

IEEE 802.11n 最突出的表现不仅是它的接入速率，更重要的是它改变了 WLAN 用户以往只能共享带宽，而不能像有线以太网那样进行数据交换的状况，因为它采用了多种继承或者全新开发的数据传输技术，那就是 MIMO、OFDM 调制技术、GI 保护技术。

MIMO（Multiple-Input and Multiple-Output，多进多出）是在 20 世纪末由美国的贝尔实验室提出的多天线通信系统，在发射端和接收端均采用多天线（或阵列天线）和多通道，是第一次在 WLAN 中使用。具体来讲，MIMO 技术就是将需要传输的数据先进行多重切割，然后再利用多重天线进行同步传送；无线信号在传送的过程中，会以多种多样的直接、反射或穿透等路径进行传输；这种传输方式会由于路径不同，而使得到达接收天线的时间不一致。现在的技术充分利用了这种多路径效应，在接收端也采用多重天线来接收数据，并依靠频谱相位差等方式来解算出正确的原始数据。MIMO 无线通信技术，利用这种空时信号处理技术可以极大地提高频谱利用率，增加系统的数据传输速率。MIMO 技术非常适合室内环境下的无线局域网系统使用。

另外，在 IEEE 802.11n 标准中同样采用了 IEEE 802.11g 标准中的 OFDM 调制技术。OFDM 调制技术是 MCM（Multi-Carrier Modulation，多载波调制）的一种，其核心是将信道分成许多进行窄带调制和传输的正交子信道，并使每个子信道上的信号带宽小于信道的相关带宽，用以减少各个载波之间的相互干扰，同时提高频谱的利用率的技术。MIMO 与 OFDM 技术的结合，就产生了 MIMO OFDM 技术，它通过在 OFDM 传输系统中采用阵列天线实现空间分集，提高了信号质量，并增加了多径的容限，使无线网络的有效传输速率有了质的提升。

IEEE 802.11n 通过将两个相邻的 20MHz 带宽捆绑在一起组成一个 40MHz 通信带宽，在实际工作时可以作为两个 20MHz 的带宽使用（一个为主带宽，一个为次带宽，收发数据时既可以 40MHz 的带宽工作，也可以单个 20MHz 带宽工作），这样可将速率提高一倍。同时，对于 IEEE 802.11a/b/g，为了防止相邻信道干扰，20MHz 带宽的信道在其两侧预留了一小部分的带宽边界。而通过频带绑定技术，这些预留的带宽也可以用来通信，从而进一步提高了吞吐量。

短的保护间隔（Short Guard Interval，Short GI）是 IEEE 802.11n 针对 IEEE 802.11a/g 中 GI 技术进行的改进。射频芯片在使用 OFDM 调制方式发送数据时，整个帧是被划分成不同的数据块进行发送的，为了数据传输的可靠性，数据块之间会有 GI，用以保证接收方能够正确地解析出各个数据块。无线信号在空间传输会因多径等因素在接收方形成时延，如果后续数据块发送过快，会和前一个数据块形成干扰，而 GI 就是用来规避这个干扰的。IEEE 802.11a/g 的 GI 时长为 800μs，而 Short GI 时长为 400μs，在使用 Short GI 的情况下，可提高 10%的速率。另外，Short GI 与带宽无关，支持 20MHz、40MHz 带宽。

9.3 无线局域网安全解决方案

无线网络用户面临的重大问题是安全性，因为用户的数据和密码等信息在传输过程中有可能被人截获。攻击者可以通过无线窃听器或者非法接入点等方式。

9.3.1 无线局域网访问原理

1. WLAN 客户端访问无线网络

在介绍无线网络安全之前有必要了解一下无线客户端是如何对无线局域网进行访问的。为了能够让客户端找到 AP，AP 会定期通告其 SSID 数据速率和其他 WLAN 信息。通过对 WLAN 命名以区别不同的 WLAN，通常以 SSID 命名。无线客户端会扫描所有信道并侦听 AP 的 SSID，默认情况下，客户端会与信号较强的 AP 关联起来，当客户端需要连接该 AP 时，AP 一般需要客户端发送安全信息（如密钥）。建立连接后，客户端会定期监视与之相连的 AP 的信号强度，如果太弱，会开始重新搜索的过程，即发现信号更强的 AP，这个过程称为漫游。

2. 安全解决方案

较好的 WLAN 安全解决方案应该提供以下内容：
（1）认证：实现对无线客户端的访问资格的控制。
（2）加密：保护 WLAN 设备和访问点间传输的数据，为之提供保密性。
（3）入侵防护系统：检测并预防攻击。

9.3.2 无线局域网的认证

无线客户端接入到网络首先需要经过网络认证，IEEE 802.1 标准定义了以下两种链路层类型的认证。

1. 开放式认证

所谓开放式就是不使用认证，准许所有的请求。如果没有使用 WEP，网络将对所有的用户开放。而且，这种开放式认证是一种基于设备的，如无线网卡等的认证，而不是基于用户的，任何非法用户只要得到可以使用的合法设备，就可以合法地使用全部的资源，这样如果笔记本电脑丢失或者被盗窃，都有可能会对网络安全造成巨大威胁。开放式认证包括两个步骤：第一步是请求认证（验证请求），第二步是返回认证结果（验证响应）。开放式认证原理如图 9-8 所示。无线路由器中的开放式认证的设置如图 9-9 所示。

2. 共享密钥认证

共享密钥认证要求参与认证过程的两端具有相同的"共享"密钥或密码。共享密钥认证手动设置客户端和接入点/路由器。共享密钥认证的 3 种类型现在都可应用于家庭或小型办公室的无线局域网环境。

共享密钥认证的认证过程为：如图 9-10 所示，客户端先向设备发送认证请求，无线设备端会随机产生一个 Challenge 包（即一个字符串）发送给客户端；客户端会将接收到字符串复制到新的消息中，用密钥加密后再发送给无线设备端；无线设备端接收到该消息后，用密钥将该消息解密，然后对解密后的字符串和最初给客户端的字符串进行比较。如果相同，则说明客户端拥有无线设备端相同的共享密钥，即通过了 Shared Key 认证；否则 Shared Key 认证失败。无线网络连接中的网络密钥如图 9-11 所示。

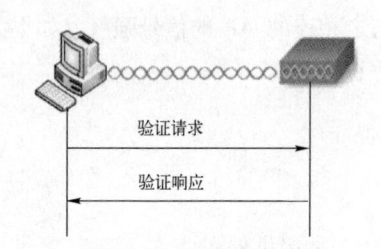

图 9-8 开放式认证原理

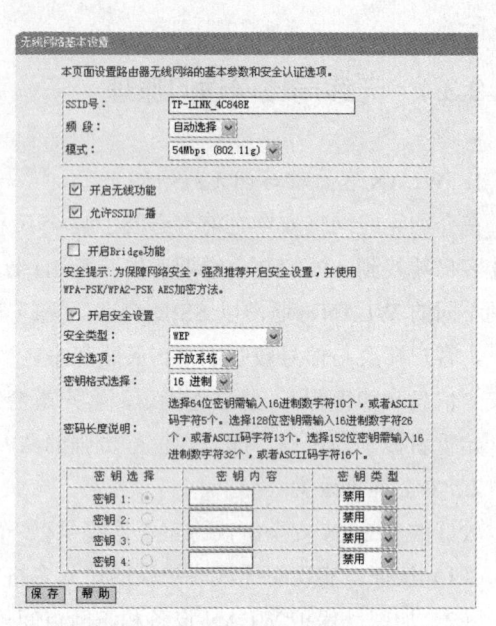

图 9-9 无线路由器中的开放式认证

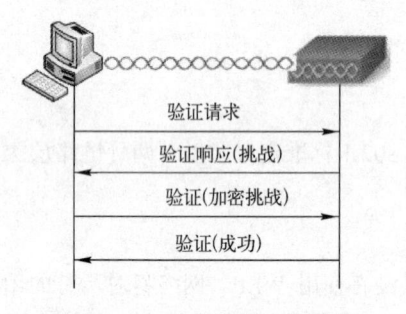

图 9-10 共享密钥认证原理

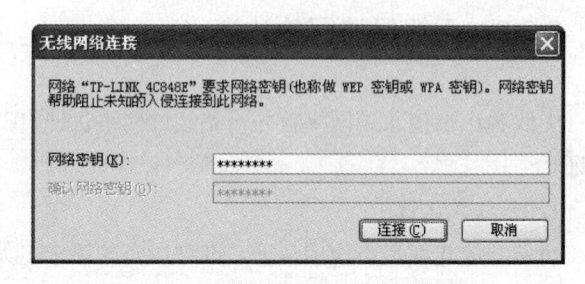

图 9-11 无线网络连接中的网络密钥

另外，在实际使用过程中还经常通过 MAC 地址进行认证。通过手工维护一组允许访问的 MAC 地址列表，实现对客户端物理地址过滤，但这种方法的效率会随着终端数目的增加而降低，因此 MAC 地址认证适用安全需求不太高的场合，如家庭、小型办公室等环境。

MAC 地址过滤如图 9-12 所示，单击"启用过滤"按钮并单击"添加新条目"按钮会出现如图 9-13 所示的界面，输入对应无线网卡的 MAC 地址就可以了。

图 9-12 MAC 地址过滤

图 9-13 无线网络 MAC 地址过渡设置

MAC 地址认证分为以下两种方式：

（1）本地 MAC 地址认证：当选用本地认证方式进行 MAC 地址认证时，需要在设备上预先配置允许访问的 MAC 地址列表，如果客户端的 MAC 地址不在允许访问的 MAC 地址列表中，将被拒绝其接入请求。

（2）通过 RADIUS 服务器进行 MAC 地址认证：当 MAC 地址认证发现当前接入的客户端为未知客户端时，会主动向 RADIUS 服务器发起认证请求，在 RADIUS 服务器完成对该用户的认证后，认证通过的用户可以访问无线网络以及相应的授权信息。

9.3.3 无线局域网的加密

无线网络加密方式有 3 种，分别如下：

1. WEP

WEP（Wired Equivalent Privacy，有线等价私密算法）加密是最早在无线加密中使用的技术，可以对无线通信的数据进行有效的加密以保障通信安全。

WEP 使用 RC4（Rivest Cipher）串流加密技术保证机密性。WEP 密钥有两种，一种是 64 位密钥，另外一种是 128 位密钥。第一种是使用 40 位的密钥加上 24 位的 IV（Initialization Vector，初始化向量），第二种是使用 104 位的密钥加上 24 位的 IV。IV 的主要作用是解决固定密钥容易被攻击者识破的问题，加上 IV 后，因为它的值总在变化，即使相同的明文，加密后的密文也是不一样的，这样可以增加安全性。

为了防止数据被篡改，WEP 中除了 CRC-32 校验外，还使用完整性校验值（ICV，占 4 个字节），将 ICV 附加到数据的尾部。

由于 WEP 的缺陷，现在的攻击者使用很多应用软件去破解捕获的帧中的密码，所以用户要多加注意。

WEP 配置如图 9-14 所示。

选择 64 位密钥需输入十六进制数字符 10 个，或者 ASCII 码字符 5 个。选择 128 位密钥需输入十六进制数字符 26 个，或者 ASCII 码字符 13 个。选择 152 位密钥需输入十六进制数字符 32 个，或者 ASCII 码字符 16 个。

2. WPA-PSK（TKIP）

WPA 加密是 Wi-Fi Protected Access 的简称，WPA 一般由用户认证、密钥管理、数据完整性保证 3 部分构成，其加密方式决定了它比 WEP 更难以入侵。

WPA 对安全需要程度较高的场合可以使用企业模式认证，在这种模式中会使用认证服务器，同时认证机制较复杂，大型企业为了保证安全可以使用"802.1x+ EAP"认证方式。对于一般的家庭用户或者安全要求不高的企业可以采用家庭模式，无须采用认证服务器而是采用预共享密钥的方式，在连接 AP 之前输入一个密码进行验证。当然这个密码仅仅是认证时的密码，它和真正对数据加密采用的密码是不同的，数据加密的密钥是在认证后动态生成的。

WPA 使用 TKIP（临时密钥完整性协议），使用 RC4 加密算法，并用 TKIP 进行密钥管理和更新。TKIP 采用动态生成的密钥，同时增加了密钥首部长度来确保安全性。在认证通过后，会产生一个唯一的数据加密密钥并告知 AP 和接入设备，随后的通信就使用这个密钥来加解密。

为了保证数据完整性，每一个明文消息尾部都会有一个信息完整性编码（MIC），主要是为防止攻击者篡改信息。

WPA 的配置如图 9-15 所示。

3. WPA2-PSK（AES）

WPA2 是 WPA 的第二个版本，WPA2 可以支持 AES（高级加密标准算法）。在 WPA/WPA2 中，使用两种密钥：一种是 PTK（成对瞬时密钥），每个客户端唯一，保护单点流量；另外一种是 GTK（组临时密钥），保护网络内发送至多个客户端的数据。

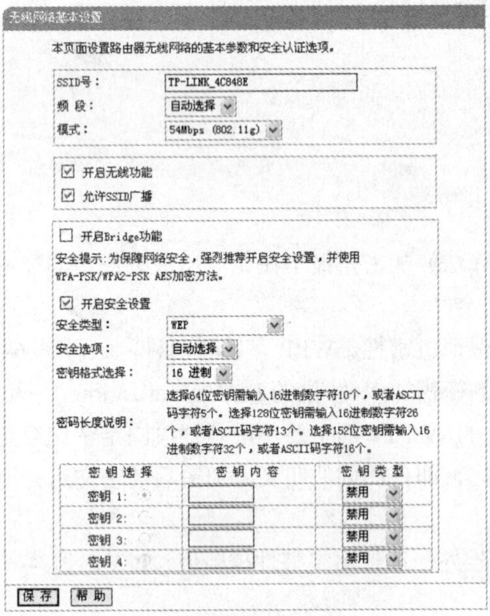

图 9-14　WEP 加密方式 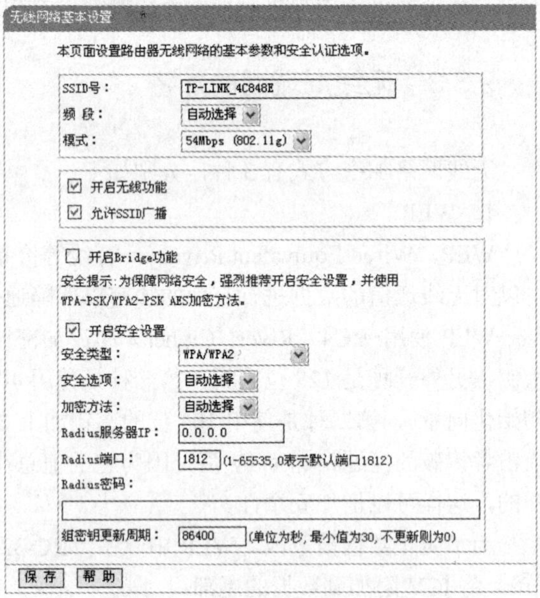　　　　　　　　　图 9-15　WPA 加密方式

PTK 的生成依赖 PMK，而 PMK 获得有两种方法，一种是预共享密钥（PSK），在这种方式中 PMK 就是 PSK，而在另一种方法中，需要认证服务器和移动设备进行协商来产生 PMK。

WPA2-PSK 的配置如图 9-16 所示。

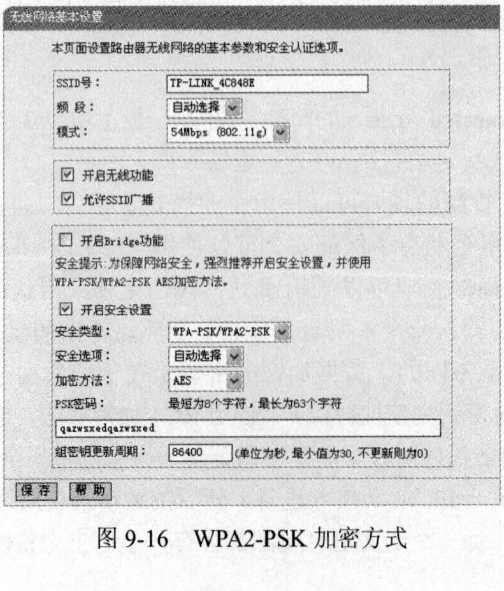

图 9-16　WPA2-PSK 加密方式

9.3.4　无线局域网的入侵检测系统

对于 DOS 攻击、Flood 攻击，上述安全措施可能起不到多大作用，这个时候就需要无线入侵检测系统（IDS）。

入侵检测系统通过分析网络中的传输数据来检测入侵事件。无线入侵检测系统有于集中式和分散式两种。集中式无线入侵检测系统通常用于连接单独的探测器，数据转发到处理数据的中央系统中。分散式无线入侵检测系统通常包括多个设备来完成入侵检测系统的处理和报告功能。

当入侵检测控制器检测到攻击后，会产生警告或者日志，提醒管理员进行相应处理。通常可以在网络中部署一些带监听功能的 AP 来实现。

第二部分　典型项目实训任务

9.4　典型任务

9.4.1　典型任务：启用无线安全

【任务目的】掌握启用无线安全的使用方法。

【任务实施步骤】

（1）接到路由器的设置页面（http://192.168.1.1）。

（2）配置 SSID。进入 Wireless 页面并将网络名称 SSID 改为 teacher，SSID Broadcast 设置为 Disabled，保存设置，如图 9-17 所示。

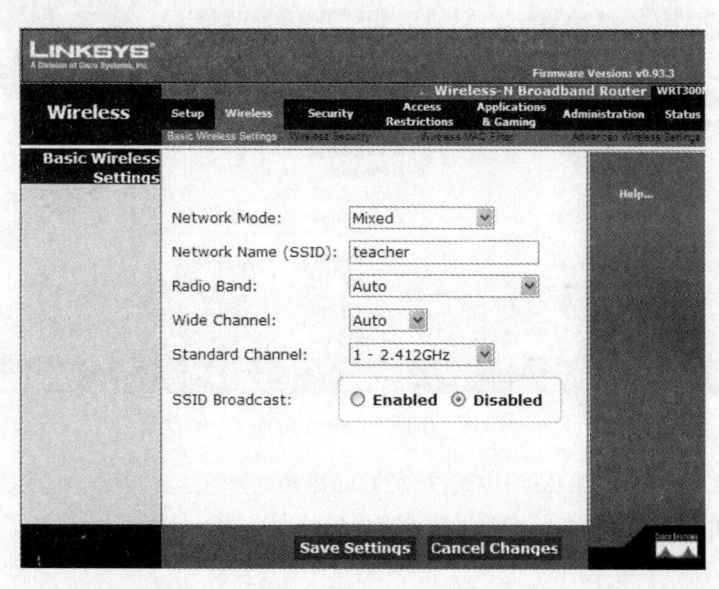

图 9-17　Wireless 页面

(3)选择 Wireless 页面,然后单击 Wireless Security 选项卡,选择 Security Mode 中的 WEP,输入 WEP 密钥,添加 WEP 密钥 1234567890,保存设置,如图 9-18 所示。

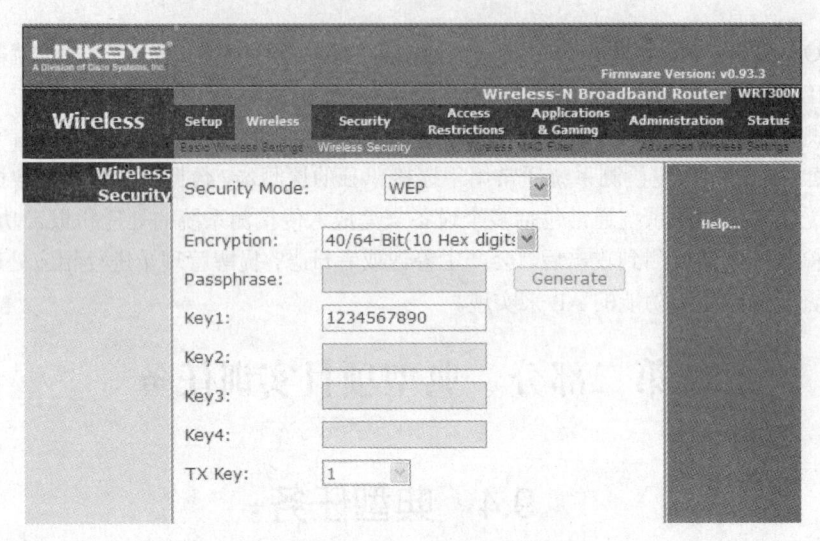

图 9-18 Wireless Security 选项卡

(4)将笔记本电脑配置为使用 WEP 身份验证。单击 Connect 选项卡,从可用无线网络列表中选择 teacher,并单击"Connect"按钮,如图 9-19 所示。

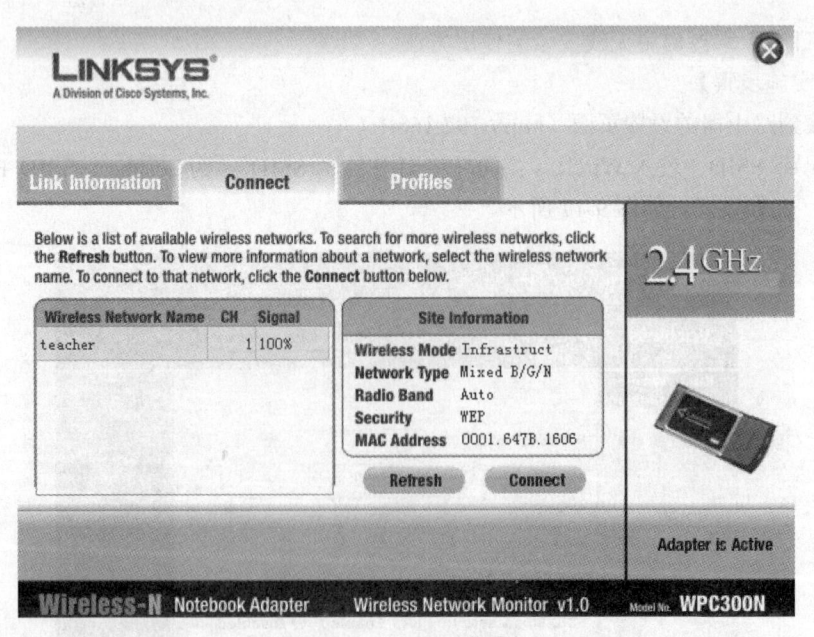

图 9-19 Connect 选项卡

输入 WEP 密钥,在 WEP Key 1 处输入 1234567890,如图 9-20 所示。

(5)单击 Link Information 查看与接入点之间的连通性,如图 9-21 所示。配置 WAP 密码与此相同,不再赘述。

图 9-20 输入 WEP 密钥

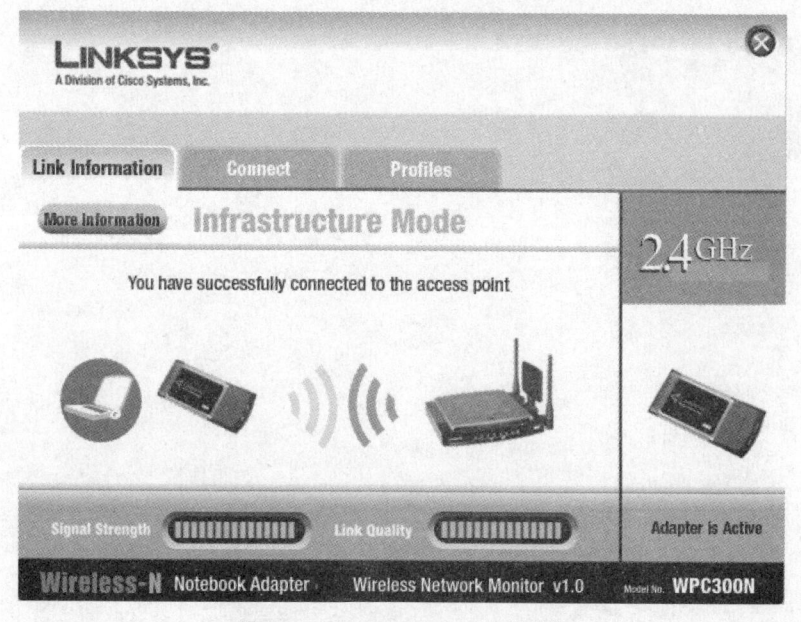

图 9-21 Link Information 选项卡

练习

利用无线路由器或者无线 AP 配置一个小型无线网络，要求使用 WAP2-PSK 及预共享密钥。

参考文献

[1] 戚文静,刘学. 网络安全原理与应用[M]. 北京:中国水利水电出版社,2005.
[2] 姜继勤. 计算机网络系统安全[M]. 北京:机械工业出版社,2009.
[3] 王文寿,王珂. 网管员必备宝典——网络安全[M]. 北京:清华大学出版社,2007.
[4] 邓志华,朱庆,姚华. 网络安全与实训教程[M]. 北京:人民邮电出版社,2010.
[5] 辜川毅. 计算机网络安全技术[M]. 北京:机械工业出版社,2005.
[6] 王凤英,程震. 网络与信息安全[M]. 北京:中国铁道出版社,2006.
[7] 杨文虎,樊静淳. 网络安全技术与实训[M]. 北京:人民邮电出版社,2007.